Springer Studium Mathematik – Bachelor

Herausgegeben von

M. Aigner, Freie Universität Berlin, Berlin, Germany

H. Faßbender, Technische Universität Braunschweig, Braunschweig, Germany

B. Gentz, Universität Bielefeld, Bielefeld, Germany

D. Grieser, Universität Oldenburg, Oldenburg, Germany

P. Gritzmann, Technische Universität München, Garching, Germany

J. Kramer, Humboldt-Universität zu Berlin, Berlin, Germany

V. Mehrmann, Technische Universität Berlin, Berlin, Germany

G. Wüstholz, ETH Zürich, Zürich, Switzerland

Die Reihe „Springer Studium Mathematik" richtet sich an Studierende aller mathematischen Studiengänge und an Studierende, die sich mit Mathematik in Verbindung mit einem anderen Studienfach intensiv beschäftigen, wie auch an Personen, die in der Anwendung oder der Vermittlung von Mathematik tätig sind. Sie bietet Studierenden während des gesamten Studiums einen schnellen Zugang zu den wichtigsten mathematischen Teilgebieten entsprechend den gängigen Modulen. Die Reihe vermittelt neben einer soliden Grundausbildung in Mathematik auch fachübergreifende Kompetenzen. Insbesondere im Bachelorstudium möchte die Reihe die Studierenden für die Prinzipien und Arbeitsweisen der Mathematik begeistern. Die Lehr- und Übungsbücher unterstützen bei der Klausurvorbereitung und enthalten neben vielen Beispielen und Übungsaufgaben auch Grundlagen und Hilfen, die beim Übergang von der Schule zur Hochschule am Anfang des Studiums benötigt werden. Weiter begleitet die Reihe die Studierenden im fortgeschrittenen Bachelorstudium und zu Beginn des Masterstudiums bei der Vertiefung und Spezialisierung in einzelnen mathematischen Gebieten mit den passenden Lehrbüchern. Für den Master in Mathematik stellt die Reihe zur fachlichen Expertise Bände zu weiterführenden Themen mit forschungsnahen Einblicken in die moderne Mathematik zur Verfügung. Die Bücher können dem Angebot der Hochschulen entsprechend auch in englischer Sprache abgefasst sein.

Weitere Bände dieser Reihe finden Sie unter
http://www.springer.com/series/13446

Daniel Grieser

Mathematisches Problemlösen und Beweisen

Eine Entdeckungsreise in die Mathematik

2., überarbeitete und erweiterte Auflage

Springer Spektrum

Daniel Grieser
Institut für Mathematik
Carl von Ossietzky Universität
Oldenburg, Deutschland

Springer Studium Mathematik – Bachelor
ISBN 978-3-658-14764-8 ISBN 978-3-658-14765-5 (eBook)
DOI 10.1007/978-3-658-14765-5

Die Deutsche Nationalbibliothek verzeichnet diese Publikation in der Deutschen Nationalbibliografie; detaillierte bibliografische Daten sind im Internet über http://dnb.d-nb.de abrufbar.

Springer Spektrum

Planung: Ulrike Schmickler-Hirzebruch
Textgestaltung: Micaela Krieger-Hauwede

Gedruckt auf säurefreiem und chlorfrei gebleichtem Papier.

Springer Spektrum ist Teil von Springer Nature
Die eingetragene Gesellschaft ist Springer Fachmedien Wiesbaden GmbH
Die Anschrift der Gesellschaft ist: Abraham-Lincoln-Strasse 46, 65189 Wiesbaden, Germany

Für Ricarda und Leonard

Geleitwort

Von allen Wissenschaften scheint in der Mathematik der Übergang von Schule zu Universität am schwierigsten zu sein. Der Sprung vom simplen Rechnen und immer gleichen Kurvendiskussionen zu allgemeinen Prinzipien der Linearen Algebra und Analysis begeistert die einen, überfordert aber gleichzeitig viele. Neu ist diese Erkenntnis wahrlich nicht, im Gegenteil: Ganze Bücher wurden darüber geschrieben, und viele Veranstaltungen zur Abhilfe eingeführt, die oft leicht bemühte Namen wie Brückenkurs oder Mathematik für Einsteiger tragen. Meistens handelt es sich um zwei Typen von Vorbereitungskursen: Die einen vermitteln ein paar Grundlagen der Logik, Induktion, Zahlentheorie bis hin zu Begriffen der Algebra, es soll also der Schritt in die abstrakte Denkweise erleichtert werden, die anderen orientieren sich an Problemen, zum Beispiel aus Physik, Biologie und Wirtschaft, und stellen weiter gehende Lösungsmethoden vor, ohne auf Beweise einzugehen.

Das vorliegende Buch von Daniel Grieser geht einen anderen, höchst vielversprechenden Weg. Der Autor lehnt sich deutlich an das legendäre Werk ‚Vom Lösen mathematischer Aufgaben' von George Pólya an, fügt ihm aber viele neue Akzente hinzu. Neben *Problemen* und *Prinzipien*, den beiden Teilen in Pólyas Buch, gibt er ebenso breiten Raum den *Beweisen* - nach seinen Worten das „Herz der Mathematik". Als Mitglied eines erfolgreichen Teams bei der Mathematik-Olympiade ist es nicht verwunderlich, dass Daniel Grieser eine Fülle von spannenden Problemen und Methoden, von ihm „Werkzeugkasten" genannt, ausbreitet. Dabei belässt er es aber nicht, sondern lädt die Leser immer wieder ein, selber neue Fragen und Beweise zu entwerfen und so die Mathematik als eine wunderbare Schule des Denkens zu begreifen: die Nützlichkeit eines Problems zu erkennen genauso wie die Ästhetik eines eleganten Beweises oder den Erkenntnisgewinn eines wohlformulierten abstrakten Prinzips.

Fünfzig Jahre nach Pólyas Klassiker lädt Sie dieses Buch aufs Neue zu einer Entdeckungsreise in die Mathematik ein – lassen Sie sich, ob Schüler, Lehrer oder einfach Mathematik-Liebhaber, dazu verführen.

September 2012   *Martin Aigner*

Vorwort zur 2. Auflage

Nachdem dieses Buch eine sehr positive Resonanz gefunden hat, freue ich mich, Ihnen nun eine Neuauflage anbieten zu können. Sie enthält zahlreiche neue Aufgaben, und auch manche Erklärung wurde noch einmal kritisch durchgesehen und verbessert. Einer Bitte mancher Leserinnen und Leser bin ich aber nicht nachgekommen: Es gibt auch in der zweiten Auflage zwar Hinweise zu zahlreichen Aufgaben, aber keine vollständigen Lösungen. Dieses Vorgehen entspricht der Idee des Buchs, dass der Weg das Ziel ist und die eigenen Evidenzerlebnisse die schönsten sind.

Aus zahlreichen Zuschriften und Einladungen entnehme ich, dass das Buch mathematisch interessierte Einzelpersonen genauso begeistert wie Teilnehmer an mathematischen Schülerzirkeln und an entsprechend ausgerichteten Proseminaren und Vorlesungen in Universitäten und Fachhochschulen. Solche Veranstaltungen werden seit einigen Jahren verstärkt angeboten, da sie geeignet sind, den Übergang von der Schule zur Hochschule zu erleichtern. Denn sie eröffnen den Studierenden nicht nur einen kreativen Zugang zur Mathematik, sie stärken auch ihr Vertrauen in die eigenen Fähigkeiten und geben ihnen Werkzeuge an die Hand, die ihnen im ganzen Studium beim Bewältigen anspruchsvoller mathematischer Probleme helfen.

Lehrenden, die dieses Buch als Grundlage für Vorlesungen verwenden, möchte ich aus eigener Erfahrung den Rat geben: Weniger ist mehr! Das Buch ist so angelegt, dass sich jedes Kapitel für eine zweistündige Vorlesung eignet (mit wenigen Ausnahmen, z.B. sollte man sich am Anfang etwas mehr Zeit nehmen, und die anspruchsvollen Kapitel 10 und 11 können zusammen gut drei Vorlesungen füllen). Anstatt jedoch zu versuchen, alle Themen durchzuarbeiten, ist es wichtiger, Zeit in das gemeinsame Entwickeln von Lösungsideen, das Verfolgen verschiedener Ansätze und das gemeinsame Herausfinden aus Sackgassen zu investieren. Im Übrigen verweise ich auf die „Hinweise für Lehrende", die Sie auf der Internetseite `http://www.springer.com/de/book/9783658147648` finden.

Ich danke allen, die mir Anregungen gaben und ihr Interesse be-
kundeten, insbesondere den im Vorwort genannten Personen und meinem Kollegen Andreas Defant, der die erste Auflage des Buchs sehr
sorgfältig und kritisch gelesen hat und mir zahlreiche wertvolle Hinweise gab. Ich freue mich auch in Zukunft auf Ihre Kommentare und
Anregungen an die Email-Adresse daniel.grieser@uni-oldenburg.de.

Oldenburg,
Juni 2016   *Daniel Grieser*

Inhaltsverzeichnis

Einführung

Mit diesem Buch möchte ich Sie zu einer Entdeckungsreise in die Mathematik einladen. Sie werden die Mathematik von einer ganz neuen Seite kennenlernen: nicht als Sammlung von Rechentechniken und Formeln, sondern als eine Welt, die Sie selbst erkunden können, in der Sie eigene Ideen entwickeln und wunderbare Schätze heben werden. Keine Sorge: Sie sind für Ihre Reise gut gerüstet. Unterwegs erweitern Sie Ihre Ausrüstung, lernen neue Werkzeuge kennen, die Ihnen beim Bewältigen schwieriger Passagen helfen. Dabei werde ich Ihnen als Reisebegleiter zur Seite stehen. Sie können selbst entscheiden, ob Sie alleine vorgehen, einige Hinweise annehmen oder sich vollständig durch das Terrain führen lassen.

Am Ende kehren Sie bereichert von der Reise zurück. Sie werden nicht nur einen neuen Blick auf die Mathematik gewonnen haben, sondern auch eine Fülle an Erfahrungen mitnehmen.

Drei Themen durchziehen unsere Reise:

1. Mathematische **Probleme** und **Lösungsstrategien**

2. Mathematische **Beweise:** Wofür brauchen wir sie, wie finden wir sie, wie formulieren wir sie?

3. **Übergreifende Ideen** der Mathematik

Probleme und Lösungsstrategien

Probleme sind die Seele der Mathematik.
Die Probleme, Flächen zu berechnen und die Bewegung von Körpern vorherzusagen, führten zur Entwicklung der Differential- und Integralrechnung im 17. Jahrhundert; das FERMATsche Problem, ob die

Gleichung $x^n + y^n = z^n$ positive ganzzahlige Lösungen für $n > 2$ hat, befruchtet die Zahlentheorie bis heute; das 4-Farben-Problem, ob jede Landkarte mit vier Farben so gefärbt werden kann, dass Nachbarländer verschiedenfarbig sind, begründete im 19. Jahrhundert eine ganz neue mathematische Disziplin, die Graphentheorie. Es gibt aber auch unzählige einfachere, für jeden zugängliche mathematische Probleme, an denen Sie erfahren, was Mathematik ist und wie Sie forschend Mathematik entdecken können. Solche Probleme finden Sie in diesem Buch.

Problemlösen macht Spaß und ist kreativ.
Am Anfang stehen Sie im Dunkeln. Sie untersuchen Beispiele, machen ein paar Skizzen, nehmen Muster wahr, erkennen nach und nach, was wichtig ist und was nicht. Das Dunkel erhellt sich langsam, Sie tasten sich weiter vor, entwickeln Ideen, und schließlich: Heureka – Ich habe es gefunden! Etwas selbständig verstanden zu haben, erzeugt tiefe Befriedigung. Kreativ sein macht glücklich.

Problemlösen kann man lernen.
Auf Ihrer Reise werden Sie viele Problemlösestrategien kennenlernen. Einige davon sind so allgemein, dass sie auch außerhalb der Mathematik zum Einsatz kommen. Andere Strategien sind speziell auf die Mathematik zugeschnitten. Mit jedem Problem, das Sie lösen, entwickeln Sie Ihre Kreativität, erweitert sich Ihr Erfahrungsschatz.

Problemlösen macht neugierig auf mathematische Theorien.
Theorien geben Antworten. Eine Antwort weiß nur wirklich zu schätzen, wer vorher eine Frage gestellt hat und bei ihrer Bearbeitung gemerkt hat, wo die Schwierigkeiten liegen. Wer sich auf diese Weise eine Theorie zu eigen macht, dem wird es leicht fallen, mit ihrer Hilfe weitere spannende Zusammenhänge zu verstehen.

Beweise

Beweise sind das Herz der Mathematik.
Der mathematische Beweis ist etwas ganz Erstaunliches: Was bewiesen ist, stimmt – heute, morgen und in tausend Jahren. Das unterscheidet die Mathematik von allen anderen Wissenschaften. Eine naturwissenschaftliche Theorie kann lange bestehen, nur um Jahre später korrigiert werden zu müssen. Auch die Mathematik entwickelt

sich weiter, man entdeckt fortwährend neue Zusammenhänge, löst Probleme, die lange ungelöst waren; doch was einmal bewiesen ist, gilt für immer.

Beweise zähmen die Unendlichkeit.
Durch Probieren mag ich erkennen, dass ich immer mehr Primzahlen finden kann, egal wie viele ich schon habe. Aber geht das immer so weiter? Gibt es unendlich viele Primzahlen? Nur ein Beweis kann mir diese Gewissheit verschaffen.

Beweise geben Sicherheit.
Manch vermeintliche Gewissheit entpuppt sich als Täuschung – und wenn Sie dies einmal erlebt haben, werden Sie den Wert von Beweisen zu schätzen wissen. Ohne einen Beweis können Sie nie sicher sein.[1]

Beweise helfen beim Verstehen.
Wenn Sie sich bis ins letzte Detail überlegt haben, warum eine mathematische Aussage stimmen muss, wenn Sie jeden Zweifel durch zwingende Argumente ausgeräumt haben, werden Sie die Aussage besser verstehen und sie anderen besser erklären können.

Beweise zu finden, ist eine Art des Problemlösens und daher kreativ.
Ein Beweis ist eine logisch vollständige Argumentation. Doch wie finden wir einen Beweis? Hier ist Kreativität gefragt. Das Finden von Beweisen verhält sich zum Beherrschen der Logik wie das Malen eines Bildes zur Kenntnis der Farblehre oder wie das Komponieren einer Sinfonie zur Kenntnis von Noten und Harmonien. Und genau wie ein Bild oder eine Sinfonie kann ein Beweis schön sein. Zum Finden von Beweisen gibt es kein allgemeines Rezept, doch analog zu den Problemlösestrategien gibt es typische Beweismuster und immer wiederkehrende Ideen. Diese zu kennen, wird Ihnen für viele Beweise weiterhelfen. Sie werden zahlreiche solche Muster in diesem Buch kennenlernen.

Übergreifende Ideen der Mathematik

Üblicherweise wird die Mathematik in einzelne Fachgebiete gegliedert: Geometrie, Algebra, Analysis etc. Viele Ideen und Methoden

---

[1]Siehe die Aufgaben A 1.10 und A 5.24 und das Beispiel am Anfang von Kapitel 7.2 für Probleme, bei denen dies besonders deutlich wird.

kommen aber in allen Gebieten vor. In diesem Buch werden Sie anhand einfacher Beispiele übergreifende Ideen der Mathematik und allgemeine Prinzipien wissenschaftlichen Vorgehens kennenlernen. Sie werden überrascht sein, dass Sie viele davon schon kennen und intuitiv einsetzen. Wir werden sie lediglich benennen, um sie dann gezielt verwenden zu können.

Zu den wissenschaftlichen Prinzipien gehört zum Beispiel die Abfolge von erster Erkundung, Aufstellen von Hypothesen (in der Mathematik: Vermutungen) und deren gezielter Untersuchung (in der Mathematik: Beweis oder Gegenbeweis); das Einführen von Begriffen und von geeigneten Bezeichnungen (Notation); das Identifizieren der wesentlichen Aspekte eines Problems und das Vernachlässigen der unwesentlichen (Abstraktion).

Zu den übergreifenden Ideen zählen zum Beispiel das Extremalprinzip, das Invarianzprinzip und das Prinzip des doppelten Abzählens. Sie werden diese Prinzipien hier als Problemlösestrategien kennenlernen und mit ihnen überraschende Dinge herausfinden. Doch wenn Sie tiefer in die Mathematik eindringen, werden sie Ihnen in unterschiedlichen Gewändern immer wieder begegnen und in der weitläufigen Landschaft der Mathematik den Weg weisen.

An wen richtet sich dieses Buch?

Dieses Buch richtet sich an alle, die Mathematik mögen und sich gerne auf mathematische Probleme einlassen, welche über das Anwenden einer vorgegebenen Methode hinausgehen. An alle, die ihre Fähigkeiten im Lösen mathematischer Probleme und im Beweisen verbessern wollen. An interessierte SchülerInnen; an StudentInnen der Mathematik und angrenzender Fächer, die zusätzlich zu den auf Vermittlung mathematischer Theorien ausgerichteten Standardvorlesungen einen methodisch orientierten Zugang, der die Grenzen der mathematischen Teildisziplinen überschreitet, sehen möchten; an Lehrende in Schulen und Hochschulen, die Anregungen für ihren eigenen Unterricht, auch in Klassen oder Zirkeln mit mathematischem Schwerpunkt, bekommen wollen.[2]

---

[2]Hinweise zur Durchführung von Lehrveranstaltungen mit diesem Buch finden Sie als Zusatzmaterial auf der Internetseite zum Buch: `http://www.springer.com/de/book/9783658147648`.

An *Vorkenntnissen* benötigen Sie nicht mehr als den Schulstoff der Mittelstufe: Zahlen, Grundlagen der Geometrie, Umformen einfacher Gleichungen. Auch wenn Sie schon mit höherer Mathematik in Kontakt gekommen sind, werden Sie auf Ihre Kosten kommen: An vielen Stellen im Buch finden Sie Hinweise darauf, wie die hier eingeführten elementaren Ideen in den verschiedensten Bereichen der höheren Mathematik, bis zur aktuellen mathematischen Forschung, zum Einsatz kommen.

Zum Inhalt

Den Kern des Buches bilden zahlreiche Probleme und ihre Bearbeitungen. In den Bearbeitungen nähern wir uns dem Problem allmählich, suchen einen geeigneten Zugang, der uns zu einer Lösung führt. Nicht jeder eingeschlagene Weg führt zum Ziel, oft müssen wir mehrfach ansetzen. Hier erleben Sie, wie Mathematik entsteht, wie MathematikerInnen denken. Hier lernen Sie Problemlösestrategien kennen. Diese werden in Abschnitten mit dem Titel „Werkzeugkiste" zusammengestellt. Anhang A gibt einen Überblick über alle Strategien.

Um welche Art von Problemen geht es? Generell um solche, die nicht direkt durch Anwenden einer allgemeinen Methode zu lösen sind. Probleme, zu deren Lösung man sich etwas einfallen lassen muss. Probleme, die zu einer wichtigen mathematischen Idee hinführen. Einige Kapitel geben einen Einstieg in ein Gebiet der Mathematik, z. B. in die Graphentheorie in Kapitel 4 oder in die Zahlentheorie in Kapitel 8. Auch diese sind als Folge von Problemen angelegt, oder zumindest werden die Beweise aus der Sicht eines Problemlösers entwickelt.

In den Kapiteln 1 und 2 finden Sie Probleme, bei denen Anzahlen zu bestimmen sind. Indem Sie lernen, sich Schritt für Schritt vorzuarbeiten, werden Sie bald das Erfolgserlebnis haben, selbst mathematische Zusammenhänge zu entdecken. Eine wichtige Abzähltechnik ist die Rekursion, die Sie in Kapitel 2 kennenlernen. Deren Grundidee, ein Problem auf ein kleineres Problem derselben Art zurückzuführen, liegt auch dem Beweisprinzip der vollständigen Induktion zugrunde, das Thema von Kapitel 3 ist. Mit Hilfe der vollständigen Induktion werden Sie in Kapitel 4 die berühmte EULERsche Formel beweisen und diese wiederum bei dem Beweis einsetzen, dass es unmöglich ist, fünf Punkte in der Ebene so durch Linien zu verbinden, dass sich die Verbindungslinien nicht kreuzen. Dass sich eine solche Unmöglichkeitsaussage überhaupt streng beweisen lässt, ist ein Charakteristikum der Mathematik und mutet fast wie ein Wunder an: Wie ist es möglich, die unendlich vielen Konfigurationen von Punkten und Linien zu kontrollieren? Im Folgenden werden Sie noch viele weitere Beispiele dafür kennenlernen, was Beweise vermögen. Nach diesem Ausflug in die Graphentheorie wenden wir uns in Kapitel 5 noch einmal dem Abzählen zu und formulieren allgemeine Prinzipien, die für alle Arten von Abzählproblemen von Nutzen sind.

Die zentralen Kapitel 6 und 7 sind einem systematischen Blick auf Methoden des Problemlösens und Beweisens gewidmet. Kapitel 6 behandelt allgemeine Problemlösestrategien, das sind solche, die auch über die Mathematik hinaus Anwendung finden. In Kapitel 7 werden die Grundlagen der Logik behandelt und die wichtigsten allgemeinen Typen von Beweisen vorgestellt. Sie werden durch viele Beispiele illustriert, auch durch solche, die zeigen, wie man auf falsche Fährten gelangen kann, und die dadurch die Notwendigkeit von Beweisen verdeutlichen. Thema von Kapitel 8 ist die elementare Zahlentheorie, die Lehre von den ganzen Zahlen. Sie eignet sich besonders gut, um die eingeführten Beweistypen an interessanten Fragestellungen einzusetzen, und liefert für die folgenden Kapitel nützliche Hilfsmittel und hübsche Beispiele. In Kapitel 9 lernen Sie das Schubfachprinzip kennen, eine einfache Idee, die, geschickt eingesetzt, erstaunliche Konsequenzen hat. In den Kapiteln 10 und 11 werden das Extremalprinzip und das Invarianzprinzip eingeführt. Dies sind einerseits vielseitige Werkzeuge zum Lösen mathematischer Probleme, andererseits fundamentale Leitideen der exakten Wissenschaften, die Ihnen dort immer wieder begegnen werden. Hier wird auch der wichtige Begriff der Permutation und ihrer Signatur eingeführt.

Weiterführende Bemerkungen am Ende der Kapitel 4, 5, 6, 10 und 11 bieten Anregungen zur weiteren Beschäftigung und weisen den Weg zu höheren Gipfeln der Mathematik. Gelegentlich werden hier Begriffe verwendet, die über die oben genannten Vorkenntnisse hinausgehen. Auch wenn Sie diese nicht kennen, lohnt es sich, diese Abschnitte zu überfliegen, um zu sehen, was es in der Mathematik noch alles gibt.

Die mathematischen Inhalte sind elementar, d. h. mit geringem Vorwissen zu verstehen, doch nehmen wir bei ihrer Behandlung einen höheren Standpunkt ein: Probleme werden oft allgemeiner formuliert als es etwa in der Schule üblich ist, wir achten auf vollständige Argumentationen, und trotz der insgesamt eher informellen Ausdrucksweise wird die heute übliche mathematische Fachsprache verwendet, insbesondere die Sprache der Mengen und Abbildungen. Diese wird in Anhang B erklärt.

Die Abfolge der Kapitel bildet nur einen Vorschlag, wie Sie sich dem Thema nähern können. Die Kapitel können aber auch weitgehend voneinander unabhängig bearbeitet werden.

Hinweise zum Gebrauch des Buches

Problemlösen lernt man, indem man Probleme löst und indem man Lösungen anderer nachvollzieht. Beweisen lernt man durch Beweisen und durch das Lesen und Verstehen von Beweisen. Die bearbeiteten Probleme und die Aufgaben am Ende jedes Kapitels bieten Ihnen dazu reichlich Gelegenheit. Seien Sie ein aktiver Leser[3]. Versuchen Sie nach dem Lesen eines Problems zunächst, es selbst zu lösen; auch wenn Sie schon einen Teil der Lösung gelesen haben, überlegen Sie, wie Sie die Lösung fortführen könnten. An zahlreichen Stellen werden Sie hieran durch das Symbol

erinnert. Fragen Sie sich nach jeder Aussage, die Sie lesen, ob Sie ihr mit voller Überzeugung zustimmen können. Halten Sie Stift und Papier griffbereit. Fragen Sie sich: Warum so, geht's nicht auch anders, einfacher?

Erklären Sie Ihre Lösung, oder die Lösung, die Sie gelesen haben, einem Freund, damit er den advocatus diaboli[4] spielt, der Ihnen nicht die kleinste Ungenauigkeit durchgehen lässt, der versucht, Lücken in

---

[3]Liebe Leserin, ich hoffe, Sie verzeihen mir, wenn ich der besseren Lesbarkeit halber durchgehend die männliche Form verwende. Seien Sie bitte auch eine aktive Leserin!

[4]Advocatus diaboli: der Agent des Teufels.

Ihrer Argumentation zu finden, der nach jedem Schritt sagt: „Aber was wäre, wenn...". Mit der Zeit werden Sie lernen, Ihr eigener Teufel zu sein.

Sie werden mitunter feststellen, dass Ihre Lösungsidee anders ist als die im Text angegebene. Jedes Problem hat viele Lösungen, und man kann dieselben Ideen sehr unterschiedlich formulieren. Sie könnten Ihre eigene Lösung ausarbeiten und mit der angegebenen vergleichen, um herauszufinden, ob die beiden Lösungen in der Grundidee gleich oder doch ganz verschieden sind.

Die Aufgaben am Ende jedes Kapitels sind ein besonders wichtiger Teil des Buchs. Machen Sie sich an die Lösung. Es lohnt sich. Hinweise zu einigen Aufgaben finden Sie am Ende des Buchs, doch Sie werden mehr von einer Aufgabe haben, wenn Sie nicht zu schnell der Versuchung erliegen, dort nachzusehen. Neben jeder Aufgabe ist eine Schwierigkeitsstufe angegeben. Diese ist als grobe Richtschnur zu verstehen – eine objektive Beurteilung der Schwierigkeit gibt es nicht. Ob und wie schnell man auf eine Lösung kommt, hängt von vielen Faktoren ab. Diese Stufen sind so zu verstehen:

1 – leicht, manchmal schon im Kopf zu lösen

2 – sollte machbar sein, wenn Sie das Kapitel aufmerksam durchgearbeitet haben

3 – erfordert Einsatz und weitere Ideen

4 – schwierig

Nun noch einige Bemerkungen zur Orientierung: Im Buch wird die Bearbeitung eines Problems in der Regel in vier Stufen aufgeteilt:

1. Verstehen des Problems

2. Untersuchung der Problems

3. Geordnetes Aufschreiben der Lösung

4. Rückschau

Diese Aufteilung greift die von George Pólya in seinem Werk *Schule des Denkens* (Pólya, 2010) formulierten vier Stufen des Problemlösens in moderner Formulierung auf. Die Stufen 1. und 2. sind eng verwoben und werden in durch das Symbol ● gekennzeichneten Abschnitten durchgeführt. Die Lösung ist mit dem Symbol ! markiert, die

Rückschau mit ◯. Das Ende jedes dieser Abschnitte ist ebenfalls mit dem entsprechenden Symbol gekennzeichnet, das Ende eines Beweis mit q. e. d. (quod erat demonstrandum = was zu beweisen war).

Dieses Buch entstand aus der Vorlesung „Mathematisches Problemlösen und Beweisen", die ich im Wintersemester 2011/12 an der Carl von Ossietzky Universität Oldenburg gehalten habe. Da Form und Konzept der Vorlesung neu waren, stand ich in besonders intensivem Kontakt mit den studentischen Tutoren, die die Übungsgruppen betreuten. Ich danke daher den Tutorinnen und Tutoren Stefanie Arend, Simone Barz, Karen Johannmeyer, Marlies Händchen, Stefanie Kuhlemann, Roman Rathje, Kathrin Schlarmann, Steffen Smoor und Eric Stachitz für ihre zahlreichen Anregungen und für ihren Mut, eine Vorlesung zu betreuen, die sie selbst nicht besucht hatten. Dem wissenschaftlichen Mitarbeiter Sunke Schlüters danke ich für die engagierte Mitarbeit, von der Auswahl und Formulierung der Übungsaufgaben bis zu technischer Hilfe bei der Erstellung des Manuskripts, besonders bei zahlreichen Abbildungen. Mein größter Dank geht an meine Frau Ricarda Tomczak für fortwährende Ermutigung, zahllose Gespräche und viele nützliche Anregungen.

Und nun wünsche ich Ihnen viel Freude beim Problemlösen und Beweisen, beim Entdecken der Schönheit der Mathematik. Wenn Sie Anregungen oder Kommentare haben, bin ich für Ihre Mitteilung unter der E-Mail-Adresse daniel.grieser@uni-oldenburg.de dankbar.

Oldenburg,
September 2012

Daniel Grieser

1 Erste mathematische Erkundungen

Zum Auftakt unserer Entdeckungsreise in die Mathematik untersuchen wir drei Probleme: ein einfaches Problem zum Aufwärmen und zwei Probleme, deren Lösung sich uns erst nach einigem Suchen erschließt. Dabei werden wir besonders darauf achten, wie wir beim Problemlösen intuitiv vorgehen. Indem wir uns unsere Strategien bewusst machen und sie benennen, können wir sie bei schwierigeren Aufgaben gezielt einsetzen. Am Ende des Kapitels stellen wir sie in einem Werkzeugkasten zusammen. Das wird der Grundstock unserer Ausrüstung für die ganze Reise sein.

1.1 Zersägen eines Baumstamms

Problem 1.1

Wie lange benötigt man zum Zersägen eines 7 Meter langen Baumstamms in 1-Meter-Stücke, wenn jeder Schnitt eine halbe Minute dauert?

Ihre Lösung wird wahrscheinlich so aussehen:

Lösung

Man braucht sechs Schnitte, daher dauert es sechs mal eine halbe Minute, also drei Minuten.

Rückschau

Sehen wir uns die Lösung genauer an. Dabei offenbaren sich uns grundlegende Strategien.

- Als **Zwischenziele** haben wir zunächst die Zahl der Teilstücke (7 = 7 m / 1 m) und daraus die Anzahl der Schnitte (6) bestimmt.

- Betrachten wir die Teilaufgabe, die Anzahl der Schnitte aus der Zahl der Teilstücke zu bestimmen. Ein häufiger Anfängerfehler ist es, einfach draufloszurechnen: 7 durch 1 ist 7, also 7 Schnitte.

Die richtige Antwort ist aber 6 Schnitte. Diese **Verschiebung um eins** tritt oft auf. Wie gehen wir damit um, wenn wir unsicher sind, ob wir um eins verschieben müssen oder nicht? Hier hilft eine **Skizze**, siehe Abbildung 1.1.

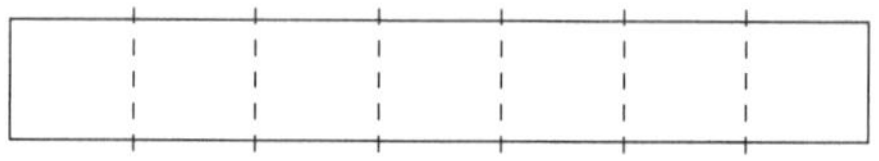

Skizze

Abb. 1.1 Ein Schnitt weniger als Teile

Vereinfachen

⊐ Um noch klarer zu sehen, können wir die Aufgabe **vereinfachen**, z. B. indem wir 7 durch 2 oder 3 ersetzen und beobachten, was passiert: Ein Schnitt für 2 Teilstücke, zwei Schnitte für 3 Teilstücke etc.

Muster erkennen

⊐ Wir erkennen ein **Muster:** *Die Anzahl der Schnitte ist immer um eins kleiner als die Anzahl der Teilstücke.*

⊐ Die endgültige Sicherheit, dass dies *immer*[1] stimmt, gibt uns erst ein *Beweis*. Dieser könnte z. B. so aussehen:

> Jeder Schnitt erhöht die Anzahl der Stücke um eins. Anfangs haben wir 1 Stück (den ganzen Stamm), am Ende 7. Daher müssen wir $7 - 1 = 6$ Schnitte machen.

⊐ Implizit haben wir angenommen, dass der Baumstamm schon abgesägt war! Stünde er noch angewurzelt, bräuchte man doch 7 Schnitte. Und berücksichtigt man die Krone, braucht man 8 Schnitte. Die Aufgabe war also etwas ungenau gestellt.

⊐ Wenn wir erst den Stamm in 3 und 4 Meter lange Stücke zersägen, diese dann nebeneinanderlegen und gleichzeitig zersägen und schließlich alle entstehenden 2-Meter-Stücke mit einem Schnitt zersägen, kommen wir mit drei Schnitten aus. Baumfäller würden zwar nicht so vorgehen, jedoch führt dies auf ein interessantes mathematisches Problem, siehe Aufgabe A 1.5.

---

[1] Z. B. auch für eine Million Teilstücke – dies können wir nicht mehr zeichnen; das war in dieser Aufgabe zwar nicht gefragt, aber es ist befriedigend, allgemeine Regeln zu erkennen und mit Bestimmtheit sagen zu können, dass sie immer stimmen.

1.2 Ein Problem mit Nullen

Wagen wir uns an eine schwierigere Aufgabe.

Problem 1.2

Mit wie vielen Nullen endet $1 \cdot 2 \cdot 3 \cdots 99 \cdot 100$?

Man schreibt abkürzend 100! (in Worten: Hundert **Fakultät**) für das Produkt $1 \cdot 2 \cdot 3 \cdots 99 \cdot 100$.

Untersuchung

Ausrechnen können wir das Produkt nicht, das ist viel zu groß, auch für den Taschenrechner.[2] Wir brauchen daher andere Ideen. Im ersten Moment ist manch einer vielleicht geneigt zu denken, dass die Antwort zwei ist: Die beiden Nullen vom Faktor 100. Bei genauerem Hinsehen entdeckt er vielleicht, dass in dem Produkt noch der Faktor 10 steckt und damit eine weitere Null hinzukommt. Aber auch 20, 30, etc. tragen Nullen bei. Das ergibt insgesamt 11 Nullen. Sind damit alle gefunden? Können wir sicher sein?

Um diese Fragen zu beantworten, müssen wir verstehen, woher die Nullen kommen. Das könnte z. B. so ablaufen:

▷ **Vereinfache!** Das heißt hier: Betrachten Sie das analoge Problem für kleinere Zahlen, um ein **Gefühl für das Problem zu bekommen**, also dafür, woher die Nullen am Ende kommen. Zum Beispiel $2! = 1 \cdot 2 = 2$, $3! = 1 \cdot 2 \cdot 3 = 6$, $4! = 1 \cdot 2 \cdot 3 \cdot 4 = 24$, $5! = 1 \cdot 2 \cdot 3 \cdot 4 \cdot 5 = 120$.

▷ Um die Übersicht zu behalten, erstellen wir eine **Tabelle:**

n	1	2	3	4	5	6
$n!$	1	2	6	24	120	720

Die erste Null tritt bei 5! auf. Warum? Schreiben wir es aus: $5! = 1 \cdot 2 \cdot 3 \cdot 4 \cdot 5$. **Woher kommt die Null** am Ende des Ergebnisses 120? Die Null bedeutet, dass 120 durch 10 teilbar ist. Die 10 wiederum

---

[2]Manche moderne Taschenrechner können das. Wenn Sie so einen haben, versuchen Sie einmal, ihm dieselbe Aufgabe mit 1000! oder 10000! zu stellen. Oder die Aufgabe A 1.6.

kann man als $2 \cdot 5$ schreiben, und sowohl 2 als auch 5 treten in 5! auf. Daher kommt also die Null. Bei $4! = 1 \cdot 2 \cdot 3 \cdot 4$ kommt keine fünf vor, daher hat es keine Null am Ende.

Wichtige Einsicht: Eine Null am Ende einer Zahl bedeutet, dass die Zahl durch 2 und durch 5 teilbar ist.

sich schrittweise vorarbeiten

▷ Wie steht's mit zwei Nullen am Ende? Die Zahl muss durch 100 teilbar sein, also durch $10 \cdot 10 = 2 \cdot 5 \cdot 2 \cdot 5 = 2^2 \cdot 5^2$. Wir brauchen dafür zwei Faktoren 5 und zwei Faktoren 2. Lassen Sie uns die Tabelle in Gedanken fortsetzen. Dabei brauchen wir nichts auszurechnen, **wir müssen nur auf die Fünfen und die Zweien achten.** Wann tritt der nächste Faktor 5 auf? Bei 6, 7, 8, 9 nicht, aber bei 10, denn $10 = 2 \cdot 5$. Faktoren 2 gibt es im Überfluss, sie stecken in jeder der Zahlen 2, 4, 6, ... Zwei Zweien würden schon reichen. Also hat 10! zwei Nullen am Ende. Wie geht's weiter? Versuchen Sie nun, die Aufgabe zu lösen.[3]

Was ist wesentlich?

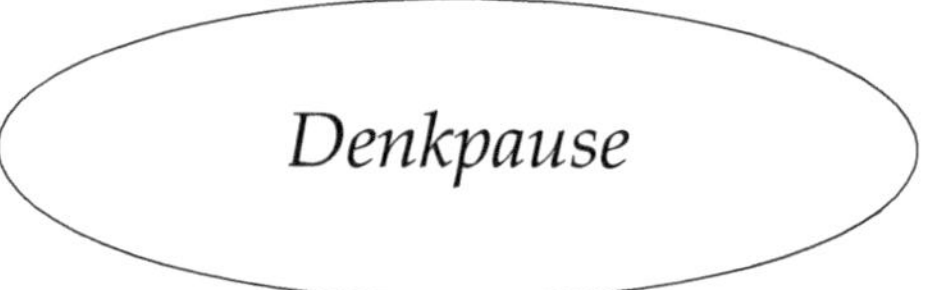

Muster erkennen

▷ Vielleicht erkennen Sie jetzt das **Muster:** Für jedes $k = 1, 2, 3, \ldots$ gilt: Dass eine Zahl in k Nullen endet, bedeutet, dass die Zahl durch $10^k = 2^k \cdot 5^k$ teilbar ist, d. h. dass sie mindestens k mal den Faktor 5 und mindestens k mal den Faktor 2 enthält.

▷ Wir sollten also zählen, wie oft 5 und 2 als Faktoren in 100! vorkommen.

Fangen wir mit dem Faktor 5 an: Welche der Faktoren $1, 2, 3, \ldots, 100$ in 100! tragen eine 5 bei? Offenbar $5, 10, 15, 20, 25, \ldots, 100$. Wie viele sind das? Schreiben wir dies als $1 \cdot 5, 2 \cdot 5, 3 \cdot 5, \ldots, 20 \cdot 5$, sehen wir, dass dies 20 Stück sind. Ist das die Antwort?

Vorsicht, genau hinsehen: $25 = 5 \cdot 5$ trägt zwei Fünfen bei. Welche Faktoren in 100! tun das? Offenbar genau die Vielfachen von 25, also $25, 50, 75, 100$. Diese geben jeweils eine weitere 5 her, insgesamt

---

[3]Immer, wenn Sie das Symbol ‚Denkpause' sehen, legen Sie das Buch zur Seite, nehmen Sie Papier und Stift zur Hand und versuchen Sie zunächst selbständig weiterzukommen.

4 Stück. (Der Faktor $125 = 5^3$ würde sogar drei Fünfen beitragen, aber so weit kommen wir bei 100! nicht.) Insgesamt haben wir also 24 Fünfen in 100!

Wie steht's mit den Zweien? Offenbar trägt jede der 50 geraden Zahlen $2, 4, \ldots, 100$ mindestens einen Faktor 2 bei, wir haben also deutlich mehr als 24 Zweien. Die ‚überzähligen' Zweien ergeben aber keine Nullen am Ende von 100!, weil ihnen die Fünfer-Partner fehlen.

Wir erhalten die *Antwort:* 100! endet mit 24 Nullen. 

Um unsere Lösung anderen mitzuteilen, sollten wir sie geordnet aufschreiben. Das hilft uns auch, sie auf Vollständigkeit zu überprüfen. Das könnte so aussehen:

Lösung zu Problem 1.2

Die Anzahl der Nullen, mit denen 100! endet, ist die größte ganze Zahl k, für die 100! durch 10^k teilbar ist. Weil $10 = 2 \cdot 5$ gilt, ist das gleich der größten ganzen Zahl k, für die 100! durch $2^k \cdot 5^k$, also durch 2^k und durch 5^k teilbar ist.

Die 5 tritt als Faktor in den 20 Zahlen $5, 10, 15, \ldots, 100$ auf und dabei in den 4 Zahlen $25, 50, 75, 100$ doppelt. Also tritt sie in 100! genau 20+4=24 mal auf, d. h. $k = 24$ ist das größte k, für das 100! durch 5^k teilbar ist.

Die 2 tritt als Faktor in den 50 Zahlen $2, 4, \ldots, 100$ auf, in einigen davon mehrfach. Also tritt sie in 100! mindestens 50 mal auf. Die genaue Zahl ist unwichtig, wir verwenden nur, dass die Anzahl mindestens 24 ist.

Daher ist die größte Zahl k, für die 100! durch 2^k *und* durch 5^k teilbar ist, gleich 24. Somit endet 100! mit genau 24 Nullen.

Rückschau zu Problem 1.2

Wir konnten das Problem lösen, indem wir die **Mechanismen verstanden** haben, die zum Auftreten von Nullen am Ende einer Zahl führen. Dabei haben uns folgende Problemlösestrategien geholfen.

Zunächst halfen uns folgende Schritte, **ein Gefühl für das Problem zu bekommen.**

- Das Problem **vereinfachen**, um es handhabbar zu machen (z. B. 5! statt 100! betrachten)

- Eine **Tabelle** anfertigen, um die Übersicht zu behalten

Den Durchbruch schafften wir dann mit weiteren Überlegungen:

- **Das Ziel analysieren** (Woher kommen die Nullen am Ende?), zunächst am einfacheren Fall 5!

- Sich **schrittweise** vom einfachen Fall zum schwierigeren Ausgangsproblem **vorarbeiten** (wo kommt die nächste Null – bei 10!); dabei fokussieren wir auf das Wesentliche (die Fünfen und Zweien)

- Muster, Regeln erkennen (Anzahl der Nullen = Anzahl der Faktoren 5 bzw. 2)

Wichtig ist natürlich, immer aufmerksam zu sein, um nichts zu übersehen (die zusätzlichen Fünfen in 25, 50, 75 und 100).

Vielleicht wollen Sie jetzt gleich die allgemeine Frage untersuchen: In wie vielen Nullen endet $n!$, wenn n eine beliebige natürliche Zahl ist? Siehe Aufgabe A 1.6.

1.3 Ein Problem über Geraden in der Ebene

Problem 1.3

Gegeben seien n Geraden in der Ebene, von denen keine zwei parallel seien und von denen keine drei durch einen Punkt gehen sollen[4]. In wie viele Teilgebiete zerlegen sie die Ebene?

n steht hier, wie in vielen der folgenden Probleme, für eine beliebige natürliche Zahl: $n = 1, 2, 3, \ldots$. Die Aufgabe hätte statt für n Geraden auch für z. B. 100 Geraden gestellt sein können. Doch in Problem 1.2 haben wir gesehen, dass es auch dann nützlich sein könnte, das Problem zunächst für andere (kleinere) Anzahlen zu betrachten. Daher stellen wir von jetzt an Probleme meist in dieser allgemeineren Form.

---

[4]Man sagt auch, die Geraden seien dann **in allgemeiner Lage**.

Untersuchung

▷ Sehen wir uns die Aufgabe genau an: Verstehen wir die Voraus-   Verstehen
setzungen? Welche Geradenkonfigurationen sind erlaubt, welche
nicht? Wir machen ein paar **Skizzen**, sehen uns **Beispiele** an. Ab-   Skizze
bildung 1.2 zeigt erlaubte Anordnungen der Geraden, die Konfigu-   Beispiele
rationen in Abbildung 1.3 sind nicht erlaubt: Links sind zwei der
Geraden parallel, rechts gehen drei Geraden durch einen Punkt.

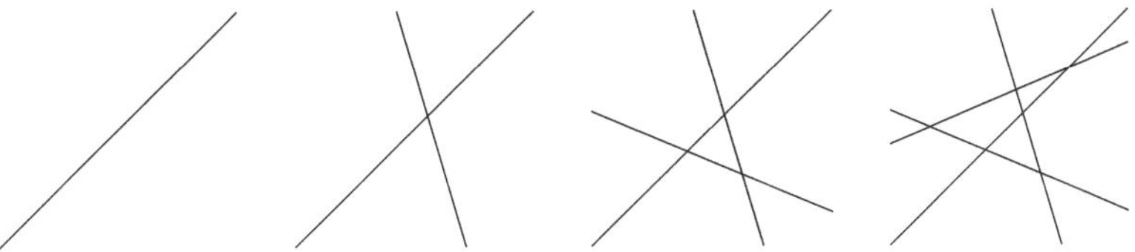

Abb. 1.2 Erlaubte Geradenkonfigurationen

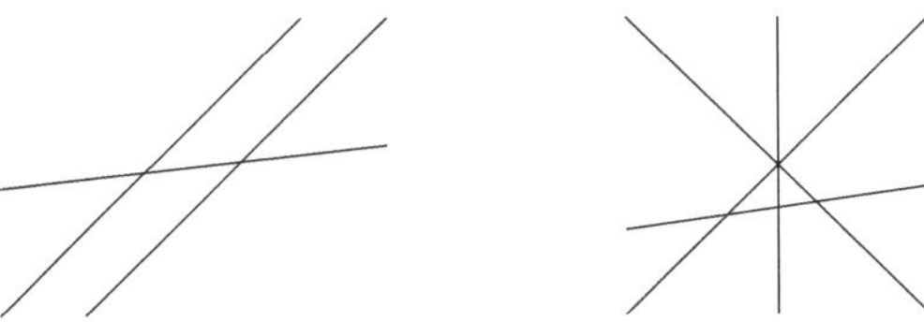

Abb. 1.3 Nicht erlaubte Geradenkonfigurationen

▷ Was ist gesucht? Die Anzahl der Teilgebiete, in die die Ebene
durch die Geraden zerlegt wird. Wir zählen die Teilgebiete bei den
Konfigurationen in Abbildung 1.2 für $n = 1,2,3,4$ und machen eine
Tabelle.   Tabelle

n	1	2	3	4
a_n	2	4	7	11

Hierbei haben wir der Kürze halber a_n für die gesuchte Zahl ge-   Notation
schrieben (**Notation einführen**).   einführen

Um weitere Eindrücke zu dem Problem zu sammeln, sehen wir
uns auch die nicht erlaubten Konfigurationen in Abbildung 1.3 an:
Links ist $n = 3$ mit 6 Teilstücken, rechts ist $n = 4$ mit 10 Teilstücken.
Beide Anzahlen weichen von den Werten von a_3 bzw. a_4 in der
Tabelle ab: Die Voraussetzungen sind anscheinend wirklich von
Bedeutung.

▷ *Vorsicht:* Es könnte durchaus sein, dass die Anzahl der Teilgebiete auch für erlaubte Konfigurationen von der *Lage* der Geraden abhängt. Wir zeichnen ein paar andere Möglichkeiten für $n = 4$ und zählen die Anzahl der Teilgebiete, siehe Abbildung 1.4 für einige Beispiele. Wir sehen, dass jedes Mal 11 herauskommt. Für diese Beispiele hängt die Anzahl der Teilgebiete also doch nur von der *Anzahl* der Geraden ab, nicht von deren (erlaubter) Lage. Es ist Teil der Aufgabe herauszufinden, ob das immer so ist.

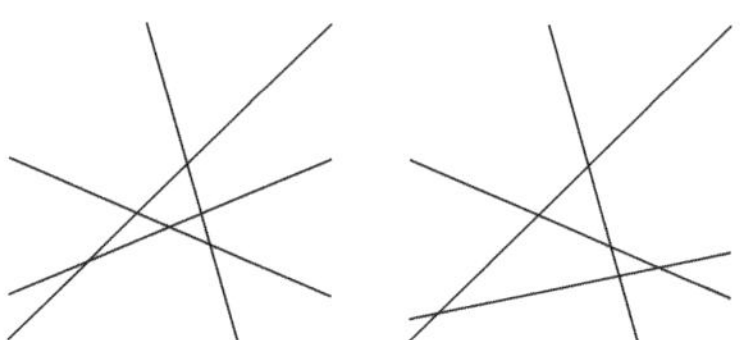

Abb. 1.4 Zwei weitere Arten, vier Geraden anzuordnen

Muster
erkennen   ▷ Sehen Sie sich die Tabelle für a_n an. Erkennen Sie ein **Muster?**

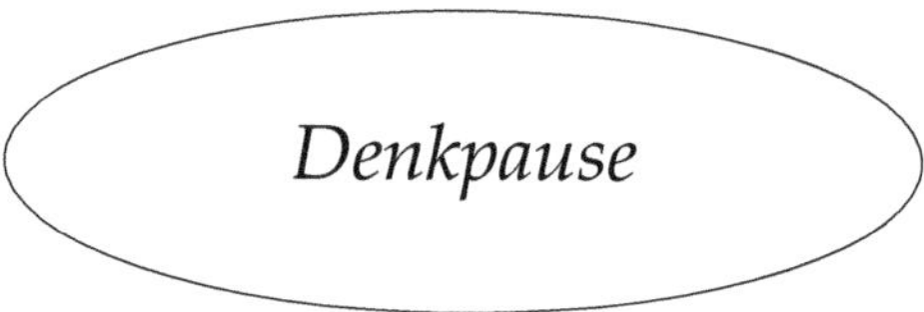

Vielleicht haben Sie eines der folgenden Muster erkannt:
  - Jede Zahl a_n ist die Summe der links von ihr und der über ihr stehenden Zahl.
  - Die Differenz zweier aufeinanderfolgenden Zahlen a_n nimmt von einer Zahl zur nächsten um eins zu.
  - Jede Zahl a_n ist die Summe der Zahlen der ersten Zeile, bis zu der darüber stehenden, plus eins.

Alle sind richtig. **Es gibt immer verschiedene Vorgehensweisen.**[5] Vielleicht haben Sie auch ein anderes Muster erkannt.

---

[5]So verschieden sind sie hier im Beispiel gar nicht. Überzeugen Sie sich, dass die ersten beiden Antworten im Wesentlichen dasselbe aussagen und die dritte auch eng mit den ersten beiden zusammenhängt.

Um fortfahren zu können, nehmen wir an, Sie hätten das erste Muster erkannt. Wie kann man es allgemein formulieren? Links von a_n steht a_{n-1}, darüber steht n. Wir haben also beobachtet, dass

$$a_n = a_{n-1} + n \quad \text{für } n = 2, 3, 4 \tag{1.1}$$

gilt. Geht das so weiter? Können wir einen Grund erkennen, dass dies für *alle* $n \geq 2$ gilt? Dies zu untersuchen, ist unser erstes **Zwischenziel.**

Zwischenziel

▷ Was bedeutet Gleichung (1.1)? Die Zahl a_{n-1} ist die Anzahl der Teilgebiete bei $n - 1$ Geraden, a_n die Anzahl bei n Geraden. Wir wollen also untersuchen, ob beim Hinzulegen einer Geraden zu $n - 1$ vorhandenen Geraden immer genau n Teilgebiete hinzukommen. Wir untersuchen dies zunächst für ein **Beispiel,** versuchen aber, dabei **allgemeine Regeln zu entdecken.** Woher kommen die neuen Gebiete, wenn ich zu zwei Geraden eine dritte hinzulege?

Beispiel

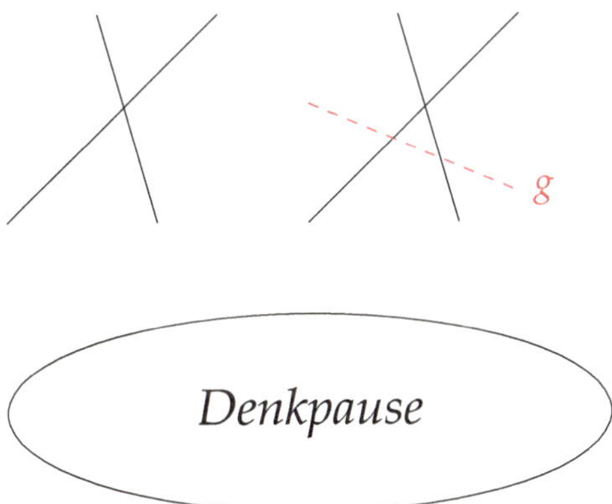

Denkpause

▷ *Einsicht:* Die neuen Teilgebiete kommen daher, dass die zusätzliche Gerade g einige der schon vorher (bei 2 Geraden) vorhandenen Teilgebiete zerteilt!

▷ Wie viele vorhandene Teilgebiete werden von g zerteilt? Offenbar eins für jeden Abschnitt von g. Die Abschnitte sind dabei durch die Schnittpunkte von g mit vorhandenen Geraden bestimmt. Wie viele Abschnitte gibt es? In diesem Fall 3. Warum? Weil es zwei Schnittpunkte gibt! Warum zwei Schnittpunkte? Einer mit jeder der vorhandenen Geraden!

▷ Funktioniert das auch für 3 vorhandene Geraden, wenn man eine
   vierte hinzulegt? Ja: Drei Schnittpunkte, vier Abschnitte, also vier
   neue Teilgebiete.

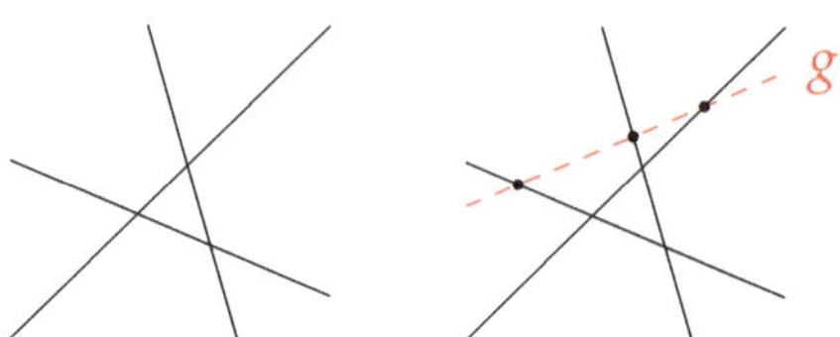

Allgemeine
Regel finden

▷ Und allgemein? Sagen wir, es liegen $n-1$ Geraden schon da. Wir
   legen eine weitere Gerade hinzu. Wie viele Schnittpunkte hat sie
   mit den vorhandenen Geraden? Mit jeder einen, also $n-1$. Daher
   n Abschnitte, also zerlegt g genau n der vorhandenen Teilgebiete
   in zwei Teile, es kommen also n Teile hinzu und damit folgt (1.1)!

▷ Stimmt das? Warum hat g mit jeder vorhandenen Geraden einen
   Schnittpunkt? Wann haben zwei Geraden einen Schnittpunkt?
   Wenn sie nicht parallel sind! Jetzt sehen wir, wo die Vorausset-
   zungen ins Spiel kommen.

Voraussetzung
verwendet

▷ **Haben wir die Voraussetzungen verwendet?** Wozu wird die andere Voraussetzung gebraucht, dass keine drei Geraden durch einen
   Punkt gehen? Sonst könnte g durch einen Schnittpunkt zweier
   vorhandener Geraden gehen und dann würde g in weniger als n
   Teile zerlegt.

▷ Wir sehen also, warum Gleichung (1.1) stimmt, und haben damit das Zwischenziel erreicht. Dies ist eine *Rekursion*, d. h. eine
   Gleichung, die a_n mittels a_{n-1} darstellt. Das ist schon ein Erfolg,
   wir können damit schnell $a_2, a_3, a_4, a_5, \ldots$ anfangend mit $a_1 = 2$
   berechnen, ohne Bilder zu zeichnen.

   Noch besser wäre aber eine Formel, die a_n direkt mittels n darstellt,
   ohne dass man vorher $a_1, a_2, \ldots$ berechnen muss. Diese Formel
   erhalten wir in zwei Schritten: Zuerst *setzen wir die Rekursion immer
   wieder in sich selbst ein:* Ersetzt man[6] n durch $n-1$, folgt $a_{n-1} =
   a_{n-2} + (n-1)$, also

$$a_n = a_{n-1} + n = a_{n-2} + (n-1) + n,$$

---

[6]Dies ist erlaubt, da Formel (1.1) für alle Zahlen n gilt, also auch für die Zahl
$n-1$.

und wiederholtes Einsetzen liefert

$$a_n = a_{n-2} + (n-1) + n = a_{n-3} + (n-2) + (n-1) + n = \ldots$$
$$= a_1 + 2 + 3 + \cdots + n$$
$$= 2 + 2 + 3 + 4 + \cdots + n.$$

(Woher wissen wir, was in der zweiten Zeile stehen muss? Die vorherigen Ausdrücke folgen einem Muster: Die erste dazuaddierte Zahl ist um eins größer als der Index des vorangegangenen a, z.B. $a_{n-2} + (n-1) + \ldots$, $a_{n-3} + (n-2) + \ldots$. Wenn wir bei a_1 ankommen, erhalten wir also $a_1 + 2 + \ldots$.)

▷ Die Herleitung der Formel (1.1) zeigt auch, dass die Anzahl der Teilgebiete nicht von der Anordnung der Geraden abhängt, vgl. Abbildung 1.4.

Die Formel für a_n ist immer noch nicht befriedigend: Um z.B. a_{100} zu berechnen, müssten wir 99 Additionen durchführen. Daher fassen wir im zweiten Schritt die Formel für a_n zusammenfassen, mit Hilfe des berühmten Tricks[7][8] für die Berechnung von $1 + \cdots + n =: s$:

1	$+$	2	$+$	$\ldots$	$+$	$(n-1)$	$+$	n	$=$	s
n	$+$	$(n-1)$	$+$	$\ldots$	$+$	2	$+$	1	$=$	s
$(n+1)$	$+$	$(n+1)$	$+$	$\ldots$	$+$	$(n+1)$	$+$	$(n+1)$	$=$	$2s$

Wie oft tritt hier $n+1$ auf? Die erste Zeile zeigt, dass es n Male sind. Also $n(n+1) = 2s$, also

$$1 + 2 + \cdots + n = \frac{n(n+1)}{2}. \tag{1.2}$$

Schreiben wir die Lösung wieder geordnet auf.

---

[7]Den sollten Sie in Ihrer Trickkiste haben! Er wird Carl Friedrich Gauss (1777-1855) zugeschrieben, war aber wahrscheinlich schon vorher bekannt.

[8]Statt der hier folgenden Rechnung kann man auch so vorgehen, dass man in $1 + \cdots + n$ den ersten und letzten Summanden zu $n+1$ zusammenfasst, dann den zweiten und vorletzten ebenfalls zu $n+1$ etc. Man muss allerdings aufpassen, was ‚in der Mitte' passiert, und das ist für n gerade/ungerade unterschiedlich. Eine Fallunterscheidung führt auch hier zur selben Formel wie oben angegeben. Die im Text angegebene Methode ist eleganter, da sie ohne Fallunterscheidung auskommt.

Lösung zu Problem 1.3

Offenbar gilt $a_1 = 2$. Wir zeigen zunächst, dass für alle $n \geq 2$ die Rekursion

$$a_n = a_{n-1} + n \tag{1.3}$$

gilt. Seien hierzu $n - 1$ Geraden in der Ebene gegeben, keine zwei parallel und keine drei durch einen Punkt. Legt man eine weitere Gerade g hinzu, schneidet diese jede der vorhandenen $n - 1$ Geraden, da sie zu keiner von diesen parallel ist, und die Schnittpunkte sind alle verschieden, da keine drei Geraden durch einen Punkt gehen. Also gibt es $n - 1$ Schnittpunkte, und diese teilen g in n Teile. Jedes dieser Teile läuft durch eines der a_{n-1} Teilstücke, in das die $n - 1$ Geraden die Ebene geteilt hatten, und zerteilt dies in zwei Stücke. Daher kommen n Teilstücke in der Ebene hinzu, also gilt die Rekursion (1.3).

Durch Auflösen der Rekursion (wiederholtes Einsetzen in sich selbst) folgt mit $a_1 = 2$ und aus Gleichung (1.2) die *Lösung*

$$a_n = 2 + 2 + 3 + 4 + \cdots + n = 1 + \frac{n(n+1)}{2}. \tag{1.4}$$

Rückschau zu Problem 1.3

Wie in Problem 1.2 haben wir zunächst mit Hilfe von **Beispielen** (hier: **Skizzen**) und einer **Tabelle** ein Gefühl für das Problem bekommen. Die Beispiele halfen uns auch, die Voraussetzungen in der **Problemstellung zu verstehen**.

Wir haben dann ein **Muster** erkannt. Das **Einführen einer Notation** erleichterte es uns, das Muster in einer allgemeinen Formel (1.1) auszudrücken. Um diese zu untersuchen, formulierten wir sie mittels des Ausgangsproblems (Hinzulegen einer Gerade). Wir **fokussierten auf das Ziel** (Woher kommen die neuen Gebiete?). Wir konnten die Formel schließlich beweisen, indem wir uns **in kleinen, konkreten Schritten vorangearbeitet** haben, immer das Ziel im Blick. Dabei war es wieder nützlich, dies an einem **Beispiel** durchzuführen, aber wir haben immer so argumentiert, dass es sich auf die allgemeine Situation übertragen ließ. Ein **Blick auf die Voraussetzungen** half uns, Argumentationslücken zu stopfen.

Schließlich haben wir aus der Rekursion (1.1) mit Hilfe des Gauß-Tricks (einer **Technik**) die Lösung (1.4) hergeleitet.

1.4 Werkzeugkasten

Sie haben in diesem Kapitel bereits die wichtigsten allgemeinen Problemlösestrategien kennengelernt. Diese werden hier zusammengestellt. Diese Liste wird in späteren Kapiteln erweitert. Die gesamte Liste finden Sie in Anhang A.

1. Verstehen des Problems
Lesen Sie die Aufgabe genau durch. Was ist gegeben, was ist gesucht? Was sind die Voraussetzungen?

2. Untersuchung des Problems
☐ Ein Gefühl für das Problem bekommen, es anpacken.

Hierbei sind nützlich:

- Zunächst ein einfacheres Problem betrachten

- Spezialfälle, Beispiele betrachten

- Skizzen, Tabellen anfertigen

☐ Mit Hilfe der Beispiele eine allgemeine Regel finden

☐ Nach Mustern suchen

☐ Zwischenziele formulieren

☐ Was ist wesentlich, worauf kommt es an?

☐ Sich in kleinen Schritten vorarbeiten

☐ Nachprüfen: Haben wir die Voraussetzungen verwendet?

☐ Notation einführen[9]

3. Geordnetes Aufschreiben der Lösung
Dabei kommt es auf Folgendes an:

☐ Schlüssige Argumentation

---

[9]Das heißt abkürzende Bezeichnungen, z. B. a_n für die gesuchte Anzahl in Problem 1.3.

❏ Sinnvolle Anordnung

❏ Verständliches Schreiben (Ideen, Motivationen erwähnen)[10]

❏ Korrekte Verwendung mathematischer Ausdrucksweisen

4. Rückschau

Was habe ich gelernt? Ist die Lösung sinnvoll? Geht es auch anders, besser?

Mit dem geordneten Aufschreiben und der Rückschau kontrollieren Sie sich auch selbst; dann merken Sie manchmal, dass Sie bei der Untersuchung etwas übersehen haben. Die Rückschau hilft auch bei der Bearbeitung weiterer Probleme.

Aufgaben

Machen Sie sich beim Lösen der Aufgaben bewusst, welche der erwähnten Problemlösestrategien Sie verwenden.

A 1.1 Bei welchen der folgenden Beispiele tritt eine Verschiebung um eins auf? Sie könnten an den Fingern abzählen, geben Sie aber auch ein gutes Argument an. Finden Sie weitere Beispiele.

❏ In einer Baumreihe stehen 5 Bäume, jeder ist vom nächsten 20 Meter entfernt. Wie lang ist die Reihe?

❏ Ich habe ein Hotel gebucht vom 20. Mai (Ankunft) bis zum 23. Mai (Abreise). Wie viele Nächte sind das? Wie viele vom 3. bis zum 29. Mai?

❏ In einer Baumreihe stehen 5 Bäume, die Reihe ist 100 Meter lang. Angenommen, der Abstand von einem Baum zum nächsten ist immer gleich. Wie groß ist dieser Abstand?

❏ Ich arbeite von 8 Uhr bis 17 Uhr. Wie viele Stunden sind das?

❏ Die Uhr an meinem Arbeitsplatz läutet zu jeder vollen Stunde. Wie oft höre ich sie an einem Tag?

❏ Wie viele dreistellige natürliche Zahlen gibt es?

---

[10]Verbreitet ist die Vorstellung, dass mathematische Texte nur aus Formeln und Symbolen bestehen. Weit gefehlt! Erklärungen sind genauso wichtig wie Formeln, in manchen mathematischen Texten kommen gar keine Formeln vor.

❑ Wie viele ganze Zahlen n gibt es mit $15 \leq n \leq 87$? Wie viele mit $-10 \leq n \leq 10$?

A 1.2 Sie wollen n Quadrate wie im Bild aus Streichhölzern legen. Wie viele Streichhölzer brauchen Sie?

A 1.3 Sei $n \in \mathbb{N}$. Betrachten Sie die Summe der ersten n ungeraden Zahlen, das heißt die Summe

$$1 + 3 + 5 + \cdots + (2n - 1).$$

Berechnen Sie die Summe für einige natürliche Zahlen n. Erkennen Sie eine Regelmäßigkeit? Stellen Sie eine Vermutung auf und beweisen Sie diese.

A 1.4 Sei $n \in \mathbb{N}$. Ist es möglich, n (paarweise verschiedene) Punkte $P_1, \ldots, P_n$ und eine Gerade g so in die Ebene zu legen, dass g durch keinen der Punkte P_i verläuft, aber die Verbindungsstrecken $P_1P_2, P_2P_3, \ldots, P_{n-1}P_n$ sowie P_nP_1 schneidet? Betrachten Sie ein paar Beispiele, stellen Sie eine Vermutung auf und beweisen Sie diese.

A 1.5 Wir ändern Problem 1.1 wie folgt ab: Vor jedem Schnitt dürfen wir eine beliebige Anzahl bereits vorhandener Stücke nebeneinanderlegen und dann mit einem geraden Schnitt gleichzeitig zersägen. Wie viele Schnitte braucht man mindestens für einen Baumstamm der Länge 4, 8, 16, 32, 27, n? Begründen Sie, dass Ihre Antwort bestmöglich ist, d.h. dass es nicht mit weniger Schnitten geht.

A 1.6 Sei $n \in \mathbb{N}$. Entwickeln Sie eine Formel für die Anzahl der Nullen am Ende der Dezimaldarstellung von $n!$.

A 1.7 Die Strategie ,Spezialfälle betrachten, Muster erkennen' kann auch beim Herleiten von Formeln nützlich sein. Hier sind drei Beispiele.

a) Finden Sie eine geschlossene Formel für die Summe

$$1 \cdot 1! + 2 \cdot 2! + \cdots + n \cdot n!$$

b) Finden Sie eine geschlossene Formel für die Summe

$$\frac{1}{2!} + \frac{2}{3!} + \frac{3}{4!} + \cdots + \frac{n}{(n+1)!}$$

c) (Mit etwas mehr Rechnung:) Berechnen Sie die Zahlen

$$1 + \frac{1}{1^2} + \frac{1}{2^2}, \ 1 + \frac{1}{2^2} + \frac{1}{3^2}, \ 1 + \frac{1}{3^2} + \frac{1}{4^2}, \ldots$$

als Brüche. Was beobachten Sie? Formulieren und beweisen Sie eine allgemeine Formel. Verwenden Sie diese, um einen geschlossenen Ausdruck für die Summe

$$\sqrt{1 + \frac{1}{1^2} + \frac{1}{2^2}} + \sqrt{1 + \frac{1}{2^2} + \frac{1}{3^2}} + \cdots + \sqrt{1 + \frac{1}{n^2} + \frac{1}{(n+1)^2}}$$

zu finden.

A 1.8 Für jede der Zahlenfolgen beschreiben Sie zunächst in Worten eine Regelmäßigkeit und formulieren Sie sie dann in Formeln. Angegeben sind $a_1, a_2, \ldots$. Erfinden Sie weitere solche Aufgaben.

Beispiel: 1, 4, 9, 16, 25: Quadratzahlen, $a_n = n^2$

Beispiel: 7, 9, 12, 16, 21: Die Differenz nimmt immer um eins zu, von a_1 zu a_2 ist sie 2 usw., $a_n = a_{n-1} + n$ mit $a_1 = 7$. Eine andere richtige Antwort ist $a_n = \frac{n(n+1)}{2} + 6$.

a) 3, 4, 5, 6, 7

b) 3, 9, 36, 180, 1080

c) 1, -1, 1, -1, 1

d) 1, 1, 1, 3, 5, 9, 17, 31

e) 2, 8, 24, 64, 160

A 1.9 Für $n \in \mathbb{N}$ bezeichne s_n die Anzahl der Möglichkeiten, n als geordnete Summe natürlicher Zahlen zu schreiben. Dabei soll die Darstellung von n als n (ein Summand) mitgezählt werden. Beispielsweise gilt

$$2 = 1 + 1 \text{ sowie } 3 = 1 + 2 = 2 + 1 = 1 + 1 + 1$$

und damit $s_2 = 2$ und $s_3 = 4$. Bestimmen Sie s_4 und s_5, stellen Sie eine Vermutung auf und beweisen Sie diese.

A 1.10   Stellen Sie eine Vermutung über die Gültigkeit der Aussage
„$n^2 + n + 41$ ist eine Primzahl für alle $n \in \mathbb{N}$" auf. Geben Sie einen
Beweis oder ggf. ein Gegenbeispiel.

A 1.11   Untersuchen Sie, in wie viele Teile die Ebene durch n Geraden geteilt wird, von denen keine drei durch einen Punkt gehen
(von denen aber einige parallel sein dürfen). Die Antwort hängt nicht
nur von n ab. Wovon hängt sie ab? Identifizieren Sie Größen, die an
der Geradenkonfiguration abgelesen werden können und durch die
man die Anzahl der Gebiete ausdrücken kann. Im Spezialfall allgemeiner Lage sollte dabei die in diesem Kapitel gefundene Antwort
herauskommen.

2 Die Idee der Rekursion

Was hat die russische Holzfigur Matrjoschka mit dem Lösen mathematischer Probleme gemeinsam? Öffnet man sie, so findet man darin eine kleinere Figur, die genauso aussieht. Diese kann man wieder öffnen und findet eine noch kleinere, und so weiter.

Genauso kann man manche mathematische Probleme angehen: Löse das Problem, indem du es auf ein kleineres, gleichartiges Problem zurückführst. Das ist die Technik der Rekursion. Sie haben sie bereits in Problem 1.3 kennengelernt. Wir werden diese Idee nun systematisch weiterverfolgen. Rekursionen sind ein fundamentales Werkzeug der Mathematik, das vor allem für Abzählprobleme nützlich ist.

In diesem Kapitel lösen Sie weitere Probleme mit dieser Methode und lernen ein Verfahren kennen, mit denen man bestimmte Arten von Rekursionen, zum Beispiel die FIBONACCI-Rekursion, systematisch auflösen kann.

2.1 Die Technik der Rekursion

Wir führen erst den allgemeinen Begriff der Rekursion ein und beschreiben dann, wie Rekursionen in Abzählproblemen auftreten.

Eine **Rekursion** für eine Zahlenfolge $a_1, a_2, a_3, \ldots$ ist eine Formel, die jedes a_n mit Hilfe von $a_{n-1}, a_{n-2}, \ldots, a_1$ und n ausdrückt.

In der Lösung von Problem 1.3 haben wir bereits die Rekursion $a_n = a_{n-1} + n$ kennengelernt. Hierbei wurde a_n nur mittels a_{n-1} und n ausgedrückt. Die vorherigen Werte $a_{n-2}, \ldots$ brauchten wir nicht. Man spricht dann von einer *eingliedrigen Rekursion*. Hier sind einige weitere Beispiele für Rekursionen:

$$a_n = a_{n-1} + a_{n-2}$$
$$a_n = n a_{n-1}$$
$$a_n = 1 + a_1 + \cdots + a_{n-1}$$

Das soll jeweils für jedes n gelten, für das alle vorkommenden Indizes mindestens eins sind, also im ersten Beispiel $a_3 = a_2 + a_1$, $a_4 = a_3 + a_2$ usw., im dritten Beispiel $a_2 = 1 + a_1$, $a_3 = 1 + a_1 + a_2$ usw.

Rekursionen bilden eine wichtige Technik für **Abzählprobleme.** Bei einem Abzählproblem interessiert man sich für gewisse Konfigurationen oder Objekte, und man möchte deren Anzahl bestimmen.

Beispiele

- Bestimme die Anzahl der Länder, die von n Geraden in allgemeiner Lage[1] gebildet werden.

- Bestimme, auf wie viele Arten man 6 Zahlen aus den Zahlen $1, \ldots, 49$ auswählen kann.

- n Personen treffen sich, jede schüttelt jeder anderen einmal die Hand. Wie viele Händedrücke ergibt das?

- Auf wie viele Arten kann man ein Brett der Größe $2 \times n$ mit Dominosteinen der Größe 1×2 überdecken (Problem 2.2)?

Oft tritt in dem Problem eine Zahl n auf, welche die Größe des Problems beschreibt. Eine vollständige Lösung des Problems besteht dann darin, eine Formel anzugeben, mit der man die gesuchte Anzahl direkt aus n berechnen kann.

Manche Abzählprobleme können wir am leichtesten wie folgt lösen. Die gesuchte Anzahl nennen wir a_n.

Technik: Rekursion

1. **Suchen einer Rekursion:** Kann man das Problem der Größe n auf *dasselbe* Problem kleinerer Größe zurückführen? Wenn ja, erhält man eine Rekursion für die Folge der gesuchten Zahlen a_n.

2. **Auflösen der Rekursion:** Man verwende die Rekursion, um eine Formel für a_n zu finden. Hierbei braucht man auch eine

---

[1] Dieser Begriff wurde in Problem 1.3 erklärt.

Anfangsbedingung, d. h. den Wert von a_n für kleine Werte von n (je nach Art der Rekursion können dies ein, zwei oder mehr Werte sein).

In Problem 1.3 konnten wir die Anzahl der Länder einer aus n Geraden gebildeten Landkarte abzählen, indem wir zunächst eine Gerade g entfernten – dies führte auf dasselbe Problem mit $n - 1$ Geraden – und dann überlegten, dass genau n neue Länder entstehen, wenn wir die Gerade g wieder hinzulegen. Dies ergab die Rekursion $a_n = a_{n-1} + n$.

Das Suchen nach einer Rekursion ist ein Beispiel eines **Zwischenziels:** Anstatt sofort eine geschlossene Formel für a_n zu suchen, geben wir uns zunächst mit dem bescheideneren Ziel der Rekursion zufrieden.

Die beiden Schritte der Rekursionstechnik sind sehr unterschiedlich und können jeweils leicht oder schwierig sein. Einfache Rekursionen lassen sich auflösen, indem man sie wiederholt in sich selbst einsetzt. Bei vielen Rekursionen hilft das aber nicht weiter. Eine weitere Technik werden wir in Abschnitt 2.4 kennenlernen und mit ihr die FIBONACCI-Rekursion auflösen.[2] In den anderen Abschnitten wird das Finden einer Rekursion unser Hauptanliegen sein.

In Kapitel 5 werden wir noch einmal ausführlich auf Abzählprobleme eingehen und weitere Abzählprinzipien kennenlernen.

Bemerkung

Es kann sinnvoll sein, ein Problem, das für eine feste Anzahl Objekte (z. B. 100 Geraden in der Ebene) gestellt ist, zunächst zu verallgemeinern (n Geraden in der Ebene), um dann nach einer Rekursion suchen zu können.

Dies ist typisch für Mathematik und Wissenschaft allgemein:

Manchmal wird ein Problem einfacher, wenn man es verallgemeinert.

Dies erscheint paradox, da man denken sollte, dass das allgemeinere Problem schwieriger ist. Aber genau das hatten wir schon in

---

[2]Es gibt viele weitere ausgeklügelte Techniken, verschiedene Arten von Rekursionen aufzulösen, zum Beispiel die Methode der erzeugenden Funktionen.

Problem 1.2 gemacht: Anstatt, wie gefordert, 100! zu untersuchen, haben wir nach einer allgemeinen Regel gesucht, wie man die Nullen am Ende einer Zahl der Form $n!$ abzählen kann.

Dieses Prinzip sagt offenbar das Gegenteil der Problemlösetechnik, Spezialfälle zu betrachten. Beides ist nützlich!

2.2 Die Anzahl der Teilmengen

Stellen Sie sich vor, Sie haben drei Fotos und wollen eine Auswahl daraus einem Freund schenken. Sie haben sich noch nicht entschieden, welche und wie viele Fotos Sie ihm schenken wollen. Welche Möglichkeiten gibt es? Sie könnten nur eines verschenken (3 Möglichkeiten: Foto 1 oder 2 oder 3) oder zwei (3 Möglichkeiten: Fotos 1,2 oder 1,3 oder 2,3) oder alle drei oder auch gar keins (je eine Möglichkeit). Das sind 8 verschiedene Möglichkeiten. Wie viele wären es, wenn Sie 4 oder 5 oder mehr Fotos hätten? Dies wollen wir nun untersuchen. In der Sprache der Mathematik formuliert geht es darum, alle möglichen Teilmengen einer Menge mit drei oder mehr Elementen (den Fotos) zu bestimmen.

Die im Folgenden verwendeten Begriffe zu Mengen und Abbildungen werden in Anhang B erklärt.

Problem 2.1

Wie viele Teilmengen hat die Menge $\{1,2,\ldots,n\}$?

Hierbei wollen wir die leere Teilmenge $\emptyset$ und die Gesamtmenge $\{1,\ldots,n\}$ immer mitzählen[3]. Z. B. hat die Menge $\{1,2\}$ die Teilmengen $\emptyset, \{1\}, \{2\}, \{1,2\}$.

Untersuchung

Gefühl
bekommen
Notation
einführen

▷ Wir wollen zunächst ein Gefühl für das Problem bekommen. Daher betrachten wir ein paar Beispiele und machen eine Tabelle, wobei wir der Übersichtlichkeit halber z. B. 12 für die Teilmenge $\{1,2\}$

---

[3]Das mag zunächst künstlich erscheinen. Es wird sich jedoch herausstellen, dass auf diese Weise die Lösung einfacher und eleganter ist. Will man die leere Menge nicht mitzählen, braucht man nur eins vom Ergebnis abzuziehen.

schreiben[4]. Wir bezeichnen die gesuchte Anzahl mit a_n.

n	Teilmengen von $\{1,2,\ldots,n\}$	a_n
1	$\emptyset, 1$	2
2	$\emptyset, 1, 2, 12$	4
3	$\emptyset, 1, 2, 3, 12, 13, 23, 123$	8

▷ Vielleicht erkennen Sie schon ein Muster: Rechts stehen die Potenzen von 2, genauer ist $a_1 = 2 = 2^1$, $a_2 = 4 = 2^2$, $a_3 = 8 = 2^3$. Daher liegt es nahe zu vermuten:

Vermutung: Es gilt $a_n = 2^n$ für alle n.

▷ Warum sollte das so sein? Wie können wir sicher sein, dass dies etwa für $n = 100$ auch noch stimmt? Als *ersten Versuch* sortieren wir die Teilmengen nach ihrer Größe und bestimmen die Anzahl für jede Größe einzeln. Bei $n = 2$ sind die Anzahlen der Teilmengen mit 0,1,2 Elementen jeweils gleich 1,2,1; bei $n = 3$ sind die Anzahlen der Teilmengen mit 0,1,2,3 Elementen jeweils gleich 1,3,3,1. Das ergibt zwar, wie gehabt, insgesamt 4 bzw. 8 Teilmengen; aber ein Muster, das zeigt, warum die Summe dieser Zahlen *immer* (für *alle n*) eine Zweierpotenz sein sollte, ist nicht zu erkennen. Wir brauchen einen neuen Ansatz.

▷ *Zweiter Versuch:* Können wir das Problem rekursiv lösen? Können wir das Problem der Größe n auf das Problem der Größe $n - 1$ zurückführen?

▷ Sehen wir uns etwa $n = 3$ an. Können wir die Teilmengen von $\{1,2,3\}$ mit den Teilmengen von $\{1,2\}$ in Beziehung setzen? Sehen Sie sich die Tabelle oben an.

▷ *Beobachtung:* Die Teilmengen von $\{1,2\}$ kommen unter denjenigen von $\{1,2,3\}$ vor: Es sind genau diejenigen, die die 3 nicht enthalten.

---

[4]Solche Abkürzungen können bei einer Untersuchung nützlich sein. Vor jeder Verwendung sollten sie aber erklärt werden.

▷ Bleiben noch die Teilmengen von $\{1,2,3\}$, die die 3 enthalten. Das sind vier Stück. Kann man diese ebenfalls mit den Teilmengen von $\{1,2\}$ in Beziehung setzen? Sehen wir sie uns an:

$$3,13,23,123 \tag{2.1}$$

und vergleichen wir diese mit den Teilmengen von $\{1,2\}$:

$$\varnothing,1,2,12 \tag{2.2}$$

Fällt Ihnen etwas auf? Sehen Sie sich diese beiden Zeilen genau an, bis Ihnen etwas auffällt.

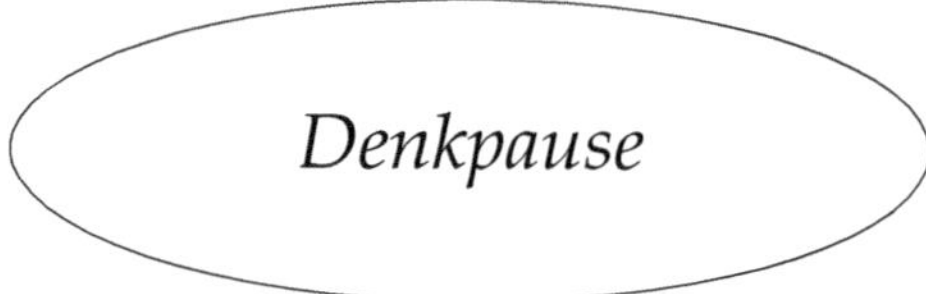

▷ Richtig! Jede der Mengen in Zeile (2.1) entsteht aus einer der Mengen in Zeile (2.2), indem man die 3 hinzufügt.

Aufteilen in Klassen

▷ Fassen wir zusammen: Wir haben die Teilmengen von $\{1,2,3\}$ in zwei Klassen eingeteilt: diejenigen, die die 3 nicht enthalten und diejenigen, die die 3 enthalten. Für jede der beiden Klassen haben wir gezeigt, dass sie genauso viele Teilmengen enthält, wie es Teilmengen von $\{1,2\}$ gibt. Also gilt $a_3 = a_2 + a_2 = 2a_2$.

Allgemeine Regel finden

▷ Diese Überlegung hilft uns nur, wenn sie sich auf beliebige n verallgemeinern lässt. Dies bereitet keine Schwierigkeiten: Wir teilen die Teilmengen von $\{1,\ldots,n\}$ in zwei Klassen auf: diejenigen, die n enthalten, und diejenigen, die n nicht enthalten. Jede Klasse enthält a_{n-1} Teilmengen. Dies ergibt die Rekursion

$$a_n = 2a_{n-1}.$$

Setzt man dies wiederholt in sich ein und verwendet $a_1 = 2$, ergibt sich $a_n = 2^n$ für alle n.

Wir formulieren die gefundene Idee nun für allgemeines n mit allen Details:

Lösung zu Problem 2.1

Es bezeichne a_n die Anzahl der Teilmengen von $\{1,\ldots,n\}$.

1. *Behauptung:* Es gilt die Rekursion $a_n = 2a_{n-1}$ für $n = 2,3,\dots$.

   Beweis.
   Wir teilen die Teilmengen von $\{1,\dots,n\}$ in zwei Klassen auf:
   diejenigen, die n enthalten, und diejenigen, die n nicht enthalten.
   Die Teilmengen, die n nicht enthalten, sind genau die Teilmengen
   von $\{1,\dots,n-1\}$. Also sind das a_{n-1} Stück.
   Zu jeder Teilmenge $A \subset \{1,\dots,n\}$, die n enthält, betrachten wir
   die Teilmenge $B = A \setminus \{n\}$ von $\{1,\dots,n-1\}$. Hierbei kommt jede
   Teilmenge $B \subset \{1,\dots,n-1\}$ genau einmal vor, denn B kann man
   aus der Menge $A = B \cup \{n\}$, und nur aus dieser, erhalten. Daher   (*)
   gibt es genauso viele Teilmengen $A \subset \{1,\dots,n\}$, die n enthalten,
   wie es Teilmengen B von $\{1,\dots,n-1\}$ gibt, also a_{n-1} Stück.
   Insgesamt folgt $a_n = a_{n-1} + a_{n-1} = 2a_{n-1}$ für alle $n = 2,3,\dots$, was
   zu zeigen war.   q. e. d.

2. Wir lösen nun die Rekursion durch wiederholtes Einsetzen in sich
   selbst auf: Wenn wir in der Rekursion n durch $n - 1$ ersetzen,
   erhalten wir $a_{n-1} = 2a_{n-2}$. Dies ist für $n \geq 3$ erlaubt, da die
   Rekursion für *alle* Zahlen $2,3,\dots$ gilt, also auch für $n - 1$. Wir
   setzen ein: $a_n = 2a_{n-1} = 2 \cdot 2a_{n-2}$. Wiederholtes Einsetzen ergibt,
   mit Hilfe der *Anfangsbedingung* $a_1 = 2$,

$$a_n = 2a_{n-1} = 2 \cdot 2a_{n-2} = \cdots = 2^{n-1}a_1 = 2^{n-1} \cdot 2 = 2^n. \quad (2.3)$$

Der Faktor 2^{n-1} tritt auf, weil jedes Mal, wenn sich der Index
von a um eins erniedrigt, ein Faktor 2 hinzukommt. Insgesamt
erniedrigt sich der Index von n auf 1, also $n - 1$ Mal, also gibt es
$n - 1$ Faktoren 2, also 2^{n-1}.

Wir schreiben dieselbe Lösung noch einmal auf, diesmal in einer
sehr formalen mathematischen Sprache. Diese Sprache ist vor allem
nützlich, um komplexe Argumentationen sauber aufzuschreiben. Für
unser Problem hier ist ihre Verwendung ein wenig ‚overkill'. Lesen Sie
dies nur, wenn Sie sich in dieser Sprache üben wollen. Die vollständige
Induktion, die im zweiten Teil verwendet wird, wird in Kapitel 3
behandelt.

Formalere Lösung zu Problem 2.1

Sei $T_n = \{A : A \subset \{1,\dots,n\}\}$ die Menge der Teilmengen von
$\{1,\dots,n\}$ und $a_n = |T_n|$ deren Anzahl.

1. *Behauptung:* Es gilt die Rekursion $a_n = 2a_{n-1}$ für $n = 2,3,\ldots$.

   Beweis.
   Sei

   $$U_n = \{A \in T_n : n \in A\}$$
   $$V_n = \{A \in T_n : n \notin A\}.$$

   Dann gilt

   $$T_n = U_n \cup V_n \quad \text{(disjunkte Vereinigung)}. \qquad (2.4)$$

   Wir zeigen nun, dass U_n und V_n jeweils a_{n-1} Elemente haben. Offenbar ist $V_n = T_{n-1}$, also

   $$|V_n| = |T_{n-1}| = a_{n-1}.$$

   Um zu zeigen, dass $|U_n| = |T_{n-1}|$ ist, geben wir eine Bijektion $u : U_n \to T_{n-1}$ an. Wir definieren die Abbildung

   $$u : U_n \to T_{n-1}, \quad A \mapsto A \setminus \{n\}.$$

   Um zu zeigen, dass dies ein Bijektion ist, geben wir eine inverse Abbildung an. Wir definieren die Abbildung

   $$v : T_{n-1} \to U_n, \quad B \mapsto B \cup \{n\}$$

   und prüfen nach, dass v die Inverse von u ist, dass also gilt

   $$u(v(B)) = B \text{ für alle } B \in T_{n-1}, \quad v(u(A)) = A \text{ für alle } A \in U_n. $$
   $$(2.5)$$

   Die erste Gleichung stimmt, da

   $$u(v(B)) = u(B \cup \{n\}) = (B \cup \{n\}) \setminus \{n\} = B$$

   gilt. Die ersten beiden Gleichheitszeichen waren die Definitionen von v und u, das dritte folgt aus $n \notin B$. Die zweite Gleichung in (2.5) stimmt, da

   $$v(u(A)) = v(A \setminus \{n\}) = (A \setminus \{n\}) \cup \{n\} = A$$

   gilt, wobei im letzten Schritt verwendet wurde, dass $n \in A$ gilt.

Damit ist (2.5) bewiesen. Also ist u bijektiv, und daher folgt

$$|U_n| = |T_{n-1}| = a_{n-1}\,.$$

Aus (2.4) folgt dann

$$a_n = |T_n| = |U_n| + |V_n| = a_{n-1} + a_{n-1} = 2a_{n-1}\,,$$

was zu zeigen war.   q. e. d.

2. *Behauptung:* Es gilt $a_n = 2^n$ für alle n.

   Beweis.
   Wir beweisen dies mit vollständiger Induktion.

   Induktionsanfang: Für $n = 1$ gilt $a_1 = 2 = 2^1$.

   Induktionsannahme: Sei $n \in \{2,3,\dots\}$ beliebig, und es gelte $a_{n-1} = 2^{n-1}$.

   Induktionsschluss: Aus der oben bewiesenen Rekursion folgt

$$a_n = 2a_{n-1} = 2 \cdot 2^{n-1} = 2^n\,,$$

   was zu zeigen war.   q. e. d.

Bemerkungen

- Beide Beweise sind mathematisch in Ordnung. Es ist Geschmackssache, welchen Sie bevorzugen. Viele Mathematik-Bücher sind in der formaleren Sprache geschrieben, betrachten Sie diesen Beweis also als Übung.
- Beachten Sie, dass Sie bei den Teilmengen A, die n enthalten, genau argumentieren müssen. Es *reicht nicht*, nur zu sagen, dass $A \setminus \{n\}$ dann eine Teilmenge von $\{1,\dots,n-1\}$ ist. Man muss zeigen, dass bei dieser Operation jede Teilmenge von $\{1,\dots,n-1\}$ genau einmal vorkommt.
  Im formalen Beweis steckt dies in der Aussage, dass u bijektiv ist.
- Um im formalen Beweis die Bijektivität von u zu zeigen, kann man auch so vorgehen, dass man zeigt, dass u injektiv und surjektiv ist. Siehe Anhang B für eine Erklärung dieser Begriffe.

Dies wurde im informalen Beweis an der mit (*) gekennzeichneten Stelle in Worten durchgeführt:

Injektiv: Wenn $A, A' \in U_n$ sind mit $A \neq A'$, so ist auch $u(A) \neq u(A')$.

Surjektiv: Für jedes $B \in T_{n-1}$ gibt es ein $A \in U_n$ mit $u(A) = B$.

- Wenn man $\{1, \ldots, n\}$ für $n = 0$ als $\emptyset$ interpretiert, gilt die Formel auch für $n = 0$ (denn die leere Menge hat nur sich selbst als Teilmenge, also $a_0 = 1$), und man hätte die Rekursion bei $n = 1$ anfangen lassen können.

Rückschau zu Problem 2.1

Wir haben wieder die allgemeinen Techniken aus Kapitel 1 (Beispiele, Tabelle usw.) angewendet. Zusätzlich haben wir **gezielt nach einer Rekursion gesucht.**

Hierbei haben wir eine wichtige Technik für Abzählprobleme kennengelernt: **Wir haben die abzuzählenden Objekte in Klassen aufgeteilt.** Jede dieser Klassen des Abzählproblems der Größe n konnten wir dann mit demselben Abzählproblem der Größe $n - 1$ in Verbindung bringen.

Um diese Klassen zu finden, haben wir auf das geschaut, was beim Problem von $n - 1$ zu n hinzukommt: Das Element n von $\{1, \ldots, n\}$. Dann haben wir überlegt, welche Rolle dieses Element in der Aufgabenstellung spielt: Es kann in einer Teilmenge enthalten sein oder nicht. Dies führte zur Lösung.

In Kapitel 5 werden Sie noch einen anderen Zugang zu diesem Problem kennenlernen.

2.3 Pflasterungen mit Dominosteinen

Problem 2.2

Auf wie viele Arten kann man ein Rechteck der Größe $2 \times n$ mit Dominosteinen der Größe 1×2 pflastern?

„Pflastern" soll heißen: so bedecken, dass sich keine zwei Dominosteine überlappen und dass sie nicht über den Rand hinausragen.

Untersuchung

▷ Um ein Gefühl für das Problem zu bekommen, betrachten Sie zunächst ein paar Beispiele und versuchen Sie, eine Regel zu entdecken.

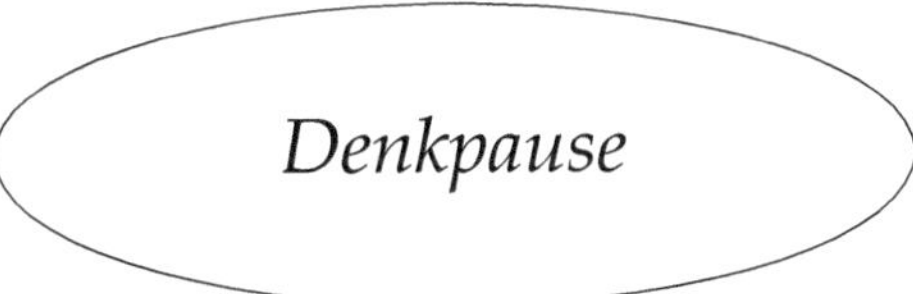

Die Pflasterungen für $n = 1,2,3,4$ sehen Sie in Abbildung 2.1. Wir machen eine Tabelle für die gesuchte Anzahl a_n ($n = 5$ ist nicht gezeichnet):

n	1	2	3	4	5
a_n	1	2	3	5	8

Erkennen Sie ein Muster? Jede Zahl in der zweiten Zeile ist die Summe ihrer beiden Vorgänger. Geht das so weiter? Wenn ja, warum?

▷ Wir vermuten, dass allgemein die Rekursion $a_n = a_{n-1} + a_{n-2}$ gilt. Wie könnte man das für alle n beweisen? Wie können wir Pflasterungen des $2 \times n$ Rechtecks mit Pflasterungen kleinerer Rechtecke in Verbindung bringen?

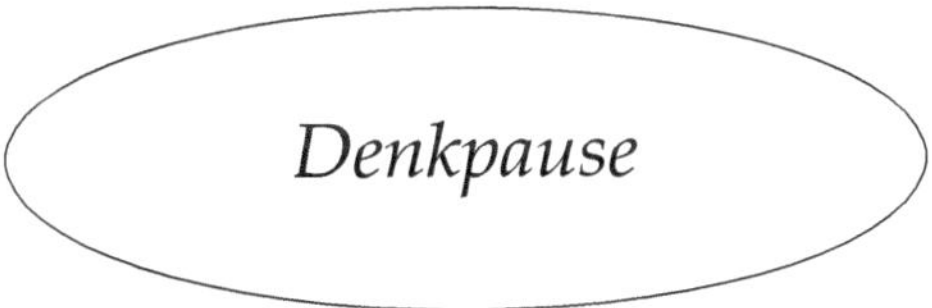

▷ Was unterscheidet das $2 \times n$-Rechteck von einem kleineren Rechteck? Am Ende kommt etwas hinzu. Betrachten wir also z. B. das rechte Ende des $2 \times n$ Rechtecks. Wie kann die Pflasterung dort aussehen? Entweder liegt rechts ein senkrechter Stein, oder es liegen dort zwei waagerechte Steine, siehe Abbildung 2.2. Jede Pflasterung ist von einer dieser beiden Arten! Wir haben das Abzählproblem also wieder in zwei Klassen aufgeteilt.

▷ Wie viele Pflasterungen der ersten Art gibt es? Links von dem eingezeichneten Domino bleibt ein $2 \times (n - 1)$-Rechteck übrig. Jede der a_{n-1} Pflasterungen dieses kleineren Rechtecks ergibt eine Pflasterung des $2 \times n$ Rechtecks.

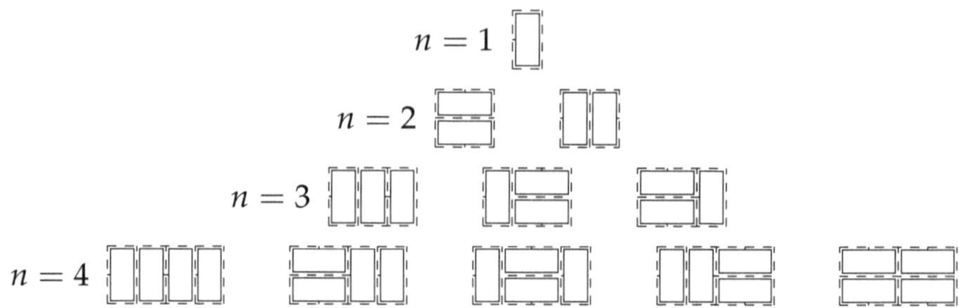

Abb. 2.1 Pflasterungen von $2 \times n$-Rechtecken mit Dominosteinen

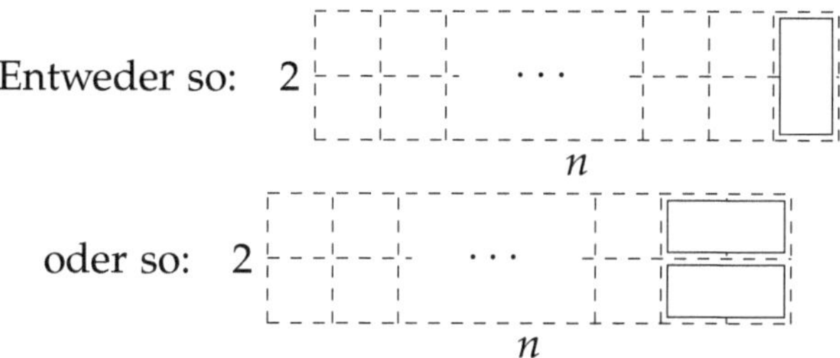

Abb. 2.2 Zwei Arten von Pflasterungen

▷ Analog bleibt bei Pflasterungen der zweiten Art ein $2 \times (n-2)$-Rechteck übrig. Jede der a_{n-2} Pflasterungen dieses kleineren Rechtecks ergibt eine Pflasterung des $2 \times n$-Rechtecks.

▷ Also folgt $a_n = a_{n-1} + a_{n-2}$.

▷ Wenn Sie nicht überzeugt sind, prüfen Sie dies konkret z. B. für $n = 4$ nach!

Damit haben wir folgende Lösung erhalten.

Lösung zu Problem 2.2 (Herleitung einer Rekursion)

Sei a_n die Anzahl der Domino-Pflasterungen eines $2 \times n$-Rechtecks.

Behauptung: Für alle $n \geq 3$ gilt $a_n = a_{n-1} + a_{n-2}$.

Beweis.
Jede Pflasterung eines $2 \times n$-Rechtecks ist von einer der beiden folgenden Arten (siehe Abbildung 2.2):

1. Am rechten Rand steht ein Stein senkrecht.
2. Am rechten Rand liegen zwei Steine waagerecht.

Bei der ersten Art bleibt links von dem senkrechten Stein ein $2 \times (n-1)$-Rechteck übrig. Nennen wir das $2 \times n$-Rechteck R und das $2 \times (n-1)$-Rechteck R'. Die Pflasterungen der ersten Art von R entsprechen genau allen Pflasterungen von R'. Denn jede Pflasterung von R' ergibt eine Pflasterung erster Art von R durch Hinzulegen eines senkrechten Steins am rechten Ende. Umgekehrt ergibt jede Pflasterung erster Art von R durch Weglassen des rechten Steins genau eine Pflasterung von R'.

Also gibt es a_{n-1} Pflasterungen der ersten Art für R.

Analog bleibt bei Pflasterungen der zweiten Art ein $2 \times (n-2)$-Rechteck R'' übrig, und die Pflasterungen der zweiten Art von R entsprechen genau allen Pflasterungen von R''. Also gibt es a_{n-2} Pflasterungen der zweiten Art für R.

Insgesamt hat das $2 \times n$-Rechteck R genau $a_{n-1} + a_{n-2}$ Pflasterungen, also folgt $a_n = a_{n-1} + a_{n-2}$.							q. e. d.

Damit haben wir die Rekursion bewiesen. Im nächsten Abschnitt lösen wir sie auf.

Rückschau zu Problem 2.2

Mittels einer Tabelle haben wir eine Vermutung für eine Rekursion formuliert. Wie im vorherigen Problem ließ sich die Rekursion durch die **Aufteilung** der abzuzählenden Objekte (Pflasterungen) der Größe n **in zwei Klassen** beweisen. Die eine Klasse entsprach dann demselben Problem der Größe $n-1$, die andere demselben Problem der Größe $n-2$.

Wir hätten auch direkt, ohne die Tabelle, nach der Rekursion suchen können. Die Frage „Wie kann ich das Problem der Größe n auf ein kleineres Problem reduzieren?" und der Fokus auf ein Ende des Streifens (was den Streifen von einem kürzeren unterscheidet) hätten uns auch so auf die richtige Idee bringen können. Diese Art von Überlegung wird in Problemen nötig sein, wo wir kein Muster erkennen und daher keine Vermutung aufstellen können, z. B. Problem 2.4.

Was haben wir erreicht? Die Rekursion erlaubt uns, die Tabelle fortzusetzen und so zum Beispiel a_{10} mühelos zu bestimmen, siehe Tabelle 2.1. a_{10} durch direktes Abzählen zu bestimmen wäre sehr aufwändig! Die a_n heißen übrigens FIBONACCI-*Zahlen*.[5]

n	1	2	3	4	5	6	7	8	9	$10\cdots$
a_n	1	2	3	5	8	13	21	34	55	$89\cdots$

Tab. 2.1 Die FIBONACCI-Zahlen

2.4 Auflösen der FIBONACCI-Rekursion

Die Rekursion

$$a_n = a_{n-1} + a_{n-2} \tag{R}$$

erlaubt uns, a_n leicht zu berechnen. Jedoch brauchen wir immer noch etwa n Additionen, um a_n zu finden, und für große n ist das lästig. Daher wollen wir nun die Rekursion auflösen, also eine Formel finden, mit der wir a_n direkt mittels n berechnen können.

Die Anfangsbedingungen sind $a_1 = 1, a_2 = 2$. Man braucht hier zwei Anfangsbedingungen, da jedes a_n durch zwei vorangehende Folgenglieder bestimmt ist. Die Rechnungen weiter unten werden etwas vereinfacht, wenn man zusätzlich $a_0 = 1$ definiert, dann gilt (R) auch für $n = 2$.

Problem 2.3

Finden Sie eine geschlossene Formel für die Folge $a_0, a_1, \ldots$, die durch die Rekursion (R) (gültig für $n \geq 2$) und die Anfangsbedingung

$$a_0 = 1, \quad a_1 = 1 \tag{AB}$$

bestimmt ist.

Eine geschlossene Formel ist dabei ein Ausdruck, mit dem man a_n direkt mittels n berechnen kann. Zum Beispiel hat die Lösung der Rekursion $a_n = 2a_{n-1}, a_0 = 1$ die geschlossene Formel $a_n = 2^n$.

---

[5]Manchmal nennt man auch die um eins verschobene Folge die FIBONACCI-Zahlen, also $f_1 = 1, f_2 = 1, f_3 = 2, f_4 = 3$, allgemein $f_n = a_{n-1}$.

Untersuchung und Lösung

▷ Können Sie anhand der Tabelle 2.1 eine Vermutung formulieren? Kommen die „üblichen Verdächtigen" in Frage, also z. B. n, n^2, 2^n, $n!$, oder Kombinationen von diesen? Probieren Sie es.

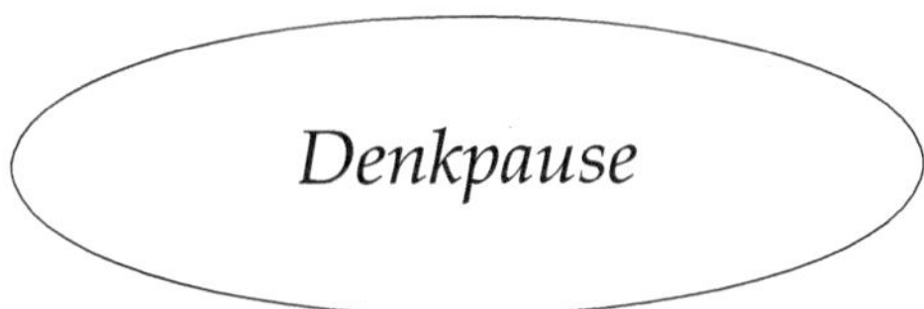

▷ Nichts gefunden? Mir ging es genauso, bevor ich folgende elegante Methode kennenlernte. Anstatt Ihnen die Methode fertig zu präsentieren, werden wir sie zusammen aus einfachen Prinzipien entwickeln.

▷ Wenden wir unsere Problemlösestrategien an: Das Problem ist uns zu schwierig. Also: *Vereinfache!*   *Vereinfachen*
Wie? Wir haben zwei Bedingungen: (R) und (AB). Berücksichtigen wir zunächst nur (R).

▷ Die Frage lautet also: Können wir *irgendeinen* Ausdruck in n finden, der (R) für alle n erfüllt? Als Einstieg sollten wir ein wenig   *Beispiele*
probieren: Versuchen wir $a_n = n$: Wegen $3 = 2 + 1$ ist tatsächlich $a_3 = a_2 + a_1$, aber $4 \neq 3 + 2$ zeigt, dass die Rekursion für $n = 4$ schon nicht mehr erfüllt ist. Also ist $a_n = n$ keine Lösung. Das war auch sehr speziell. Versuchen Sie allgemeiner Ausdrücke der Form $rn + s$ (für feste $r, s \in \mathbb{R}$)[6], n^2, n^k (für festes $k \in \mathbb{N}$), ... Sie werden merken, dass keine von ihnen funktioniert. Versuchen wir wieder eine Exponentialfunktion, aber statt der speziellen 2^n lassen wir die Basis zunächst unbestimmt. D. h. wir machen den

$$\textit{Ansatz:} \quad a_n = \alpha^n \quad \text{für eine reelle Zahl } \alpha \neq 0$$

Wir setzen dies in die Rekursion $a_n = a_{n-1} + a_{n-2}$ ein und erhalten

$$\alpha^n = \alpha^{n-1} + \alpha^{n-2}$$

---

[6]Das geht so: Setzen wir $a_n = rn + s$ in die Rekursion ein, erhalten wir $rn + s = r(n-1) + s + r(n-2) + s$. Umformen ergibt $rn = 3r - s$. Dies kann offenbar für höchstens ein n stimmen, nicht für alle n. Außer für $r = 0$, $s = 0$, dann $a_n = 0$ für alle n. In der Tat löst das (R), ist aber uninteressant.

oder äquivalent (Teilen durch α^{n-2})

$$\alpha^2 = \alpha + 1 \,. \tag{2.6}$$

Das heißt: $a_n = \alpha^n$ erfüllt die Rekursion *für alle* n genau dann, wenn α eine Lösung der Gleichung (2.6) ist. Das ist ein großer Fortschritt, denn wir müssen jetzt nur noch eine Gleichung (für α) lösen, nicht mehr unendlich viele ($a_n = a_{n-1} + a_{n-2}$ für $n = 2,3,4,\ldots$) wie vorher.

Gleichung (2.6) ist eine quadratische Gleichung für α, die wir mit der bekannten Formel lösen können. Wir formen zu $\alpha^2 - \alpha - 1 = 0$ um und erhalten die Lösungen $\frac{1}{2} \pm \sqrt{\frac{1}{4} + 1}$ oder

$$\alpha = \frac{1 \pm \sqrt{5}}{2} \,.$$

Das Folgende schreibt sich leichter, wenn wir abkürzend die Notation

$$\beta = \frac{1 + \sqrt{5}}{2}, \quad \gamma = \frac{1 - \sqrt{5}}{2}$$

einführen und die zugehörigen Folgen mit b_n, c_n statt a_n bezeichnen.

▷ Wo stehen wir? Wir haben zwei Lösungen für die Rekursion gefunden, nämlich

$$b_n = \beta^n, \quad c_n = \gamma^n \,. \tag{2.7}$$

Das ist ein Erfolg: Wir haben unser erstes Zwischenziel erreicht, eine Lösung für das vereinfachte Problem zu finden. Wir haben sogar zwei Lösungen gefunden, das wird noch nützlich sein.

Prüfen wir nach, ob eine dieser Lösungen die Anfangsbedingung erfüllt. Wegen $\beta^0 = \gamma^0 = 1$ erhalten wir

	n	0	1	$\ldots$
bekannt:	b_n	1	β	$\ldots$
bekannt:	c_n	1	γ	$\ldots$
gesucht:	a_n	1	1	$\ldots$

Offenbar erfüllen b_n und c_n die Anfangsbedingung für $n = 0$, die für $n = 1$ aber nicht.

$\triangleright$ Wir brauchen eine weitere Idee. Haben wir alle Lösungen von (R) gefunden? Oder können wir vielleicht aus unseren beiden Lösungen weitere Lösungen zusammensetzen? Wie könnte das gehen?

$\triangleright$ **Aus alt mach neu!** Zwei einfache Möglichkeiten sieht man leicht:

1. Mit einer Konstante multiplizieren: Ist $b_0, b_1, \ldots$ eine Lösung von (R) und B eine beliebige reelle Zahl, so ist auch $Bb_0, Bb_1, \ldots$ eine Lösung von (R). Denn

$$b_n = b_{n-1} + b_{n-2} \Rightarrow Bb_n = Bb_{n-1} + Bb_{n-2}$$

für alle $n \geq 2$.

2. Addieren: Sind $b_0, b_1, \ldots$ und $c_0, c_1, \ldots$ Lösungen von (R), so ist auch $d_0, d_1, \ldots$ mit $d_n = b_n + c_n$ eine Lösung, denn wir können die Gleichungen einfach addieren:

$$
\begin{array}{rcccc}
b_n & = & b_{n-1} & + & b_{n-2} \\
+ \quad \dfrac{c_n}{} & = & c_{n-1} & + & c_{n-2} \\
b_n + c_n & = & (b_{n-1} + c_{n-1}) & + & (b_{n-2} + c_{n-2})
\end{array}
$$

also $d_n = d_{n-1} + d_{n-2}$ für alle $n \geq 2$.

Wir können auch beides kombinieren: Erst 1. auf die b_n und die c_n anwenden, mit zwei Konstanten B, C, dann die Resultate addieren (Vorteil: Wir können *zwei* Konstanten frei wählen). Dies nennt man das

Superpositionsprinzip:[7] Sind $b_0, b_1, \ldots$ und $c_0, c_1, \ldots$ Lösungen von (R) und sind B, C beliebige reelle Zahlen, so ist auch $a_0, a_1, \ldots$ mit

$$a_n = Bb_n + Cc_n \quad \text{für alle } n$$

eine Lösung von (R).

$\triangleright$ Wir versuchen also, die Zahlen B, C so zu bestimmen, dass diese a_n auch die Anfangsbedingungen (AB) erfüllen[8]. Wir schreiben die

---

[7]Das Wort stammt aus der Physik, wo es z. B. die Überlagerung zweier Wellen zu einer Gesamtwelle beschreibt. Das Superpositionsprinzip gilt bei allen linearen Gleichungen.

[8]Vor dem Losrechnen überlegen wir: Warum besteht hier die Chance, dass das funktioniert? Wir haben zwei Anfangsbedingungen (Gleichungen) zu erfüllen, und wir haben zwei Zahlen B, C zu bestimmen (Unbekannte). Also: Anzahl der Unbekannten = Anzahl der Gleichungen; als Faustregel gilt: Meistens funktioniert das.

Gleichung $a_n = Bb_n + Cc_n$ für $n = 0$ und $n = 1$ hin und setzen die bekannten bzw. geforderten Werte ein:

$$n = 0: \quad 1 = B + C$$
$$n = 1: \quad 1 = B\beta + C\gamma$$

Dies lässt sich leicht nach B und C auflösen (Auflösen eines linearen Gleichungssystems): Zunächst eliminieren wir eine der Unbekannten, etwa B. Dazu multiplizieren wir die erste Gleichung mit β und ziehen die zweite ab:

$$\begin{array}{rcccc} \beta & = & B\beta & + & C\beta \\ 1 & = & B\beta & + & C\gamma \\ \hline \beta - 1 & = & 0 & + & C(\beta - \gamma) \end{array}$$

Daraus folgt

$$C = \frac{\beta - 1}{\beta - \gamma} \quad \text{und dann} \quad B = -\frac{\gamma - 1}{\beta - \gamma},$$

wobei sich die zweite Gleichung aus der ersten und $1 = B + C$ nach kurzer Rechnung ergibt.

▷ Indem wir die Werte von B, C und b_n, c_n in die Formel $a_n = Bb_n + Cc_n$ einsetzen, erhalten wir folgendes Ergebnis. Setzt man

$$a_n = -\frac{\gamma - 1}{\beta - \gamma}\beta^n + \frac{\beta - 1}{\beta - \gamma}\gamma^n,$$

so erfüllen die a_n sowohl die Anfangsbedingungen (AB) als auch die Rekursion (R). Da beides die a_n eindeutig festlegt, ist das die gesuchte Lösung.

Man kann das noch etwas hübscher schreiben: Aus $\beta = \frac{1+\sqrt{5}}{2}$, $\gamma = \frac{1-\sqrt{5}}{2}$ sieht man $\beta - 1 = -\gamma$, $\gamma - 1 = -\beta$ und $\beta - \gamma = \sqrt{5}$, also

$$\boxed{a_n = \frac{1}{\sqrt{5}}\left[\left(\frac{1+\sqrt{5}}{2}\right)^{n+1} - \left(\frac{1-\sqrt{5}}{2}\right)^{n+1}\right]} \tag{2.8}$$

Das ist die gesuchte geschlossene Formel!

Wir fassen das gefundene Verfahren zusammen:

Verfahren: Auflösen der Fibonacci-Rekursion

Zum Lösen der Rekursion $a_n = a_{n-1} + a_{n-2}$ mit Anfangsbedingung $a_0 = 1$, $a_1 = 1$ gehe wie folgt vor:

1. Mache den Ansatz $a_n = \alpha^n$. Dies führt auf die Gleichung $\alpha^2 = \alpha + 1$ mit Lösungen β, γ. Damit sind β^n, γ^n Lösungen der Rekursion.

2. Schreibe $a_n = B\beta^n + C\gamma^n$, setze die Anfangsbedingungen ein und löse das resultierende Gleichungssystem nach B und C auf. Dies liefert die gesuchte Formel für a_n.

Weitere Bemerkungen: Auflösen der Fibonacci-Rekursion

- Ist die Lösung (2.8) *vernünftig*? Auf den ersten Blick nicht: Die a_n sind offenbar alle ganzzahlig, da die Anfangswerte es sind und die Rekursion dann immer ganze Zahlen produziert; in der Formel tritt aber die irrationale Zahl $\sqrt{5}$ auf. Z. B. ist $\frac{1+\sqrt{5}}{2} = 1{,}618\ldots$. Siehe Aufgabe A 5.16 zur Auflösung dieses scheinbaren Widerspruchs.

- Wir haben bereits begründet, *warum* das Verfahren funktioniert: Die rechte Seite der Formel (2.8) erfüllt nach Konstruktion sowohl die Anfangsbedingung als auch die Rekursion. Da dasselbe für die linke Seite zutrifft und beides die Folge eindeutig festlegt, muss die Formel für alle n stimmen.

- Dies zeigt, dass die Formel (2.8) richtig ist. Man könnte, um ganz sicher zu gehen, die Formel noch einmal beweisen, z. B. mit vollständiger Induktion. Das ist aber nicht notwendig. (Als Übung sollten Sie das machen.)

- *(Verallgemeinerung)* Dasselbe Verfahren funktioniert analog für alle Rekursionen der Form

$$a_n = pa_{n-1} + qa_{n-2} \tag{2.9}$$

für reelle Zahlen p, q, wobei zwei Anfangswerte beliebig vorgegeben werden können. Man nennt diese *lineare Rekursionen mit konstanten Koeffizienten.* Allerdings sind für manche Werte von p, q gewisse Modifikationen nötig, siehe die Aufgaben am Ende dieses Kapitels.

Das Verfahren funktioniert auch für lineare Rekursionen mit konstanten Koeffizienten und mit mehr als zwei Gliedern, z. B. $a_n = a_{n-1} - a_{n-2} + a_{n-3}$, allerdings muss man dann statt der quadratischen Gleichung für α eine Gleichung höheren Grades lösen (im Beispiel $\alpha^3 - \alpha^2 + \alpha - 1 = 0$), was schwierig sein kann. Natürlich müssen auch drei Anfangswerte vorgegeben werden.

- Ein wichtiger Teil des Verfahrens war das Superpositionsprinzip. Dies ist ein Spezialfall der sehr allgemeinen Idee der Linearkombination, einem der Grundbegriffe der mathematischen Disziplin der Linearen Algebra.

> Falls Sie die Grundbegriffe der Linearen Algebra kennen, können Sie das Verfahren auch so verstehen: Im Vektorraum aller Folgen $a_0, a_1, \ldots$ ist die Menge der Folgen, die die Rekursion erfüllen, ein Untervektorraum, da die Rekursion eine Menge linearer Bedingungen an Folgen darstellt. Dieser Unterraum ist zwei-dimensional, da jede dieser Folgen durch zwei Anfangsbedingungen bestimmt ist. Die speziellen Folgen $\beta^0, \beta^1, \ldots$ und $\gamma^0, \gamma^1, \ldots$ liegen in diesem Unterraum und sind linear unabhängig, wie man aus $\beta \neq \gamma$ leicht folgert. Daher bilden sie eine Basis des Unterraums, also muss sich die gesuchte Folge $a_0, a_1, \ldots$ als Linearkombination dieser beiden darstellen lassen.

- Es gibt noch eine andere elegante Methode, lineare Rekursionen mit konstanten Koeffizienten aufzulösen, mit sogenannten erzeugenden Funktionen, siehe (Aigner, 2006).

Übrigens ...

Die Anzahl der Dominopflasterungen für Rechtecke mit beliebigen Seitenlängen ist sehr viel schwieriger zu bestimmen als für den Fall von $2 \times n$-Rechtecken (siehe auch Aufgabe A 2.12). 1961 wurde von Kasteleyn und, unabhängig davon, von Temperley und Fisher eine allgemeine Formel dafür entdeckt: Die Anzahl der Dominopflasterungen eines $m \times n$-Rechtecks ist

$$\prod_{j=1}^{m} \prod_{k=1}^{n} \left(4\cos^2 \frac{\pi j}{m+1} + 4\cos^2 \frac{\pi k}{n+1} \right)^{1/4}.$$

Die beiden großen Pi-Zeichen stehen für „Produkt" und bedeuten, dass man in der Klammer für j und k alle möglichen Werte einsetzt und die Resultate multipliziert. Für $n = 2$, $m = 3$ wäre das z. B. ein Produkt aus 6 Faktoren. Dies ist eine sehr mysteriöse Formel: Wieso tritt hier der Kosinus und sein Quadrat auf? Diese Art von Problemen spielt eine große Rolle in der statistischen Physik.[9]

2.5 Triangulierungen

Wir betrachten nun ein Abzählproblem, bei dem durch einfaches Hinsehen kein Muster, keine Rekursion erkennbar ist. Aber indem wir gezielt und systematisch nach einer Rekursion suchen, kommen wir trotzdem zum Ziel.

Problem 2.4

Sei $n \geq 3$ und P ein konvexes n-Eck.[10] Eine Triangulierung von P ist eine Unterteilung von P in Dreiecke durch sich nicht schneidende gerade Verbindungen der Eckpunkte von P, siehe Abbildung 2.3. Wie viele Triangulierungen von P gibt es? Geben Sie eine Rekursion an.

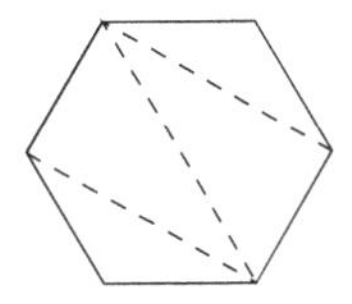
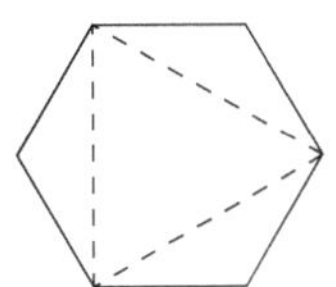
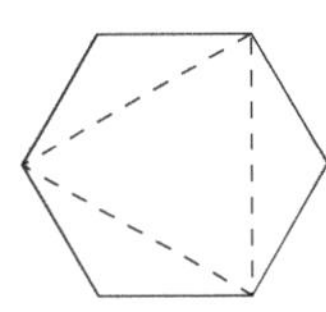
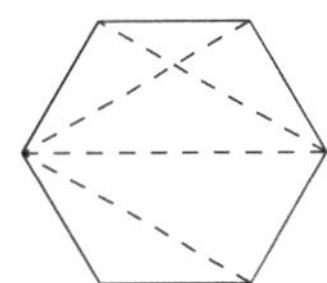

Triangulierung   *Triangulierung*   *Triangulierung*   *Keine Triangulierung*

Abb. 2.3 Was ist eine Triangulierung? Beispiele mit $n = 6$

---

[9]Mehr dazu (und Literaturhinweise) finden Sie auf der englischen Wikipedia-Seite zu domino tilings.

[10]Also ein Dreieck, Viereck, Fünfeck (für $n = 3{,}4{,}5$) etc. Statt n-Eck sagt man auch **Polygon.** Ein Polygon heißt **konvex,** wenn die Verbindung zweier beliebiger Ecken im Polygon verläuft.

Triangulierungen sollen dabei auch dann als unterschiedlich gelten, wenn sie durch eine Drehung oder Spiegelung ineinander überführt werden können. Zum Beispiel sind die drei Triangulierungen in Abbildung 2.3 alle verschieden.

Untersuchung des Problems 2.4

▷ Es ist die Anzahl aller möglichen Triangulierungen eines konvexen n-Ecks gesucht. Wir nennen diese Anzahl T_n.

Beispiele ▷ Wir bestimmen durch systematisches Probieren

n	3	4	5	6
T_n	1	2	5	14

Muster suchen *Rekursion suchen* Es ist kein offensichtliches Muster in der Zahlenfolge 1,2,5,14 zu entdecken. Wir sollten also **direkt aus dem Problem nach einer Rekursion suchen.** Wie können wir Triangulierungen eines n-Ecks aus Triangulierungen von konvexen Polygonen mit weniger Ecken erhalten? Können wir die Triangulierungen des n-Ecks in Teilklas-

Aufteilen in Klassen sen aufteilen, die Triangulierungen kleinerer Polygone entsprechen?

▷ Man kann dies auf sehr verschiedene Arten angehen. Vielleicht war Ihr Ansatz einer der folgenden.
Erster Versuch: Wir beobachten, dass stets das in Abbildung 2.4 gezeigte Muster auftritt – das „Abtrennen" einer Ecke.

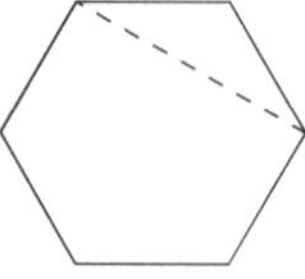

Abb. 2.4 6-Eck mit abgeschnittener Ecke

Nach dem Abtrennen bleibt ein Polygon mit einer Ecke weniger übrig, und dieses können wir auf T_{n-1} Arten triangulieren. Da wir jede der n Ecken abschneiden können und den Rest auf jeweils T_{n-1} verschiedene Weisen triangulieren können, vermuten wir folgende Rekursion:

$$T_n \overset{?}{=} n \cdot T_{n-1} \tag{2.10}$$

Damit hätten wir die Triangulierungen des n-Ecks also in n Klassen aufgeteilt, entsprechend der abgeschnittenen Ecke.

Ein Blick auf die Tabelle zeigt, dass diese Rekursion nicht stimmen kann. Warum stimmt sie nicht? Wo lag unser Denkfehler?

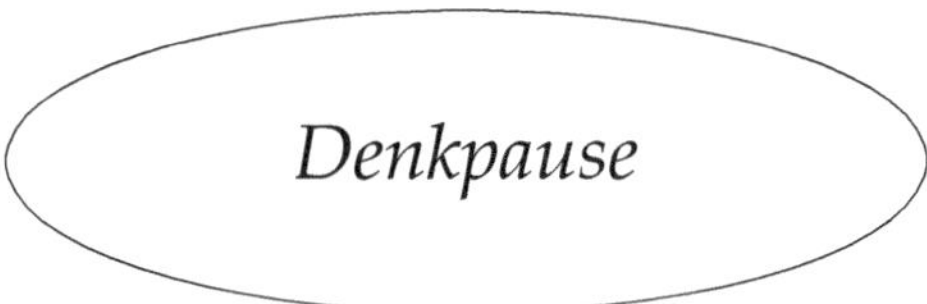

Bei dem angegebenen Verfahren werden Triangulierungen mehrfach gezählt. Abbildung 2.5 zeigt eine Triangulierung, die auf zwei Arten durch Abschneiden von Ecken entsteht, die also doppelt gezählt wurde. Sie liegt in zwei der Klassen gleichzeitig.

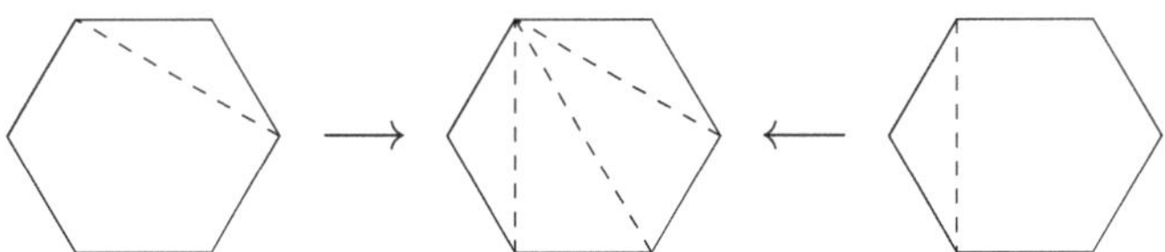

Abb. 2.5 Eine Triangulierung, die doppelt gezählt wird

Wir könnten nun versuchen, die von solchen Dubletten stammende Mehrfachzählung zu korrigieren, indem wir eine geeignete Zahl von $n\,T_{n-1}$ abziehen. Das ist möglich, aber nicht ganz einfach, daher werden wir das hier nicht weiter verfolgen.[11] Jedenfalls sehen wir, dass die Vermutung (2.10) *falsch* ist.

Nebenbei bemerkt: Bei Verfolgen dieses Ansatzes müsste man noch die eingangs gemachte Beobachtung, dass bei jeder Triangulierung ein ‚kleines abgetrenntes Dreieck‘ existiert, beweisen. Dies ist nicht schwierig, z. B. mittels Induktion oder mittels des Extremalprinzips, siehe Aufgabe A 10.9.

---

[11]Wenn Sie mehr darüber wissen möchten, wie man mit solchen Problemen des Mehrfachzählens systematisch umgeht, suchen Sie in einem Buch über Kombinatorik oder in Wikipedia unter dem Stichwort ‚Prinzip von Inklusion und Exklusion‘, und versuchen Sie, dieses Prinzip hier anzuwenden.

▷ *Zweiter Versuch:* Werfen wir noch einmal einen Blick auf Abbildung 2.3 und zeichnen wir einige weitere Triangulierungen. Fokussieren wir auf eine Ecke, etwa die rechte Ecke des Sechsecks. Wir sehen, dass von dieser Ecke stets eine Diagonale zu einer anderen Ecke führt oder die rechte Ecke (wie im vorherigen Abschnitt ausgeführt) abgeschnitten wird.

Eine solche Diagonale erlaubt uns, das Problem auf kleinere Probleme desselben Typs zurückzuführen. Denn sie zerteilt das Sechseck in zwei kleinere Polygone, siehe Abbildung 2.6. In diesem Beispiel hat man oberhalb und unterhalb der Diagonale je ein Viereck, also je T_4 Triangulierungen. Da jede dieser Triangulierungen zu einer Triangulierung des 6-Ecks führt und alle Kombinationen möglich sind, erhalten wir $T_4 \cdot T_4$ Triangulierungen. Hinzu kommen Triangulierungen für andere Möglichkeiten, die Diagonale zu zeichnen, die wir in ähnlicher Weise abzählen können.

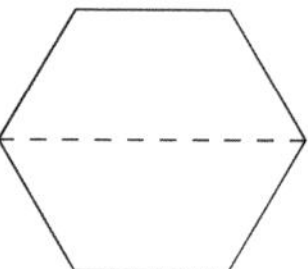

Abb. 2.6 Unterteilen des Polygons durch eine Diagonale

Aber auch in diesem Fall haben wir das Problem, dass Triangulierungen doppelt gezählt werden. Dies wird in Abbildung 2.7 deutlich.

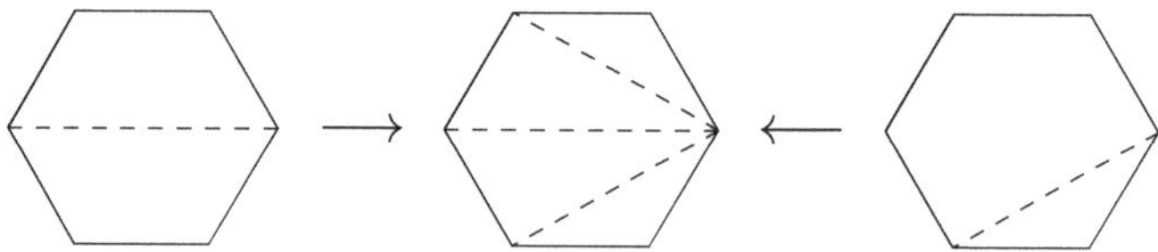

Abb. 2.7 Eine Triangulierung, die beim zweiten Ansatz doppelt gezählt wird

▷ *Dritter Versuch:*

Wir haben gesehen, dass wir besonders darauf achten müssen, dass die Klassen, in die wir das Problem einteilen, disjunkt sind.[12]

---

[12]Man nennt zwei Mengen (oder Klassen, was dasselbe ist) disjunkt, wenn sie keine gemeinsamen Elemente enthalten. Hier bedeutet das, dass jede Triangulierung in genau *einer* Klasse liegt.

Suchen wir also eine *disjunkte* Unterteilung des Problems.

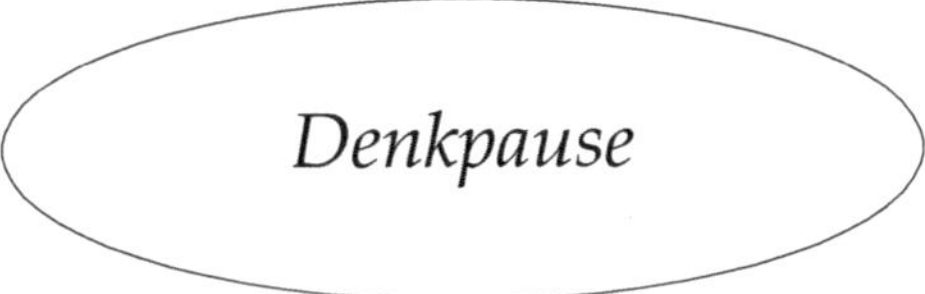

Hier ist eine neue Idee: Wir fokussieren auf eine Seite des n-Ecks, sagen wir die untere Seite in Abbildung 2.8. In jeder Triangulierung gibt es genau ein Dreieck, das diese Seite enthält. Also können wir die Triangulierungen danach klassifizieren, welches Dreieck dies ist. Die Abbildung zeigt, dass es für $n = 6$ vier Möglichkeiten für dieses Dreieck gibt, also 4 Klassen. Offenbar ist das Dreieck durch seine dritte Ecke bestimmt, und dies kann eine beliebige Ecke des Sechsecks sein, außer eine der beiden unteren. Dies erklärt, warum es $6 - 2 = 4$ Klassen gibt.

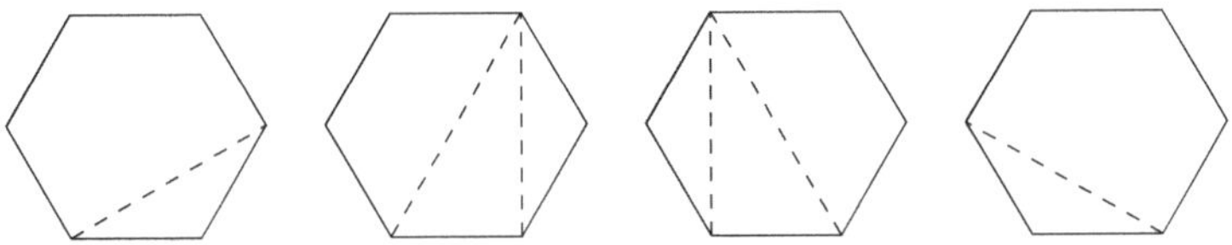

Abb. 2.8 Kategorien, in die wir unser Problem einteilen

Wir erhalten eine disjunkte Unterteilung des Problems, da es in jeder Triangulierung nur ein Dreieck geben kann, das die untere Seite enthält. Vergleichen Sie das mit dem zweiten Versuch: Dort konnten von der rechten Ecke mehrere Diagonalen ausgehen, und dies führte zur Mehrfachzählung (d.h. nicht disjunkten Klassen).

Rechts und links des gestrichelten Dreiecks erhalten wir konvexe Polygone mit weniger Ecken. Indem wir deren Triangulierungen zählen und kombinieren, können wir die Anzahl der Triangulierungen des n-Ecks rekursiv angeben.

Wir führen diese Idee nun allgemein aus.

Lösung zu Problem 2.4

Betrachten wir ein beliebiges konvexes n-Eck, dessen Ecken wir wie in Abbildung 2.9 mit $P_1, \ldots, P_n$ bezeichnen. Wir teilen die Triangulierungen des n-Ecks in Klassen auf, wobei jede Klasse durch die dritte

Ecke desjenigen Dreiecks der Triangulierung bestimmt ist, das die Seite $P_1 P_n$ enthält.

Wir bezeichnen dieses Dreieck mit D und seine dritte Ecke mit P_k. Dabei kann $k = 2, \ldots, n-1$ sein, siehe Abbildung 2.9. Für jeden dieser Werte von k haben wir also eine Klasse.

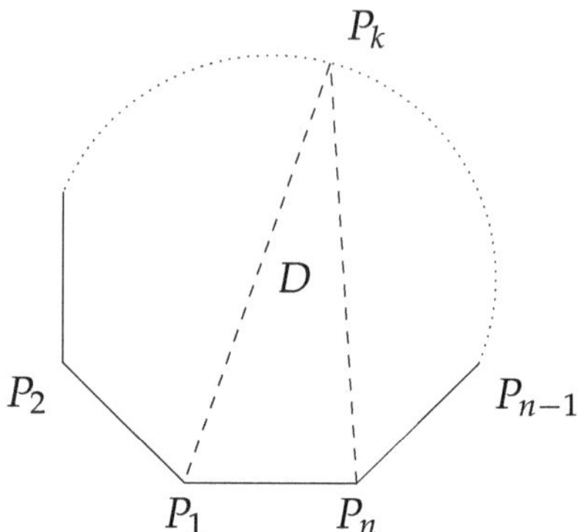

Abb. 2.9 Eine der Kategorien, in die das Problem eingeteilt wird

Wir wollen nun zählen, wieviele Triangulierungen in der Klasse k liegen. Links des Dreiecks D haben wir ein k-Eck und rechts von D ein $(n - k + 1)$-Eck. Diese können wir jeweils triangulieren und diese Triangulierungen kombinieren. Da wir jede der linken mit jeder der rechten Triangulierungen kombinieren können, multiplizieren wir die beiden Anzahlen. Wir erhalten damit die folgenden Anzahlen an Triangulierungen für jedes k.

Für $k = 2$ oder $k = n - 1$ erhält man links bzw. rechts kein echtes Polygon, nur ein „Zweieck", das natürlich nicht trianguliert werden kann.

| | Links von D | | Rechts von D | | Triang. |
k	Ecken	Triang.	Ecken	Triang.	kombiniert
2	kein Polygon	–	$n-1$	T_{n-1}	T_{n-1}
3	3	T_3	$n-2$	T_{n-2}	$T_3 \cdot T_{n-2}$
4	4	T_4	$n-3$	T_{n-3}	$T_4 \cdot T_{n-3}$
$\vdots$	$\vdots$	$\vdots$	$\vdots$	$\vdots$	$\vdots$
k	k	T_k	$n-k+1$	T_{n-k+1}	$T_k \cdot T_{n-k+1}$
$\vdots$	$\vdots$	$\vdots$	$\vdots$	$\vdots$	$\vdots$
$n-2$	$n-2$	T_{n-2}	3	T_3	$T_{n-2} \cdot T_3$
$n-1$	$n-1$	T_{n-1}	kein Polygon	–	T_{n-1}

Damit haben wir die Anzahl der Triangulierungen in jeder Klasse gefunden. Da die Klassen disjunkt sind, ist die Gesamtzahl der Triangulierungen des n-Ecks deren Summe. Damit ergibt sich

$$T_n = T_{n-1} + T_3 \cdot T_{n-2} + T_4 \cdot T_{n-3} + \cdots + T_{n-2} \cdot T_3 + T_{n-1}$$

$$= T_{n-1} + \sum_{k=3}^{n-2} T_k \cdot T_{n-k+1} + T_{n-1}\,.$$

Die hier verwendete Summennotation $\sum$ wird im Symbolverzeichnis erklärt. Die Formel wird noch etwas hübscher, wenn wir $T_2 := 1$ setzen:

$$T_n = \sum_{k=2}^{n-1} T_k \cdot T_{n-k+1} \tag{2.11}$$

Dies ist die gesuchte Rekursion. Sie erlaubt zum Beispiel, die Tabelle der T_n leicht fortzusetzen.

Rückschau zu Problem 2.4

Wir sind an die Grenzen der Strategie „Tabelle aufstellen und Muster ablesen" gestoßen. Daher haben wir **systematisch nach einer Rekursion gesucht,** d. h. nach einer Methode, das Problem auf ein kleineres (oder mehrere kleinere) derselben Art (Anzahl Triangulierungen) zu reduzieren.

Die ersten beiden Ideen für diese Reduktion waren ungeeignet (Abschneiden einer Ecke, Betrachten der von einer festen Ecke ausgehenden Diagonale), da sie zu Mehrfachzählungen, also nicht disjunkten Klassen, führten.

Schließlich fanden wir eine Rekursion, indem wir **das Problem in mehrere disjunkte Klassen aufteilten** und die Anzahl der Elemente in jeder Klasse mittels der Lösung **desselben Problems kleinerer Größe** bestimmten.

Bemerkungen

- Die Zahlen $C_n = T_{n+2}$ nennt man *Catalan-Zahlen.* Sie treten auch in vielen anderen Abzählproblemen auf, z. B. ist C_{n+1} die Anzahl der Klammerungen von n Symbolen, siehe Aufgabe A 2.11. Siehe z. B. Wikipedia für weitere Beispiele ihres

Auftretens. Die Catalan-Zahlen erfüllen die (etwas hübschere) Rekursion

$$C_{n+1} = \sum_{k=0}^{n} C_k C_{n-k},$$

wie sich leicht aus (2.11) folgern lässt (Übung!).

◻ Die Rekursion für die T_n (oder die C_n) aufzulösen ist schwieriger als für die FIBONACCI-Zahlen. Der wesentliche Unterschied besteht darin, dass sie nicht-linear ist, während die FIBONACCI-Rekursion linear ist.[13] Eine sehr elegante Methode, die dennoch funktioniert, ist die der erzeugenden Funktionen, siehe z. B. (Aigner, 2006).

2.6 Werkzeugkasten

In diesem Kapitel haben Sie einige spezielle Strategien kennengelernt, die besonders bei Abzählproblemen der Form „Für alle n bestimme die Anzahl a_n der Objekte oder Konfigurationen einer bestimmten Art" nützlich sind:

◻ **Einteilung in Klassen:** Teile die abzuzählende Menge der Konfigurationen in Teilklassen auf, die leichter abzuzählen sind. Die Teilklassen müssen disjunkt sein.

◻ **Rekursion:** Falls sich die Teilklassen mit Hilfe desselben Abzählproblems, aber für eine kleinere Problemgröße, abzählen lassen, erhält man eine Rekursion.

Eine Rekursion erlaubt es, a_n auch für größere Werte von n zu bestimmen, bei denen es sehr aufwändig wäre, direkt die Objekte abzuzählen.

Diese Strategien sind Spezialfälle der allgemeinen Strategien **Vereinfache** und **Zwischenziele setzen.**

Sie haben auch eine Technik kennengelernt, mit der man lineare Rekursionen mit konstanten Koeffizienten auflösen kann.

---

[13]Dies ist ein weitreichendes Phänomen in der Mathematik: Nicht-lineare Probleme lassen sich meist schwerer genau untersuchen.

Aufgaben

Aufgaben A 2.1 bis A 2.4 dienen einem vertieften Verständnis der Auflösung der Fibonacci-Rekursion.

A 2.1 Seien a_n die Fibonacci-Zahlen und β, γ wie in (2.7) definiert.

a) Zeigen Sie, dass a_n gleich der Rundung von $\frac{\beta^{n+1}}{\sqrt{5}}$ zur nächsten ganzen Zahl ist.

b) (Mit etwas Analysis) Zeigen Sie, dass $\frac{a_{n+1}}{a_n}$ für $n \to \infty$ gegen den Goldenen Schnitt $\beta = \frac{1+\sqrt{5}}{2}$ konvergiert.

A 2.2 Zeigen Sie, dass das angegebene Verfahren zur Auflösung der Fibonacci-Rekursion für alle Rekursionen (2.9) funktioniert, für die die Gleichung $\alpha^2 - p\alpha - q = 0$ zwei *verschiedene* Lösungen hat. Lösen Sie die Rekursion $a_n = 2a_{n-1} + 3a_{n-2}$ mit der Anfangsbedingung $a_0 = 1, a_1 = 3$ und mit der Anfangsbedingung $a_0 = 1, a_1 = 2$ auf.

A 2.3 Die Lösungen von $\alpha^2 - p\alpha - q = 0$ können auch komplex sein. Freuen Sie sich auf die komplexen Zahlen! Wenn Sie sie schon kennen, betrachten Sie zum Beispiel $a_n = \sqrt{2}a_{n-1} - a_{n-2}$, $a_0 = 0, a_1 = 1$, rechnen Sie die ersten 10 Folgenglieder aus, beobachten Sie ein Muster und erklären Sie, was das mit der Tatsache zu tun hat, dass die Zahlen $\alpha = \frac{1}{\sqrt{2}}(1 \pm i)$ die Gleichung $\alpha^8 = 1$ erfüllen[14]. Noch spannender wird es zum Beispiel bei $a_n = \frac{1}{2}a_{n-1} - a_{n-2}$, $a_0 = 0, a_1 = 1$. Berechnen Sie einige Folgenglieder. Die Folge wächst nicht unbeschränkt, ist auch nicht periodisch. Wie kann man das erklären? Was hat das mit der Irrationalität von $\frac{1}{\pi} \arccos(\frac{1}{4})$ zu tun (die zu beweisen auch eine hübsche Aufgabe ist...)?

A 2.4 Was macht man, wenn $\alpha^2 - p\alpha - q = 0$ nur eine Lösung α hat? Untersuchen Sie dies! Z. B. hat man für $p = 2, q = -1$ nur die Nullstelle $\alpha = 1$, also hat die Rekursion $a_n = 2a_{n-1} - a_{n-2}$ die Lösung $a_n = 1^n = 1$ für alle n. Finden Sie eine zweite Lösung (unabhängig von der ersten, d.h. nicht ein Vielfaches dieser Lösung, also nicht alle a_n gleich)! Finden Sie die allgemeine Lösung (d.h. für beliebige Anfangsbedingungen) in diesem Beispiel. Stellen Sie eine Vermutung auf, wie man allgemein vorgeht, wenn nur eine Lösung α existiert. Beweisen Sie die Vermutung.

---

[14]Diese Gleichung für α können Sie direkt nachrechnen – oder aber geometrisch zeigen. Wie?

1   A 2.5 Lösen Sie die Rekursionen $a_n = a_{n-1} + 1$, $a_n = a_{n-1}^2$ und $a_n = na_{n-1}$ (für alle $n \geq 2$) auf, jeweils mit der Anfangsbedingung $a_1 = 1$.

1   A 2.6 Falten Sie einen Papierstreifen n mal (immer wieder in der Mitte). Wie viele Faltkanten entstehen?

1-2   A 2.7 n Personen treffen sich, jede schüttelt jeder anderen einmal die Hand. Wie viele Händedrücke ergibt das? Lösen Sie das Problem rekursiv.

2   A 2.8 Finden Sie die Anzahl der Züge der Länge n, deren Wagen die Länge 1 oder 2 haben. Wieviele symmetrische Züge gibt es, d.h. solche, die von vorn und hinten gleich aussehen? Hier ist ein symmetrischer und ein unsymmetrischer Zug der Länge 4:

2   A 2.9 Bestimmen Sie die Anzahl der 0,1-Folgen der Länge n, bei denen keine aufeinanderfolgende Einsen auftreten. Zum Beispiel für $n = 3$ sind das die Folgen 000,001,010,100,101.

2   A 2.10 Sei $n \in \mathbb{N}$. Wie viele Teilmengen von $\{1, \ldots, n\}$ enthalten keine zwei aufeinanderfolgenden Zahlen?

2-3   A 2.11 Sei $n \in \mathbb{N}$. Finden Sie eine rekursive Formel für die Anzahl der möglichen Klammerungen von n Faktoren $abc \cdots$. Eine gültige Klammerung besteht, wenn bei Auswertung von innen nach außen stets genau zwei Ausdrücke multipliziert werden. Für vier Faktoren $abcd$ sind die Klammerungen $(ab)(cd)$, $a(b(cd))$, $a((bc)d)$, $((ab)c)d$, $a((bc)d)$ gültig, die Klammerung $(abc)d$ aber nicht.

3   A 2.12 Wie viele Überdeckungen eines $3 \times n$ Streifens mit 1×2 Dominosteinen gibt es?

3   A 2.13 Finden Sie die Anzahl der Zahlen der Länge n aus den Ziffern $\{1,2,3\}$, bei denen sich aufeinanderfolgende Ziffern immer um höchstens 1 unterscheiden.

3   A 2.14 Beim Nim-Spiel liegen am Anfang n Streichhölzer auf dem Tisch. Zwei Spieler ziehen abwechselnd, und in jedem Zug darf ein Spieler 1, 2 oder 3 Streichhölzer wegnehmen. Wer das letzte Streichholz nimmt, gewinnt. Für welche n kann der erste Spieler so spielen, dass er sicher gewinnt?

A 2.15 Für $n \in \mathbb{N}$ bezeichne u_n die Anzahl der Möglichkeiten, n als geordnete Summe *ungerader* natürlicher Zahlen zu schreiben. Dabei soll die Darstellung von n als n (ein Summand) mitgezählt werden, falls n ungerade ist. Beispielsweise gilt

$$3 = 1 + 1 + 1 \text{ sowie } 4 = 1 + 1 + 1 = 1 + 3 = 3 + 1$$

und damit $u_3 = 2$ und $u_4 = 3$. Bestimmen Sie u_n für $n = 1,2,3,4,5,6$, stellen Sie eine Vermutung auf und beweisen Sie diese. Vergleiche Aufgabe A 1.9.

3 Vollständige Induktion

Die vollständige Induktion ist eines der grundlegenden Beweisverfahren für Aussagen der Form „Für alle natürlichen Zahlen gilt …“. Sie basiert auf derselben Grundidee wie die Technik der Rekursion: Führe das Problem auf ein gleichartiges Problem kleinerer Größe zurück. Die vollständige Induktion ist die Umsetzung dieser Idee bei Beweisproblemen, die Technik der Rekursion bei Bestimmungsproblemen.

In diesem Kapitel wird dieses sehr intuitive Beweisverfahren eingeführt und an zwei Beispielen illustriert. Weitere Beispiele finden Sie in den folgenden Kapiteln. Nebenbei lernen Sie ein weiteres wichtiges Element des Problemlösens wie auch jeden wissenschaftlichen Arbeitens kennen und schätzen: das Einführen geeigneter Begriffe.

3.1 Das Induktionsprinzip

Die vollständige Induktion basiert auf dem folgenden Prinzip:

Induktionsprinzip

Sei $A(n)$ eine Aussage über natürliche Zahlen n. Wenn gilt:

1. **Induktionsanfang (IA):** Es gilt $A(1)$.

2. **Induktionsschluss (IS):** Für alle $n \in \mathbb{N}$ gilt:

$$\text{Aus } A(n) \text{ folgt } A(n+1).$$

Dann gilt $A(n)$ für alle $n \in \mathbb{N}$.

Im Induktionsschluss heißt $A(n)$ die **Induktionsvoraussetzung** oder **Induktionsannahme** und $A(n+1)$ die **Induktionsbehauptung**. Das Induktionsprinzip lässt sich durch den *Dominoeffekt* veranschaulichen: Dominosteine seien so hintereinander aufgestellt, dass

jeder beim Umfallen den nächsten umstößt. Stößt man dann den
ersten Stein um, so fallen alle um, siehe Abbildung 3.1.

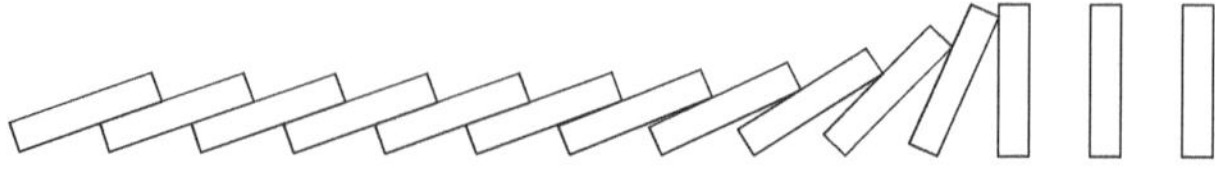

Abb. 3.1 Dominoeffekt

Zur Illustration führen wir einen einfachen Induktionsbeweis durch:

Behauptung: Für alle $n \in \mathbb{N}$ gilt[1]

$$\sum_{k=1}^{n} k = \frac{n(n+1)}{2}.$$

Beweis.
Wir verwenden vollständige Induktion. Hierbei ist $A(n)$ die Aussage,
dass die Formel für den Wert n gilt.
Induktionsanfang: Die Aussage $A(1)$ ist $1 = {}^{1\cdot2}/_2$. Dies ist offenbar
richtig.
Induktionsvoraussetzung: Sei n beliebig, und es gelte $A(n)$, also $\sum_{k=1}^{n} k = {}^{n(n+1)}/_2$.
Induktionsbehauptung: Es gilt $A(n+1)$, also $\sum_{k=1}^{n+1} k = {}^{(n+1)(n+2)}/_2$.
Beweis (Induktionsschluss): Wir verwenden $A(n)$ und formen um:

$$\sum_{k=1}^{n+1} k = \left(\sum_{k=1}^{n} k \right) + (n+1)$$

$$= \frac{n(n+1)}{2} + (n+1) = \left(\frac{n}{2} + 1 \right)(n+1) = \frac{n+2}{2}(n+1)$$

$$= \frac{(n+1)(n+2)}{2},$$

was zu zeigen war.   q. e. d.

Praktischer Hinweis. Solange Sie noch nicht sehr geübt sind, sollten Sie zum Vermeiden logischer Fehler die Induktionsvoraussetzung
und Induktionsbehauptung vollständig hinschreiben.

Oft werden **Varianten des Induktionsprinzips** verwendet, etwa
folgende oder Kombinationen davon. Beispiele finden Sie in diesem
und in den folgenden Kapiteln.

---

[1] Ab jetzt verwenden wir die Summennotation. Siehe das Symbolverzeichnis.

❑ **IS** ersetzt durch: Für alle $n \geq 2$ gilt $A(n-1) \Rightarrow A(n)$.

❑ **IA** bei $n = 0$, **IS** für alle $n \geq 0$. Oder allgemeiner **IA** bei $n = n_0$, **IS** für alle $n \geq n_0$ für eine beliebe Zahl n_0.[2]

❑ **IS** ersetzt durch: Für alle $n \in \mathbb{N}$ gilt:

$$\text{Aus } A(1), \ldots, A(n) \text{ folgt } A(n+1).$$

❑ **IA:** Es gelten $A(1)$ und $A(2)$.
IS: Für alle $n \in \mathbb{N}$ gilt: Aus $A(n), A(n+1)$ folgt $A(n+2)$.

Was die Induktion nicht leistet: Vollständige Induktion (kurz: Induktion[3]) ist ein nützliches Beweisverfahren, aber sie hat ihre Grenzen: Sie erlaubt uns, die Formel für $\sum_{k=1}^{n} k$ zu *beweisen, wenn wir die Formel schon vermuten.* Sie ist aber nutzlos, um die Formel *herzuleiten*. Wenn Sie vor der Aufgabe stehen, eine Formel für die Summe der Quadratzahlen, $\sum_{k=1}^{n} k^2$, anzugeben, müssen Sie sich etwas ausdenken. Wenn Sie aber die Formel $\sum_{k=1}^{n} k^2 = n(n+1)(2n+1)/6$ vorgesetzt bekommen, können Sie sie mit Induktion beweisen.

Induktion sagt nichts darüber, „wo die Formel herkommt".[4] Ein Induktionsbeweis gibt zwar Sicherheit, hinterlässt aber oft den schalen Nachgeschmack, dass man das Problem trotzdem nicht richtig verstanden hat.

Induktion ist damit wie eine Krücke: Wenn man nichts anderes zur Verfügung hat (also keinen anderen Beweis findet), ist sie sehr nützlich. Aber besser ist es, wenn man ohne sie auskommt.

Entsprechend verhält sich die Beziehung zwischen **vollständiger Induktion** und **Rekursion:**

Hat man eine Rekursion für Zahlen a_n hergeleitet und daraus eine Formel für a_n vermutet, so kann man sie mit vollständiger Induktion beweisen. Dabei liefert die Rekursionsformel den Kern des

---

[2]Natürlich gilt $A(n)$ dann nur für alle $n \geq n_0$.

[3]Wenn man in der Mathematik von Induktion spricht, meint man immer die vollständige Induktion. In anderen Wissenschaften dagegen ist meist die unvollständige Induktion gemeint: aus einigen Fällen auf die Allgemeinheit schließen. Dies ist für andere Wissenschaften angemessen, reicht aber in der Mathematik als Argument nicht aus. Siehe Kapitel 7.2 für ein Beispiel.

[4]Bei $\sum_{k=1}^{n} k$ leistet dies z. B. der Gauß-Trick, eine Idee für $\sum_{k=1}^{n} k^2$ finden Sie in Problem 5.9.

Induktionsschritts, die Anfangsbedingung den Induktionsanfang. Ein Beispiel dafür haben wir in der formalen Lösung von Problem 2.1 kennengelernt.

Vollständige Induktion hilft aber nicht dabei, eine Formel für a_n aus der Rekursion *herzuleiten!*

3.2 Färbungen

Im Beispiel oben haben wir die vollständige Induktion verwendet, um eine Formel zu beweisen. Sie kann aber auch bei ganz anderen Problemen eingesetzt werden. Betrachten wir ein Beispiel.

Problem 3.1

In der Ebene seien einige Geraden gegeben. Diese unterteilen die Ebene in mehrere Teile (Länder). Zeigen Sie, dass man die Länder mit zwei Farben so färben kann, dass benachbarte Länder immer verschiedene Farben haben.

Dabei heißen zwei Länder benachbart, wenn sie eine gemeinsame Grenze haben. Eine gemeinsame Ecke genügt nicht. Siehe Abbildung 3.2.

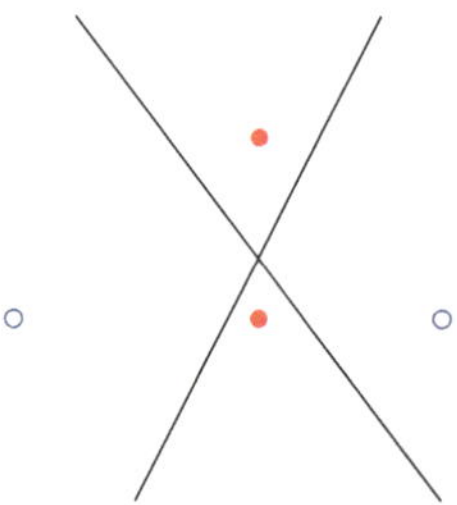

Abb. 3.2 Beispiel einer zulässigen Färbung

Untersuchung

Nennen wir eine Färbung *zulässig*, wenn angrenzende Länder immer verschiedene Farben haben. Eine Färbung mit zwei Farben wollen wir der Kürze halber eine *2-Färbung* nennen.

▷ Zeichnen Sie ein paar Beispiele, um sich davon zu überzeugen, dass die Behauptung eine Chance hat, wahr zu sein, und um ein Gefühl für das Problem zu bekommen.

▷ *Eine Idee:* Sehen wir uns einen Schnittpunkt an. Es können mehrere Geraden hindurchlaufen, aber die Anzahl der Länder, die den Punkt als Ecke haben, ist offenbar immer gerade. Also können wir diese Länder zulässig 2-färben. Das können wir an jedem Schnittpunkt tun. Da die meisten Länder mehrere Ecken haben, müssen wir aufpassen, dass diese Teilfärbungen zusammenpassen. Wie sollte man das zeigen? Es ist kompliziert, einen Überblick darüber zu bekommen, wie die verschiedenen Schnittpunkte relativ zueinander liegen. Da wir nicht weiterkommen[5], versuchen wir einen anderen Zugang:

▷ *Zweite Idee: Induktion bezüglich der Anzahl der Geraden.* Sei n die Anzahl der Geraden. Zunächst einige Vorüberlegungen. Wie wird der Induktionsschritt aussehen? Zu $n + 1$ gegebenen Geraden wollen wir eine zulässige 2-Färbung finden. Um die Induktionsvoraussetzung anzuwenden, nehmen wir eine der Geraden weg und 2-färben die von den übrigen n Geraden gebildeten Länder. Dann legen wir die Gerade wieder hinzu. Nun müssen wir die 2-Färbung anpassen.

Induktionsbeweis planen

Die zentrale Frage im Induktionsschluss wird daher sein:

> *Zentrale Frage:* Seien n Geraden und eine zulässige 2-Färbung der von ihnen gebildeten Länder gegeben. Man legt nun eine beliebige weitere Gerade g hinzu. Wie kann man die ursprüngliche Färbung zu einer zulässigen 2-Färbung der so entstehenden Landkarte anpassen?

$(*)$

Wir brauchen eine *allgemeine Regel*, wie wir die Färbung anpassen müssen.

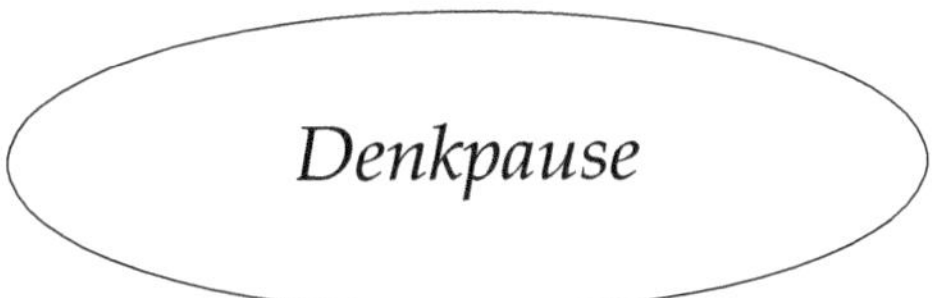

Untersuchen wir die Frage an einem Beispiel mit $n = 2$. Wir fangen mit der Färbung in Abbildung 3.2 an und fügen eine Gerade g wie in Abbildung 3.3 hinzu. Die Farben der Länder unterhalb von g können wir unverändert lassen. Oberhalb von g entstehen drei neue Länder. Damit wir eine zulässige 2-Färbung erhalten, müssen diese Länder wie abgebildet gefärbt werden.

Beispiel

---

[5]Siehe Aufgabe A 3.9 für eine Lösung, die auf der ersten Idee basiert.

Wie könnte eine allgemeine Färbungsregel aussehen?

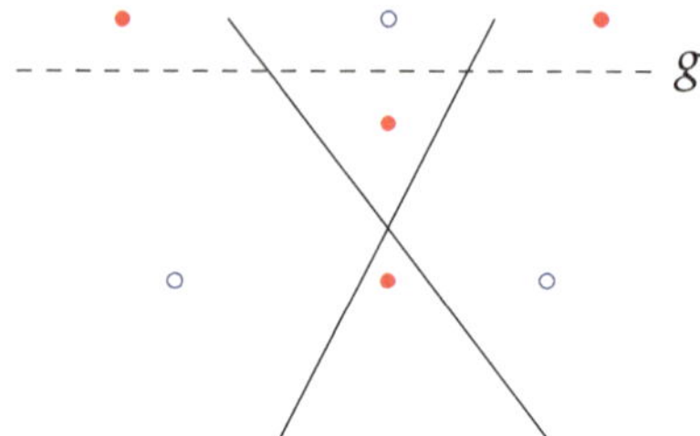

Abb. 3.3 Neue Gerade, I

Erster Versuch einer allgemeinen Färbungsregel: In jedem Land, das von g durchschnitten wird, drehe die Farbe auf einer Seite von g (immer auf derselben, z.B. oberhalb g) um.

▷ Reicht dies aus, d. h. ergibt dies immer eine zulässige Färbung? Nein, wie das Beispiel in Abbildung 3.4 zeigt.

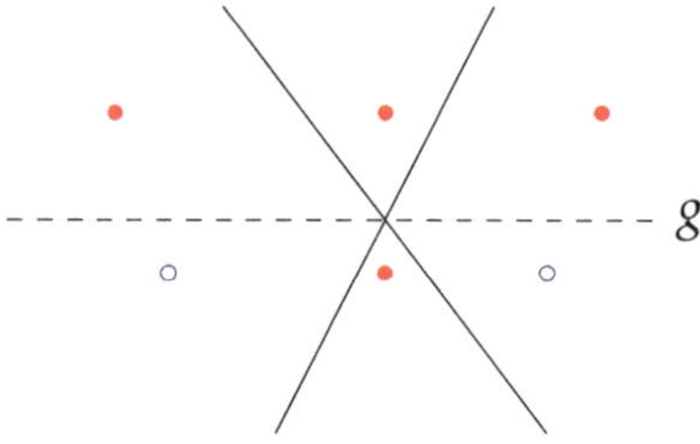

Abb. 3.4 Neue Gerade, II, unzulässige Färbung

Wir sehen, dass wir hier auch das obere mittlere Land umfärben müssen, obwohl es nicht von g durchschnitten wird, siehe Abbildung 3.5.

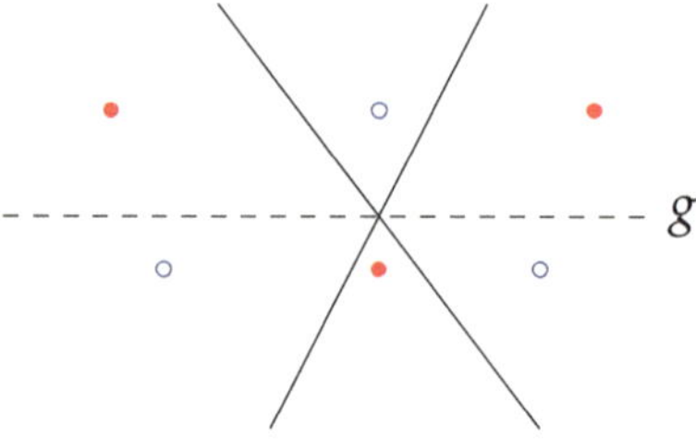

Abb. 3.5 Neue Gerade, II, zulässige Färbung

▷ Unsere erste Färbungsregel funktioniert also nicht immer. Wie könnten wir die Regel abändern, so dass sie auch für das zweite Beispiel die angegebene zulässige Färbung liefert?

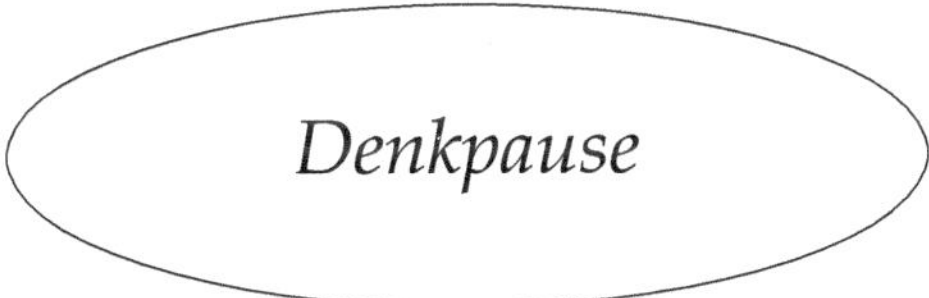

Zweiter Versuch einer allgemeinen Färbungsregel: Färbe jede Region oberhalb von g um.

Dies funktioniert allgemein. Die Begründung finden Sie unten. Versuchen Sie zunächst, selbst einen Beweis zu finden!

Wir organisieren die Überlegungen in einen Induktionsbeweis. Achten Sie genau auf die Worte **jede** und **beliebige.**

Lösung zu Problem 3.1

Wir bezeichnen eine Anordnung von Geraden in der Ebene und die davon gebildeten Länder als *Landkarte.* Sei $A(n)$ die Aussage: *Jede* aus n Geraden gebildete Landkarte kann zulässig mit zwei Farben gefärbt werden.

Induktionsanfang: $A(0)$ ist offenbar wahr: Liegt keine Gerade in der Ebene, gibt es nur ein Land, dafür reicht sogar eine Farbe.

Induktionsvoraussetzung: Sei $n \geq 0$ beliebig. Angenommen, *jede* aus n Geraden gebildete Landkarte kann zulässig 2-gefärbt werden.

Induktionsbehauptung: Wir wollen zeigen, dass $A(n+1)$ gilt, d. h. dass *jede* aus $n+1$ Geraden gebildete Landkarte mit zulässig 2-gefärbt werden kann.

Induktionsschluss: Dazu sei eine *beliebige* von $n+1$ Geraden gebildete Landkarte L gegeben. Wir wählen eine dieser Geraden aus und bezeichnen sie mit g. Wenn wir g entfernen, erhalten wir eine aus n Geraden gebildete Landkarte, die wir L' nennen. Nach Induktionsvoraussetzung können wir L' zulässig 2-färben. Wir nennen diese 2-Färbung F'.

Wir konstruieren aus F' eine 2-Färbung F von L wie folgt. (Das ist das Problem $(*)$ von oben.)

g zerlegt die Ebene in zwei Halbebenen. Wir wählen eine davon aus und nennen sie H. Nun ändern wir die 2-Färbung F' derart, dass wir alle Farben in H umkehren. Die entstehende 2-Färbung von L nennen wir F.

Behauptung: Die Färbung F ist zulässig.

Beweis: Die Geraden von L werden durch ihre Schnittpunkte mit anderen Geraden in Segmente unterteilt. Jede Grenze zwischen zwei Ländern von L ist ein solches Segment. Wir prüfen für jedes Segment nach, dass bei der Färbung F die Farben der beiden angrenzenden Länder unterschiedlich sind. Es gibt drei Typen von Segmenten:

1. Ein Segment der Geraden g. Dies teilt ein Land von L' in zwei Teile, beide sind Länder von L. Eines davon liegt in H. Beide Teile haben in F' dieselbe Farbe. Nach Konstruktion wurde die Farbe des Teils in H umgedreht, also haben die Teile in F verschiedene Farben.

2. Ein Segment, das nicht zu g gehört und nicht in der Halbebene H liegt. Beide angrenzenden Länder wurden nicht umgefärbt, und da F' zulässig war, haben sie auch in F verschiedene Farben.

3. Ein Segment, das in der Halbebene H liegt. Beide angrenzenden Länder liegen in H, daher wurden beide Farben umgedreht, und da F' zulässig war, waren die Farben vor dem Umdrehen verschieden, also sind sie es danach auch.

Wir haben gezeigt, dass die neue 2-Färbung F zulässig ist. Damit ist der Induktionsschluss $A(n) \Rightarrow A(n+1)$ bewiesen.

Rückschau zu Problem 3.1

Im Induktionsschluss haben wir $A(n) \Rightarrow A(n+1)$ gezeigt. Das Argument begann aber nicht mit $A(n)$, sondern mit „Sei eine *beliebige* von $n+1$ Geraden gebildete Landkarte L gegeben". Auf die Aussage $A(n)$ wurde erst danach Bezug genommen. Stellen Sie sicher, dass Sie verstehen, warum dieses Vorgehen sinnvoll ist.

Wir haben für die Lösung einige **Begriffe eingeführt**: zulässige Färbung, 2-Färbung, Landkarte. So konnten wir vermeiden, umständliche Formulierungen wie „Färbung, die die Bedingung der Aufgabe erfüllt" oder „die von den Geraden gebildeten Länder" oft zu wiederholen. **Dies erleichtert nicht nur das Aufschreiben der Lösung, sondern schon das Nachdenken über das Problem!**

Was hier recht einfach war, ist eine der wichtigen Aufgaben der Mathematik als Wissenschaft: geeignete Begriffe einführen.

Ähnlich nützlich war das Einführen abkürzender Notation: L, g, F usw.

In Kapitel 4.5 erfahren Sie mehr zum Thema Färbungen.

3.3 Werkzeugkasten

Sie haben die vollständige Induktion als allgemeines Beweisprinzip kennengelernt. Es ist nützlich, wenn man eine Vermutung über eine Formel oder einen Sachverhalt der Form „Für alle n gilt . . . " hat.

In konkreten Beweissituationen – wenn man sich noch nicht sicher ist, ob ein Induktionsbeweis überhaupt funktioniert – sollte man **die Induktion planen:** Was müsste für den Induktionsschritt gezeigt werden?

Der Grundgedanke ist dabei ähnlich wie bei der Rekursion: Um das Problem der Größe n zu behandeln (die Aussage $A(n)$ zu beweisen), suchen wir nach einem Weg, es auf ein Problem derselben Art, aber kleinerer Größe (die Aussage $A(n-1)$ oder auch $A(n-2)$ oder $A(n-3)$. . .) zurückzuführen.

Das **Einführen von Begriffen** ist eine grundlegende Technik jeder Wissenschaft. Sie erleichtert nicht nur das Aufschreiben einer Argumentation, sondern schon das Nachdenken über ein Problem.

Aufgaben

A 3.1 Zeigen Sie, dass in einen Koffer unendlich viele Stecknadeln passen :-).

A 3.2 Lösen Sie die Rekursion $a_n = a_1 + \cdots + a_{n-1}$ mit Anfangsbedingung $a_1 = 1$ auf, indem Sie zunächst einige Werte berechnen, daraus eine Vermutung aufstellen und diese dann mit vollständiger Induktion beweisen.

2 A 3.3 Zeigen Sie, dass jede Triangulierung eines n-Ecks (vgl. Problem 2.4) aus genau $n-2$ Dreiecken und $n-3$ Diagonalen besteht.

2 A 3.4 Sei $n \in \mathbb{N}$. Betrachten Sie ein quadratisches Schachbrett der Seitenlänge 2^n, aus dem ein beliebiges Feld entfernt wurde. Beweisen Sie induktiv, dass es für jedes n möglich ist, das Brett (bis auf das entfernte Feld) mit L-förmigen Kacheln auszulegen. Eine L-förmige Kachel belegt dabei stets drei Felder, wie in Abbildung 3.6 gezeigt.

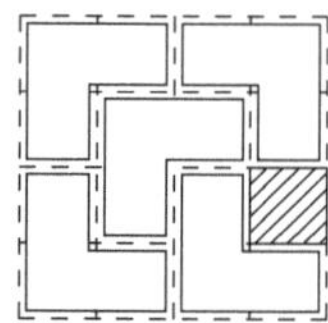

Abb. 3.6 Beispiel zu Aufgabe A 3.4 für $n = 2$

2 A 3.5 Das in Abbildung 3.7 gezeigte Zahlenschema heißt Pascalsches Dreieck. An den Rändern stehen Einsen, und jeder weitere Eintrag ist die Summe der beiden diagonal darüber stehenden Einträge. Berechnen Sie die Summen der Zahlen entlang den gepunkteten Diagonalen, finden Sie für diese eine Regelmäßigkeit und beweisen Sie diese mittels vollständiger Induktion.

$$
\begin{array}{ccccccccc}
 & & & & 1 & & & & \\
 & & & 1 & & 1 & & & \\
 & & 1 & & 2 & & 1 & & \\
 & 1 & & 3 & & 3 & & 1 & \\
1 & & 4 & & 6 & & 4 & & 1 \\
\end{array}
$$
$$1 \quad 5 \quad 10 \quad 10 \quad 5 \quad 1$$

Abb. 3.7 Zu Aufgabe A 3.5

2 A 3.6 Analysieren Sie die folgende Aussage und deren Beweis.

Sei a eine positive reelle Zahl und $n \in \mathbb{N} \cup \{0\}$. Dann gilt $a^n = 1$.

„Beweis": Wir beweisen diese Aussage mittels Induktion. Für $n = 0$ ist bekannt, dass $a^0 = 1$. Damit ist der Induktionsanfang bewiesen.

A	$\varnothing$	$\{1\}$	$\{2\}$	$\{3\}$	$\{4\}$	$\{1,3\}$	$\{1,4\}$	$\{2,4\}$
p_A	1	1	2	3	4	3	4	8
$(p_A)^2$	1	1	4	9	16	9	16	64

Tab. 3.1 Beispiel zu Aufgabe A 3.7

Wir nehmen also im Folgenden an, dass $a^n = a^{n-1} = 1$ gilt, und werden zeigen, dass $a^{n+1} = 1$ folgt. Dazu schreiben wir

$$a^{n+1} = a^n \cdot a = \frac{a^n \cdot a^n}{a^{n-1}} \stackrel{(*)}{=} \frac{1 \cdot 1}{1} = 1,$$

wobei $(*)$ wegen der Induktionsvoraussetzung gilt.

Mittels vollständiger Induktion ist somit die Aussage für jede natürliche Zahl n gezeigt.

A 3.7 Sei $n \in \mathbb{N}$. Für jede Teilmenge $A \subset \{1, \ldots, n\}$, die keine zwei aufeinandefolgenden Zahlen enthält, sei p_A das Produkt der Elemente von A. Wir legen noch $p_\varnothing = 1$ fest. Zeigen Sie, dass die Summe über alle $(p_A)^2$ gleich $(n+1)!$ ist. Tabelle 3.1 zeigt die Mengen A und die Werte p_A und $(p_A)^2$ für den Fall $n = 4$. Die Summe der $(p_A)^2$ ist $5! = 120$.

A 3.8 „Die Türme von Hanoi" ist ein Geduldsspiel. Es besteht aus drei senkrecht aufgestellten Stäben A, B, C, auf die mehrere gelochte Scheiben gesteckt werden. Die Scheiben sind alle unterschiedlich groß. Am Anfang liegen alle Scheiben auf Stab A, der Größe nach geordnet, wobei die größte unten liegt. Das Ziel ist, alle Scheiben auf Stab C zu versetzen. In jedem Zug darf die oberste Scheibe eines beliebigen Stabes auf einen anderen Stab versetzt werden, aber nur, wenn dort keine kleinere Scheibe liegt.

Entwickeln Sie eine Formel für die kleinste Anzahl von Zügen, die zur Lösung des Spiels mit n Scheiben notwendig sind. Beweisen Sie diese mit vollständiger Induktion.

A 3.9 Geben Sie eine weitere Lösung für Problem 3.1 an, indem Sie folgende Idee weiterführen: Wir wählen irgendein Land, nennen wir es A, und färben es rot. Dann bestimmen wir die Farben der anderen Länder wie folgt: Um die Farbe eines Landes B zu bestimmen, wählen wir einen Weg von einem Punkt in A zu einem Punkt in B, der durch keine der Ecken läuft. Wir zählen, wie oft dieser Weg die gegebenen Geraden (Ländergrenzen) schneidet. Wir färben B rot, wenn diese Anzahl gerade ist, sonst blau.

Bemerkung: Auf diese Weise kann man folgende Verallgemeinerung der Aussage von Problem 3.1 zeigen (die Begriffe Graph und Grad werden in Kapitel 4 eingeführt): Hat jede Ecke eines ebenen Graphen einen geraden Grad, so können die Länder des Graphen mit zwei Farben zulässig gefärbt werden.

4 Graphen

Die Graphen, die Sie in diesem Kapitel kennenlernen, sind auf den ersten Blick so einfache Gebilde, dass sie die meisten Menschen gar nicht mit Mathematik in Verbindung bringen würden. Sie haben weder mit Formeln oder Gleichungen zu tun, noch gehören sie ins Reich der Geometrie. Und doch steckt in ihnen viel spannende Mathematik. Ein wenig davon werden Sie hier entdecken. Dabei werden Sie die vollständige Induktion in einem ungewohnten Zusammenhang einsetzen und weitere wichtige mathematische Techniken, z. B. doppeltes Abzählen und gerade/ungerade-Argumente, kennenlernen. Sie machen auch erste Bekanntschaft mit Unmöglichkeitsbeweisen, einer faszinierenden Spezies mathematischer Aussagen über die prinzipiellen Grenzen des Machbaren. Mit der EULERschen Formel erhalten Sie schließlich einen ersten Einblick in das reizvolle Gebiet der Topologie.

4.1 Die EULERsche Formel für ebene Graphen

Was ein Graph ist, versteht man am besten anhand von Beispielen, siehe Abbildung 4.1. Wir interessieren uns hier zunächst für ebene Graphen; diese sind so gezeichnet, dass sich ihre Kanten nicht schneiden.[1] Hier ist eine formale Definition.

Definition

Ein **ebener Graph** G ist gegeben durch

1. eine endliche Menge von Punkten der Ebene, die **Ecken** von G;

2. endlich viele Verbindungslinien zwischen den Ecken, die **Kanten** von G. Diese dürfen sich nicht schneiden (außer in ihren Endpunkten natürlich).[2]

---

[1]Vorsicht: Die hier betrachteten Graphen haben nichts mit den Funktionsgraphen der Analysis zu tun. Zur Abgrenzung nennt man sie daher manchmal kombinatorische Graphen bzw. kombinatorische ebene Graphen.

[2]In den Beispielen sind die Kanten meistens gerade gezeichnet. Das wird aber in der Definition nicht gefordert.

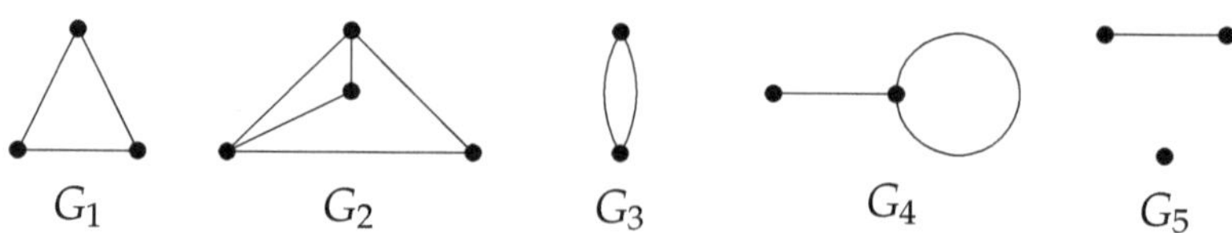

Abb. 4.1 Fünf Beispiele ebener Graphen

Um Spitzfindigkeiten zu vermeiden, nehmen wir immer an, dass es mindestens eine Ecke gibt. Ein ebener Graph heißt **zusammenhängend**, wenn man entlang Kanten von jeder Ecke zu jeder anderen Ecke gelangen kann. Eine Folge von Kanten, bei der jede an die vorangehende anschließt, so dass man die Kanten nacheinander durchlaufen kann, nennen wir einen **Weg**. Die Graphen G_1 bis G_4 in Abbildung 4.1 sind zusammenhängend, der Graph G_5 nicht.

Ein ebener Graph G zerteilt die Ebene in zusammenhängende Teilgebiete, die **Länder** von G. Das ‚Äußere von G' zählt auch als Land. Z. B. haben G_1, G_3 und G_4 je zwei Länder, G_2 drei und G_5 eines.

Im folgenden Problem lernen Sie die EULERsche Formel kennen, eine der fundamentalen Formeln der Mathematik. Sie zu beweisen ist eine hübsche Übung in vollständiger Induktion.

Problem 4.1

Sei G ein zusammenhängender ebener Graph. Bezeichne mit e, k, f die Anzahl der Ecken, Kanten, Länder (=Flächen) von G. Zeigen Sie, dass

$$\boxed{e - k + f = 2} \qquad \text{(\textsc{Euler}sche Formel)} \qquad (4.1)$$

gilt.

Untersuchung

Beispiele ▷ Sehen Sie sich einige Beispiele an und prüfen Sie die Formel nach. Prüfen Sie auch nach, dass die Formel für unzusammenhängende ebene Graphen nicht gilt. So bekommen Sie ein Gefühl für die Gefühl bekommen Formel und auch für die Vielfalt möglicher Graphen. Hat der Graph viele Ecken, kann er sehr komplex werden. Wie können wir trotz dieser Vielfalt einen Beweis finden?

Induktionsbeweis planen ▷ *Vorüberlegung:* Wir möchten dies induktiv angehen. Der Induktionsschluss könnte etwa so aussehen: Um die Formel für einen

Graphen G zu zeigen, *verkleinern* wir G zu einem Graphen G', wenden die Induktionsvoraussetzung (EULERsche Formel) auf G' an und folgern daraus die EULERsche Formel für G.

Um die Verbindung von G' zu G herstellen zu können, sollte die „Verkleinerung" möglichst einfach sein. Man könnte zum Beispiel eine einzelne Ecke oder eine Kante entfernen. Das entspräche einer Induktion über e oder über k.

▷ *Erster Versuch: Induktion über e.* Versuchen wir, den Induktionsschluss durchzuführen.

Induktionsvoraussetzung: Sei $e \geq 1$ beliebig. Die EULERsche Formel gelte für alle zusammenhängenden ebenen Graphen mit *weniger als e* Ecken.

Induktionsschluss: Sei G ein beliebiger zusammenhängender ebener Graph mit e Ecken, k Kanten und f Ländern. Wir wollen $e - k + f = 2$ beweisen.

Um die Induktionsvoraussetzung anwenden zu können, entfernen wir eine der Ecken; dann müssen wir auch alle an ihr hängenden Kanten entfernen. **Wie ändern sich e, k, f?**

Bezeichne die weggenommene Ecke mit E und den neuen Graphen mit G', mit e' Ecken, k' Kanten und f' Ländern. Offensichtlich gilt $e' = e - 1$, aber was können wir über k' und f' aussagen? **Zur Orientierung betrachten wir einige Beispiele**, siehe Abbildung 4.2. **Unsere Argumente müssen aber auf beliebige Graphen verallgemeinerbar sein.**

Nach Induktionsvoraussetzung ist $e' - k' + f' = 2$. (Oder nicht? Siehe unten!) Unsere Aufgabe besteht nun darin, daraus $e - k + f = 2$ zu folgern. Hierzu sollten wir verstehen, wie k' und f' mit k und f zusammenhängen.

▷ Das erste Beispiel ist einfach: Es fällt eine Ecke und eine Kante weg, also bleibt die Differenz $e - k$ gleich (und f auch): $e - k = e' - k'$ und $f = f'$, also $e - k + f = e' - k' + f' = 2$.

Am zweiten Beispiel sieht man, dass sich auch die Anzahl der Länder ändern kann. Es wird unübersichtlich. Wie kann man die gleichzeitige Änderung von e, k und f kontrollieren?

Idee: Entferne die von E ausgehenden Kanten nach und nach einzeln und verfolge dabei, wie sich jeweils f ändert: Anscheinend

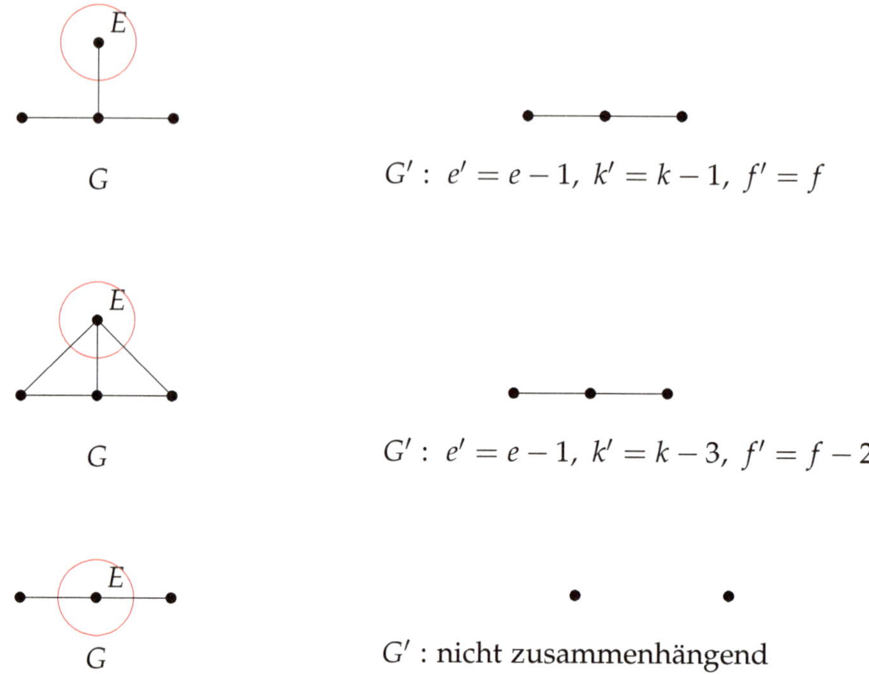

Abb. 4.2 Entfernen einer Ecke

fällt mit jeder weggenommenen Kante ein Land weg (damit bleibt $-k + f$ und daher auch $e - k + f$ unverändert), außer bei der letzten. Beim Wegnehmen der letzten Kante sind wir in der Situation des ersten Beispiels.

▷ Das sieht vielversprechend aus, allerdings zeigt das dritte Beispiel, dass man aufpassen muss: Durch Wegnehmen von Kanten kann der Graph ‚zerfallen‘, also unzusammenhängend werden.

▷ *Fazit zum ersten Versuch:* Es ist nicht einfach zu verfolgen, was beim Wegnehmen einer Ecke passiert. Zwischendurch war es sinnvoll, Kanten einzeln wegzunehmen.

Flexibel bleiben Das bringt uns auf eine *Idee:* Wir könnten ja von vornherein einzelne Kanten (statt Ecken) entfernen, also mit Induktion über k statt e argumentieren. Versuchen Sie es!

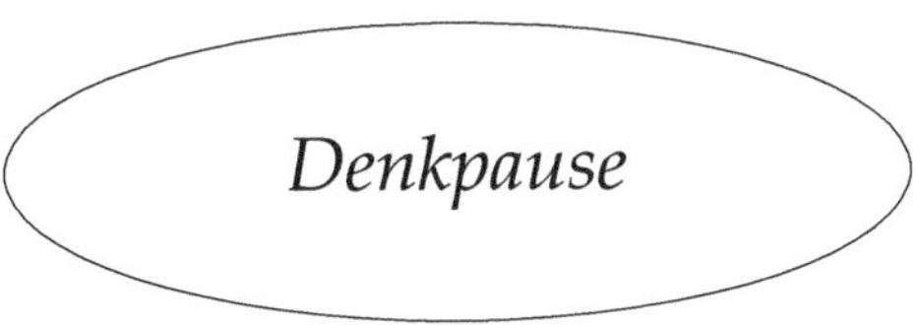

▷ *Zweiter Versuch: Induktion über k.* Sehen wir uns wieder zuerst den Induktionsschritt an.

Induktionsvoraussetzung: Sei $k \geq 1$ beliebig. Die EULERsche Formel gelte für alle zusammenhängenden ebenen Graphen mit weniger als k Kanten.

Induktionsschluss: Sei G ein beliebiger zusammenhängender ebener Graph mit k Kanten, e Ecken und f Ländern.

Entferne eine der Kanten. Bezeichne die Kante mit K und den neuen Graphen mit G', mit $k' = k - 1$ Kanten, e' Ecken und f' Ländern.

▷ Da wir nur eine Kante entfernen, ändert sich e nicht: $e = e'$. (Wir lassen alle Ecken stehen, auch wenn sie nicht mehr mit dem Rest verbunden sind.) Das ist eine Vereinfachung gegenüber dem ersten Versuch, wo sich alle drei Größen e, k, f im Induktionsschritt ändern konnten!

▷ Das Problem des Auseinanderfallens besteht aber immer noch. Nehmen wir es also ernst. Wir haben zwei Fälle:

Fall 1: G' ist zusammenhängend.

Fall 2: G' ist nicht zusammenhängend.

Fallunterscheidung

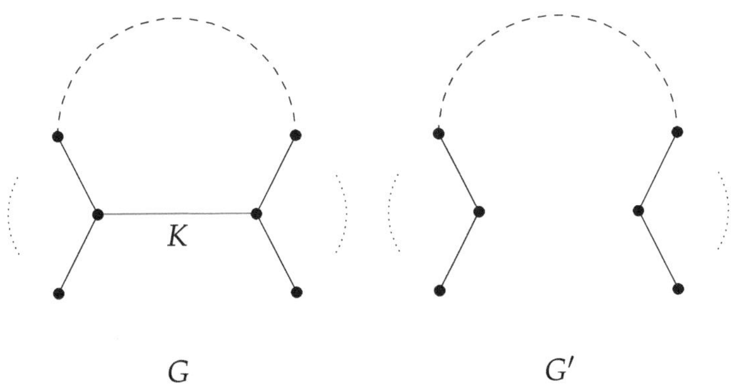

Abb. 4.3 Fall 1: G' zusammenhängend

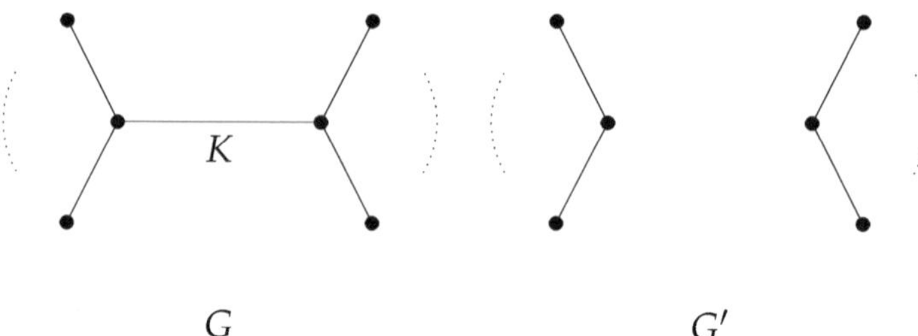

$$G \qquad\qquad G'$$

Abb. 4.4 Fall 2: G' nicht zusammenhängend

Skizze

Wir machen eine Skizze, siehe Abbildungen 4.3 und 4.4. Die gestrichelten Linien stellen einen beliebigen Weg in G bzw. G' dar, die Punkte mögliche weitere Ecken und Kanten. (Die beiden schrägen Kanten links und rechts sind als Beispiele zu verstehen, sie brauchen so nicht da zu sein.)

▷ Betrachten wir Fall 1: Wie ändert sich f? Bei Wegfallen von K wird aus zwei Ländern eines. Daher gilt $f' = f - 1$, und mit $k' = k - 1$ folgt $e - k + f = e' - k' + f' = 2$, was zu zeigen war.

▷ Bei Fall 2 ist G' nicht zusammenhängend, also können wir die Induktionsvoraussetzung nicht anwenden. Was tun? Eine Idee ist, die beiden Endpunkte von K zu einer Ecke zu verschmelzen.

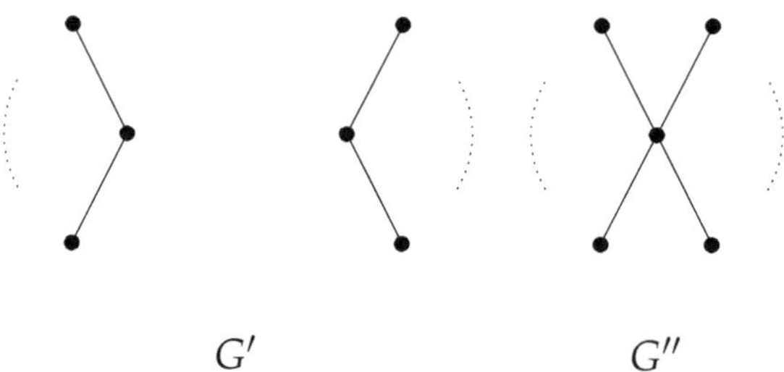

$$G' \qquad\qquad G''$$

Abb. 4.5 Fall 2: Verschmelzen der (ehemaligen) Endpunkte von K zu einer Ecke

Dann erhält man einen zusammenhängenden ebenen Graphen G'', siehe Abbildung 4.5, auf den man die Induktionsvoraussetzung anwenden kann. Die Einzelheiten stehen unten bei der Lösung. Versuchen Sie es zunächst selbst!

▷ Bei Fall 2 grenzt an K dasselbe Land von oben und unten an! Wir müssen also aufpassen und nochmals bei Fall 1 nachsehen, ob dies dort nicht auch passiert. Im Beispiel in Abbildung 4.3 passiert es offenbar nicht. Warum nicht? Der gestrichelte Weg trennt die obere von der unteren Seite von K. Das sollte in einem vollständigen Argument eine Rolle spielen.

Wir fassen nun die aus den Skizzen gewonnenen Einsichten in Worte und ergänzen die Details.

Lösung zu Problem 4.1

Wir verwenden Induktion über die Anzahl der Kanten von G.
Induktionsanfang: $k = 0$. Ein zusammenhängender Graph ohne Kanten hat eine Ecke und ein Land, also $e = 1, k = 0, f = 1$, also $e - k + f = 2$.
Induktionsvoraussetzung: Sei $k \geq 1$ beliebig. Die EULERsche Formel gelte für alle zusammenhängenden ebenen Graphen mit weniger als k Kanten.
Induktionsschluss: Sei G ein beliebiger zusammenhängender ebener Graph mit k Kanten, e Ecken und f Ländern.
Entferne eine der Kanten von G. Bezeichne die Kante mit K und den neuen ebenen Graphen mit G', mit $k' = k - 1$ Kanten, e' Ecken und f' Ländern. Offenbar ist $e = e'$.
Wir betrachten zwei Fälle.

Fall 1: G' ist zusammenhängend. Wir zeigen zunächst, dass an K zwei *verschiedene* Länder von G angrenzen. Dazu seien u, v die Ecken, die von K verbunden werden. Ist $u = v$, so umschließt K ein Land vollständig, also ist die Behauptung klar. Sei nun $u \neq v$. Da G' zusammenhängend ist, gibt es in G' einen Weg von u nach v. Zusammen mit K bildet dieser einen geschlossenen Weg[3] W. Eins der an K angrenzenden Länder muss in dem von W umschlossenen Gebiet liegen und das andere außerhalb. Daher kann es sich nicht um dasselbe Land handeln.
In G' verschmelzen die beiden vorher an K angrenzenden Ländern zu einem, alle anderen Länder bleiben unverändert. Daher ist $f' = f - 1$. Wegen $k' < k$ können wir auf G' die Induktionsvoraussetzung anwenden und erhalten

$$2 = e' - k' + f' = e - (k - 1) + (f - 1) = e - k + f.$$

---

[3]Ein **geschlossener Weg** ist ein Weg, dessen Anfangs- und Endpunkt zusammenfallen.

Fall 2: G' ist nicht zusammenhängend. Dann grenzt K von beiden Seiten an dasselbe Land, also

$$e' = e, \quad k' = k - 1, \quad f' = f.$$

Wir bilden nun einen neuen ebenen Graphen G'', indem wir die beiden Endpunkte von K zu einem Punkt zusammenziehen. Dabei ändern sich Kanten- und Länderzahl nicht, aber eine Ecke verschwindet, also (mit offensichtlicher Notation)

$$e'' = e' - 1 = e - 1, \quad k'' = k' = k - 1, \quad f'' = f' = f.$$

Wegen $k'' < k$ können wir die Induktionsvoraussetzung auf G'' anwenden und erhalten

$$2 = e'' - k'' + f'' = (e - 1) - (k - 1) + f = e - k + f.$$

In jedem Fall haben wir $e - k + f = 2$ gezeigt, damit ist der Induktionsschluss durchgeführt.   !

Rückschau zu Problem 4.1

Wir haben zunächst eine Induktion über e versucht. Zur Durchführung des Induktionsschritts entfernten wir eine Ecke. Dabei müssen die angrenzenden Kanten mit entfernt werden. Sind das mehrere, mussten wir dabei jeweils die Änderungen von e, k, f nachvollziehen. Dies legte nahe, sofort eine Induktion über k zu machen. Diese war einfacher, da sich beim Entfernen einer Kante e nicht ändert.

Flexibel bleiben! Einen eingeschlagenen Pfad bei besserer Einsicht wieder verlassen!

Bemerkung

Hier ist eine alternative Lösung für den 2. Fall:

Da G zusammenhängend war und nur eine Kante entfernt wurde, besteht G' aus zwei zusammenhängenden Teilen G_1' und G_2' (dem linken und rechten Teil in Abbildung 4.4). Außerdem grenzt an K von beiden Seiten dasselbe Land (das ‚äußere‘ Land). Seien e_1', k_1', f_1' die Anzahlen der Ecken, Kanten und Länder für G_1' und e_2', k_2', f_2' die für G_2'. Offenbar gilt

$$e_1' + e_2' = e, \quad k_1' + k_2' = k - 1\,.$$

Außerdem ist $f_1' + f_2' = f + 1$, da das äußere Land in der Zählung sowohl bei G_1' als auch bei G_2' auftritt. Wegen $k_1' < k,\ k_2' < k$ können wir die Induktionsvoraussetzung auf G_1' und G_2' anwenden. Dann addieren wir und erhalten:

$$
\begin{array}{crccccc}
 & e_1' & - & k_1' & + & f_1' & = & 2 \\
+ & e_2' & - & k_2' & + & f_2' & = & 2 \\
\hline
 & e & - & (k-1) & + & (f+1) & = & 4
\end{array}
$$

und damit $e - k + f = 2$.

4.2 Doppeltes Abzählen bei Graphen

Doppeltes Abzählen ist eine Idee, mit der man viele interessante und nützliche Dinge zeigen kann.

Problem 4.2

Sei G ein ebener Graph. Beidseitig jeder Kante sei eine Markierung (ein ‚Zollhäuschen‘) eingezeichnet, siehe Abbildung 4.6. Man zähle die Anzahl der Zollhäuschen auf zwei verschiedene Arten.

Lösung

Erste Abzählung: An jeder Kante gibt es zwei Häuschen. Also gibt es insgesamt $2k$ Häuschen.

Zweite Abzählung: Zähle die Häuschen in jedem Land und addiere.

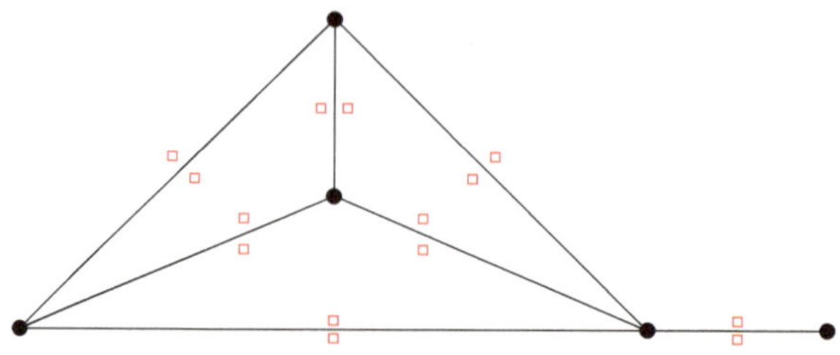

Abb. 4.6 Wie viele Zollhäuschen?

Um dies aufzuschreiben, schreiben wir für jedes Land L

$$g_L = \text{die Anzahl der Grenzen des Landes } L.$$

Dann ist die Gesamtzahl der Häuschen $\sum_{L \text{ Land von } G} g_L$.

Beachten Sie, dass z. B. die einzelne Kante rechts im Beispiel zweimal als Grenze des Außenlandes gezählt wird. Das Außenland hat also 5 Grenzen, die anderen Länder jeweils 3.   !

Was haben wir davon? Da dieselbe Anzahl auf zwei Arten bestimmt wurde, müssen die Ergebnisse gleich sein. Wir erhalten die *Kanten-Länder-Formel*

$$\boxed{\; 2k = \sum_{L \text{ Land von } G} g_L \;} \tag{4.2}$$

Im Beispiel: $2 \cdot 7 = 5 + 3 + 3 + 3$. Interessante Anwendungen dieser Formel finden Sie in Problem 4.6 und in Aufgabe A 4.4.

Wem Zollhäuschen zu informal sind, könnte auch ,Seiten einer Kante' sagen, oder noch besser:

Alternativer Beweis der Formel (4.2): Wir zählen die Paare (K, L), bei denen K eine Kante und L ein Land ist, das K als Grenze hat; dabei sollen Paare doppelt gezählt werden, bei denen L von beiden Seiten an dieselbe Kante K grenzt.

Erste Abzählung: Für jede Kante K gibt es zwei solche Paare (oder eines, das doppelt gezählt wird). Also ist die Anzahl gleich $2k$.

Zweite Abzählung: Für das Land L gibt es genau g_L Paare, bei denen L als zweite Komponente steht. Daher ist die Anzahl aller Paare gleich $\sum_L g_L$.

Damit folgt (4.2).

Dritter Beweis der Formel (4.2) (sehr kurz gefasste Version des doppelten Abzählens): Man zähle nacheinander bei jedem Land die Grenzen. Dabei wird jede Kante doppelt gezählt, einmal von jeder Seite. Es folgt (4.2).

Da dies so gut funktionierte, versuchen wir es gleich nochmal.

Problem 4.3

Sei G ein ebener Graph. Man zeichne einen Pfeil an jede Stelle, wo eine Kante eine Ecke verlässt, siehe Abbildung 4.7. Zähle die Pfeile auf zwei verschiedene Arten und leite daraus eine Formel her.

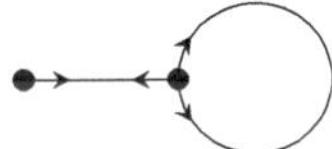

Abb. 4.7 Wie viele Pfeile?

Lösung

Erste Abzählung: Auf jeder Kante liegen zwei Pfeile. Daher gibt es $2k$ Pfeile.

Zweite Abzählung: Für jede Ecke E gibt es so viele Pfeile, wie Kanten von E ausgehen. Setzen wir

$$d_E = \text{Anzahl der Kanten, die von } E \text{ ausgehen} \qquad (4.3)$$

(wobei Kanten doppelt gezählt werden, wenn sie in E starten und enden), so folgt, dass die gesuchte Anzahl gleich $\sum_{E \text{ Ecke von } G} d_E$ ist. Wir erhalten daraus die *Kanten-Ecken-Formel*

$$\boxed{2k = \sum_{E \text{ Ecke von } G} d_E} \qquad (4.4)$$

In dieser Herleitung war es unwesentlich, dass der Graph eben war, d. h. dass sich Kanten nicht überschneiden. Es ist sogar unwesentlich, wie der Graph gezeichnet war. Dies motiviert die allgemeine Definition eines Graphen. Sie bezieht sich nicht auf eine konkrete bildliche Darstellung:

Definition

Ein **Graph** ist gegeben durch eine endliche Menge $\mathcal{E}$, deren Elemente wir **Ecken** nennen, eine endliche Menge $\mathcal{K}$, deren Elemente wir **Kanten** nennen, und eine Vorschrift, die jeder Kante $K \in \mathcal{K}$ zwei Ecken $E_1, E_2 \in \mathcal{E}$ zuordnet. Dabei darf auch $E_1 = E_2$ sein. Wir nennen E_1, E_2 die **Endpunkte** von K und sagen, dass K die Ecken E_1, E_2 **verbindet.** Ist $E_1 = E_2$, so nennen wir K eine **Schlinge.**

Die in (4.3) für eine Ecke E definierte Zahl d_E heißt der **Grad** von E.

Meist veranschaulichen wir einen Graphen durch ein Diagramm, in dem die Ecken durch Punkte der Ebene und jede Kante K durch eine Linie, die die Endpunkte von K verbindet und durch keine weiteren Ecken läuft, dargestellt werden. Ein ebener Graph ist eine solche Darstellung, bei der sich Kanten nicht überschneiden.

Abbildung 4.8 zeigt zwei Darstellungen desselben Graphen: vier Ecken, von denen je zwei durch genau eine Kante verbunden sind. Nur die linke Darstellung ist ein ebener Graph.

Graphen sind ein nützliches Hilfsmittel, um komplizierte Strukturen übersichtlich darzustellen. Beispiele hierfür finden Sie in den Problemen 4.4 und 10.4.

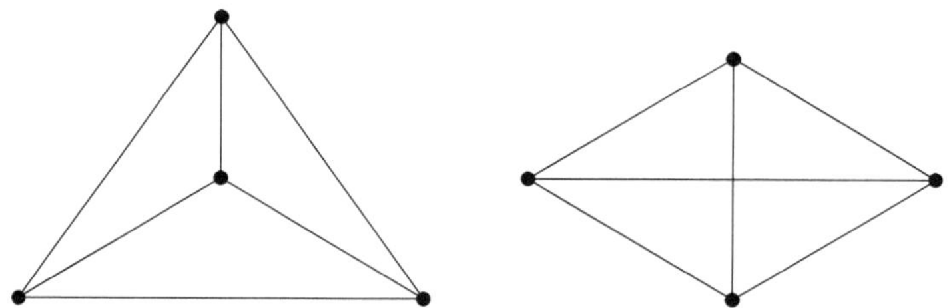

Abb. 4.8 Zwei Darstellungen desselben Graphen

Wir fassen zusammen:

Graphenformeln

Für einen Graphen mit k Kanten gilt die Formel

$$2k = \sum_{E \text{ Ecke von } G} d_E .$$

Für einen ebenen Graphen mit k Kanten gilt die Formel

$$2k = \sum_{L \text{ Land von } G} g_L\,.$$

Für einen ebenen zusammenhängenden Graphen mit e Ecken, k Kanten und f Ländern gilt die EULERsche Formel

$$e - k + f = 2\,.$$

Diese Formeln sollten Sie verinnerlichen. Sie sind beim Problemlösen oft nützlich.

4.3 Händeschütteln und Graphen

Das folgende Problem zeigt, wie man komplexe Situationen mit Graphen modellieren und Formel (4.4) einsetzen kann.

Problem 4.4

Auf einer Party begrüßen sich einige der Gäste mit Handschlag. Zeigen Sie, dass zu jedem Zeitpunkt die Anzahl der Gäste, die einer ungeraden Zahl anderer Gäste die Hand geschüttelt haben, gerade ist.

Lösung

Wir betrachten den Graphen, dessen Ecken die Gäste sind und für den zwei Ecken genau dann verbunden sind, wenn die beiden Gäste einander schon die Hände geschüttelt haben. Für jeden Gast E ist der Grad d_E dann die Anzahl anderer Gäste, denen E schon die Hand geschüttelt hat. Nach Formel (4.4) ist die Summe aller d_E gleich $2k$, also eine gerade Zahl. Daher muss die Anzahl der Ecken E, für die d_E ungerade ist, gerade sein.

4.4 Fünf Punkte mit allen Verbindungen in der Ebene

Wir wollen uns ein wenig mit der Frage befassen, welche Graphen als ebene Graphen darstellbar sind. Zunächst ein kleines Problem zum Aufwärmen:

Problem 4.5

*Kann man in Abbildung 4.9 A mit A, B mit B und C mit C so verbinden,
dass sich die Linien nicht kreuzen?*

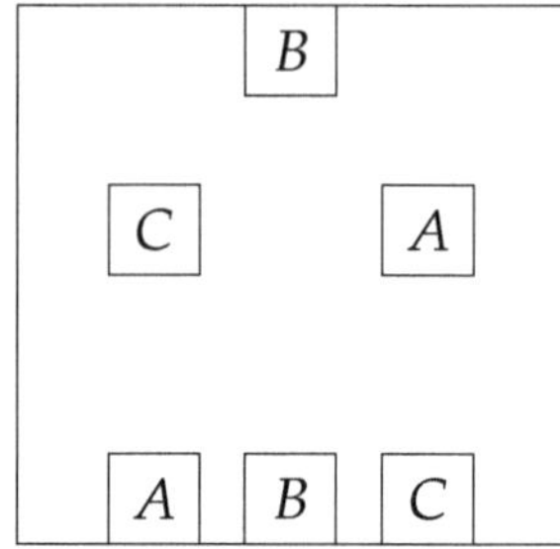

Abb. 4.9 Verbindungen gesucht

Untersuchung und Lösung

Zunächst sieht es so aus, als wäre dies nicht möglich. Vertauschen wir
Vereinfachen jedoch zunächst die beiden oberen Kästchen *A* und *C*, zeichnen dann
die senkrechten Verbindungen und ziehen dann *A* und *C* an ihre
ursprünglichen Plätze (wobei die Verbindung *B − B* wie ein dehnbarer
Faden mitgezogen wird), sehen wir, dass es doch möglich ist.

Rückschau

Das Problem zeigt, dass wir mit schnellen Schlüssen der Art „Das
kann ja wohl nicht gehen" vorsichtig sein müssen.

Versuchen wir uns an einer schwierigeren Aufgabe:

Problem 4.6

Kann man 5 Punkte zusammen mit allen Verbindungslinien zwischen je zweien dieser Punkte so in der Ebene zeichnen, dass sich die Verbindungslinien nicht schneiden?

Anders ausgedrückt: Lässt sich der Graph G, der aus fünf Ecken und allen paarweisen Verbindungen verschiedener Ecken besteht, als ebener Graph darstellen? Zur Erinnerung: Mit vier Punkten ist das möglich, wie das linke Bild in Abbildung 4.8 zeigt.

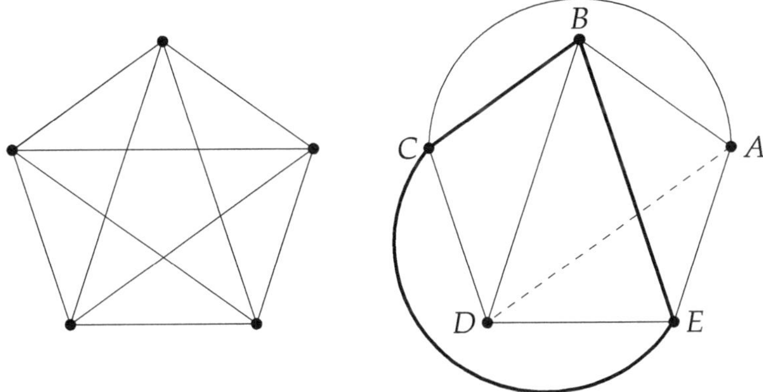

Abb. 4.10 Eine nicht-ebene Darstellung von G und der gescheiterte Versuch einer ebenen Darstellung

Untersuchung

▷ Versuchen Sie es! Nach einigen Versuchen werden Sie wahrscheinlich feststellen, dass es anscheinend nicht möglich ist. Zum Beispiel sind in Abbildung 4.10 alle Verbindungen außer der von A nach D gezeichnet, und es ist klar, dass wir diese fehlende Verbindung nicht zeichnen können, ohne eine andere Linie zu kreuzen. Denn A liegt außerhalb des geschlossenen Weges $BCEB$, während D innerhalb liegt. Also formulieren wir die *Vermutung:* Es ist unmöglich.

▷ Aber: Das Bild ist noch kein Beweis für die Unmöglichkeit. Vielleicht haben wir ja die vorherigen Linien ungeschickt gezeichnet, und wenn wir es anders angefangen hätten, hätte es doch funktioniert? Nach der Erfahrung von Problem 4.5 sollten wir vorsichtig sein. *Wir brauchen ein allgemeines Argument,* das alle Möglichkeiten abdeckt, wie wir die Verbindungen zeichnen könnten.

▷ Was wollen wir zeigen? Eine Unmöglichkeit. Wie zeigt man, dass etwas unmöglich ist? Mit einem **Widerspruchsbeweis:** Man nimmt an, es gehe doch, und leitet daraus einen Widerspruch oder eine offenbar unwahre Aussage her.

▷ Nehmen wir also an, es gebe doch so einen ebenen Graphen G. Was können wir über G aussagen? Wir versuchen, nach und nach **Informationen über G zu sammeln.** Zum Beispiel: Was sind e, k, f? Wie viele Grenzen hat jedes Land?

▷ Das Problem gibt vor, dass $e = 5$ ist. Außerdem muss $k = 10$ sein, denn es gibt 10 Arten, zwei Ecken aus fünfen auszuwählen (siehe Abbildung 4.10 links).

▷ Wie geht's weiter? Erinnern wir uns an unsere Formeln. Z. B. die EULERsche Formel $e - k + f = 2$. Sie ist anwendbar, da G nach Annahme eben ist. Wegen $e = 5$, $k = 10$ muss $f = 7$ sein.

▷ Was haben wir noch? Z. B. die Ecken-Kanten-Formel (4.4). Was sind die Eckengrade? Von jeder Ecke sollen 4 Kanten ausgehen (eine zu jeder anderen Ecke), also ist $d_E = 4$ für alle E. Die Formel ergibt $2 \times 10 = 4 + 4 + 4 + 4 + 4$, also $20 = 20$. Das hilft nicht weiter.

▷ Sehen wir uns die Kanten-Flächen-Formel (4.2) an. Die linke Seite kennen wir, $2k = 20$. Können wir etwas über die rechte Seite, also über die Zahlen g_L, aussagen? Welche Zahlen können als g_L vorkommen? Kann z. B. $g_L = 2$ sein, d. h. kann es ein Land mit nur zwei Grenzen geben? Nein, denn das würde bedeuten, dass die beiden Grenzen dieselben Endpunkte haben, siehe Abbildung 4.11. Je zwei Ecken sind aber nur mit *einer* Kante verbunden. Auch $g_L = 1$ ist unmöglich, da das bedeuten würde, dass das Land L von einer Schleife umgeben ist, und G hat keine Schleifen.

Abb. 4.11 Länder mit ein oder zwei Grenzen

▷ Also ist $g_L \geq 3$ für alle Länder L. Setzen wir alles zusammen, erhalten wir

$$20 = 2k = \sum_{L \text{ Land von } G} g_L \geq \sum_{L \text{ Land von } G} 3 = 7 \cdot 3 = 21, \qquad (4.5)$$

wobei wir verwendet haben, dass G genau $f = 7$ Länder hat. Unter der Annahme, dass G eine ebene Darstellung hat, haben wir damit die falsche Aussage $20 \geq 21$ hergeleitet. Also muss diese Annahme falsch gewesen sein.

Wir schreiben das Argument noch einmal übersichtlich auf:

Lösung zu Problem 4.6

Das ist unmöglich, d. h. es gibt keinen ebenen Graphen mit fünf Ecken, bei dem je zwei Ecken durch eine Kante verbunden sind.

Beweis.
Wir führen einen Widerspruchsbeweis. Angenommen, es gäbe einen solchen ebenen Graphen G. Seien e, k, f die Anzahlen seiner Ecken, Kanten und Länder. Nach Voraussetzung gilt $e = 5$ und $k = 10$. Da G zusammenhängend ist, gilt die EULERsche Formel $e - k + f = 2$, und daraus folgt $f = 7$. Da G keine Schleifen und doppelten Kanten hat, besitzt jedes Land mindestens drei Grenzen, siehe Abbildung 4.11. Mit der Kanten-Flächen-Formel erhalten wir die Gleichungs-/Ungleichungskette (4.5), also $20 \geq 21$. Da dies falsch ist, muss unsere Annahme, es gäbe eine ebene Darstellung G, falsch gewesen sein. $\hfill$ q. e. d.

Rückschau zu Problem 4.6

Dies war ein erstes Beispiel eines *Unmöglichkeitsbeweises:*[4] Wir konnten zeigen, dass unter den unendlich vielen Möglichkeiten, den Graphen

---

[4]Weitere werden Sie in den Kapiteln 7 und 11 kennenlernen.

zu zeichnen, keine ohne Kreuzungen auskommt. Unser Argument war **indirekt:** Aus der Annahme, dass es doch ohne Kreuzungen geht, haben wir eine falsche Aussage hergeleitet.

4.5 Weiterführende Bemerkungen: EULERsche Polyederformel, Topologie und Vierfarbenproblem

Graphen und Polyeder

Die EULERsche Formel für Graphen verallgemeinert die

> **Eulersche Polyederformel:** Für jedes konvexe Polyeder im Raum gilt
>
> $$e - k + f = 2,$$
>
> wobei e, k, f die Anzahlen der Ecken, Kanten, Seitenflächen sind.

Ein **konvexes Polyeder** ist ein konvexer dreidimensionaler Körper, der durch ebene Seitenflächen begrenzt ist.[5] Beispiele sind Würfel, Tetraeder, Oktaeder, Dodekaeder, Ikosaeder, Pyramiden ... , aber nicht Zylinder. Prüfen Sie nach, dass die Formel für diese Beispiele gilt!

Was haben konvexe Polyeder mit ebenen Graphen zu tun? Stellen Sie sich das Polyeder als Drahtgestell vor und bringen Sie eine Lichtquelle direkt oberhalb einer der Seitenflächen an. Der Schattenwurf (Projektion) des Drahtgestells auf eine gegenüberliegende Ebene ist ein ebener Graph in dieser Ebene. Seitenflächen des Polyeders entsprechen Ländern des Graphen, wobei die Fläche, wo die Lichtquelle sitzt, dem äußeren Land entspricht. Damit folgt die EULERsche Polyederformel aus der EULERschen Formel für ebene Graphen. Das linke Bild in Abbildung 4.8 zeigt den Schatten eines Tetraeders (dreiseitige Pyramide). Zeichnen Sie den Schatten von Würfel und Dodekaeder (zwölf Fünfecke)!

---

[5]Äquivalente Charakterisierungen konvexer Polyeder sind: 1. Die konvexe Hülle endlich vieler Punkte im Raum, d. h. die kleinste konvexe Menge, die alle diese Punkte enthält. 2. Der Schnitt endlich vieler Halbräume (sofern er beschränkt ist). Die Äquivalenz dieser Bedingungen ist anschaulich klar, aber nicht ganz einfach zu beweisen.

Denselben ebenen Graphen erhält man, wenn man die Oberfläche des Polyeders aus Gummi baut, eine Seitenfläche ausschneidet und den Rest plattzieht.

Mit demselben Argument gilt alles, was über ebene Graphen gesagt wurde, auch für Graphen, die kreuzungsfrei auf eine Kugeloberfläche gezeichnet sind.

Kleiner Exkurs in die Topologie

Die EULERsche Formel ist auch ein Ausgangspunkt für das mathematische Gebiet Topologie. Lax gesagt ist die Grundfrage der Topologie die, wie man eine Sphäre (= Kugeloberfläche) von einem Torus (= Fahrradschlauch) unterscheiden kann. Genauer: Wie kann man mathematisch fassen, dass der Torus ein ‚Loch' hat, durch das man hindurchgreifen kann, eine Sphäre aber nicht – und dass diese Eigenschaft erhalten bleibt, selbst wenn man die beiden Flächen verformt?[6]

Mit Hilfe der EULERschen Formel lässt sich eine Antwort finden, auf folgende Weise:

1. Wir betrachten (zusammenhängende) Graphen auf der Sphäre und Graphen auf dem Torus, bei denen sich die Kanten nicht schneiden. Dabei entsprechen die Graphen auf der Sphäre genau den ebenen Graphen, wie oben erklärt wurde, z.B. gilt für diese die Formel $e - k + f = 2$. Für Graphen auf dem Torus ist das aber nicht der Fall.

2. Für Graphen auf dem Torus gibt es auch eine EULERsche Formel. Bei ihr ist aber die 2 durch eine 0 ersetzt. Sie gilt auch nur für solche Graphen, die neben dem Zusammenhang eine weitere Bedingung erfüllen: Jedes Land muss sich in die Ebene zeichnen lassen.[7] Für solche Graphen auf dem Torus gilt:

EULERsche Formel für Graphen auf dem Torus: $e - k + f = 0$.

---

[6]Stellen Sie sich z.B. vor, dass Sie die Sphäre in eine lange Wurst verformen und diese dann mehrfach verknoten. Topologisch ist das immer noch wie eine Sphäre, aber was ist der wesentliche Unterschied zum Torus (den wir auch verknoten könnten)?

[7]Z. B. ist dies nicht der Fall, wenn der Graph nur aus einem Punkt besteht oder aus zwei Punkten mit einer Kante dazwischen. Zeichnet man diese Graphen auf den Torus, so lässt sich das entstehende Land nicht in die Ebene ‚plattziehen'.

Abbildung 4.12 zeigt ein Beispiel. Es ist so zu verstehen: Betrachte das quadratische Stück Papier, dessen Ecken die mit A markierten Punkte sind. Verklebe die linke und rechte Seite (mit den einfachen Pfeilen), so dass ein Zylinder entsteht. Dann verklebe die obere und untere Seite (mit Doppelpfeilen), dann entsteht ein Torus. Die vier mit A markierten Punkte werden dabei zu einem einzigen Punkt auf dem Torus verklebt, ebenso die beiden Bs und die beiden Cs. Der Graph auf dem Torus hat damit 4 Ecken, 8 Kanten (vier, die von D ausgehen, zwei weitere zwischen A und B – nicht vier, da die obere und untere jeweils zu einer einzigen verklebt sind – und zwei zwischen A und C) und 4 Länder, also $e - k + f = 4 - 8 + 4 = 0$. Siehe auch Aufgabe A 4.8.

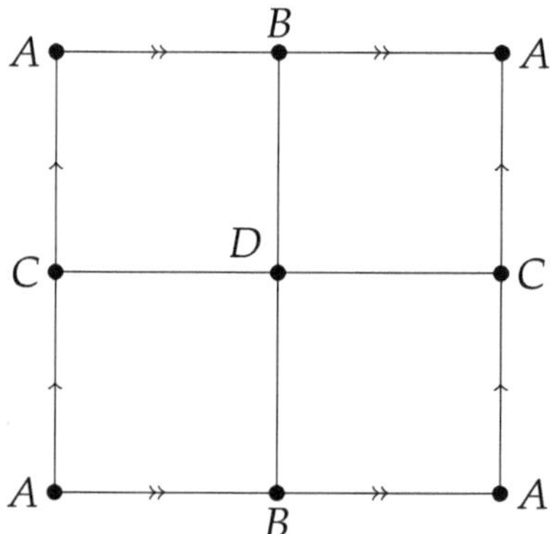

Abb. 4.12 Ein Graph auf dem Torus

3. Ähnlich kann man für andere Flächen EULERsche Formeln finden. Z. B. ergibt sich für einen ‚Torus mit zwei Löchern‘ (Brezel-Oberfläche) die Formel $e - k + f = -2$. Allgemein bei g Löchern $e - k + f = 2 - 2g$. Die Zahl, die für eine gegebene Fläche immer rechts steht, nennt man die EULER-**Charakteristik** der Fläche.

4. Die EULER-Charakteristik beantwortet die oben gestellte Frage: Sie ist eine mathematisch exakt definierte Größe, die man für jede Fläche berechnen kann und die den Unterschied zum Beispiel zwischen Sphäre und Torus ‚messbar‘ macht.[8] Außerdem ändert

---

[8]Zugegeben, die EULER-Charakteristik kann zwar Sphäre und Torus unterscheiden, aber sie scheint anschaulich nichts mit dem ‚Loch‘ zu tun zu haben. Dafür hat

sie sich nicht bei Verformungen der Fläche. Man nennt die EULER-Charakteristik daher eine **topologische Invariante.** [9]

Färbungen ebener Graphen

Problem 4.7

Was ist die kleinste Anzahl von Farben, mit denen man die Länder eines beliebigen ebenen Graphen zulässig färben kann, d. h. so, dass benachbarte Länder immer verschiedene Farben haben?

- Man sieht leicht, dass man nicht mit weniger als 4 Farben auskommt, z. B. beim linken Graphen in Abbildung 4.8, da jedes der vier Länder an jedes andere grenzt. Probiert man viele Beispiele, merkt man, dass vier Farben anscheinend immer reichen.
- Dies führt zur **4-Farben-Vermutung:** 4 Farben reichen für jeden ebenen Graphen. Mit anderen Worten: Die Länder jeder beliebigen Landkarte lassen sich so mit 4 Farben färben, dass benachbarte Länder immer verschiedene Farben erhalten.
- Die Vermutung zu beweisen, hat sich als sehr schwierig herausgestellt. Sie wurde das erste Mal im Jahr 1852 aufgestellt, aber es dauerte (trotz vieler Bemühungen) bis 1976, bis ein Beweis gefunden wurde. Leider besteht ein Teil dieses Beweises darin, mit Hilfe eines Computers viele Spezialfälle nachzuprüfen, und dies sind zu viele, als dass man sie per Hand erledigen könnte. Bis heute ist kein Beweis bekannt, der auf die Hilfe von Computern verzichtet.[10]
Ein paar der Teilschritte auf dem Weg zum 4-Farben-Satz sind in den Aufgaben A 4.10 bis A 4.14 skizziert. Dort werden Sie auch sehen, dass das analoge Problem für den Torus leichter ist. Hier ist die kleinste Anzahl Farben sieben.

---

sie den Vorteil, dass sie einfach zu definieren ist. Man kann auch das Loch direkt mathematisch fassen. Dies ist Thema der sogenannten Homologie-Theorie, aber das ist deutlich aufwändiger.

[9]Mehr zu Invarianten erfahren Sie in Kapitel 11.

[10]Mehr zur interessanten Geschichte des Problems finden Sie z. B. in (Aigner, 2015).

4.6 Werkzeugkasten

In der Untersuchung von Problem 4.1 haben Sie gesehen, wie wichtig es ist, **flexibel zu bleiben,** einen eingeschlagenen Pfad bei besserer Einsicht wieder zu verlassen. Problem 4.5 zeigte, dass man mit unmittelbaren Reaktionen der Art „Das kann ja wohl nicht gehen" vorsichtig sein muss – es ist oft nicht einfach oder sogar unmöglich, alle Möglichkeiten zu überblicken. Trotzdem sind in der Mathematik manchmal Unmöglichkeitsbeweise möglich – zum Beispiel mit Hilfe eines **Widerspruchsbeweises.** Sie haben auch die Nützlichkeit der Technik des **doppelten Abzählens** kennengelernt – mit ihrer Hilfe konnten allgemeine Aussagen über Graphen gewonnen werden, die den Widerspruchsbeweis in Problem 4.6 erst möglich machten.

Schließlich haben Sie mit Problem 4.4 ein einfaches Beispiel dafür gesehen, wie man **Graphen als Mittel zur Darstellung komplexer Beziehungsgeflechte** einsetzen kann.

Aufgaben

1 A 4.1 Kann die Summe von 111 ungeraden Zahlen gerade sein?

1 A 4.2 Ist es möglich, dass in einer Gruppe von 57 Personen jede Person mit genau drei weiteren befreundet ist? Dabei wollen wir annehmen, dass die Relation „befreundet sein" symmetrisch ist, d. h.: Ist A mit B befreundet, so ist auch B mit A befreundet.

2 A 4.3 Führen Sie den ersten Beweisversuch der EULERschen Formel zu Ende (Induktion über e).

1-2 A 4.4 Gibt es ein Polyeder mit genau 7 dreieckigen und keinen weiteren Seitenflächen? (Siehe Abschnitt 4.5 für die Definition eines Polyeders.)

2 A 4.5 Stellen Sie sich vor, Sie stehen vor einem Haus mit genau einer Haustür (also ohne einen Hintereingang o. Ä.). Können Sie sicher sein, dass es in diesem Haus einen Raum[11] mit einer ungeraden Anzahl an Türen gibt?

---

[11]Damit sind auch Küchen, Bäder, Flure, etc. gemeint.

A 4.6   Ist es möglich, drei Häuser jeweils mit dem Elektrizitätswerk, dem Wasserwerk und dem Gaswerk so zu verbinden, dass sich keine zwei Leitungen überschneiden?

A 4.7   Ein (klassischer) Fußball ist so genäht, dass seine Oberfläche nur aus Fünfecken und Sechsecken besteht und dass in jeder „Ecke" genau drei Nähte zusammentreffen. Bestimmen Sie aus diesen Informationen die Anzahl der Fünfecke! [12]
Kann man auch die Anzahl der Sechsecke bestimmen?

A 4.8   Beweisen Sie die EULERsche Formel für den Torus, die in den weiterführenden Bemerkungen erwähnt wird.

A 4.9   Finden Sie eine alternative Lösung von Problem 4.6. Eine naheliegende Idee ist ‚innen-außen': Angenommen, dies wäre ohne Überschneidungen möglich. Die Verbindungen von A nach B, B nach C und C nach A bilden dann einen geschlossenen Streckenzug, der sich nicht selber schneidet. Ein solcher Streckenzug teilt die Ebene in zwei Teile, einen inneren und einen äußeren, und jede Kurve von einem inneren zu einem äußeren Punkt muss den Streckenzug schneiden.[13] Betrachten Sie nun die möglichen Positionen von D und E.

A 4.10   Zeigen Sie, dass es keinen ebenen Graphen mit 5 Ländern gibt, bei denen jedes Land an jedes andere grenzt! Warum reicht dies nicht zum Beweis der 4-Farben-Vermutung?

A 4.11   Sei G ein ebener Graph, bei dem alle Ecken einen Grad ≥ 3 haben. Zeigen Sie, dass es ein Land mit höchstens 5 Grenzen gibt.

A 4.12   Verwenden Sie Aufgabe A 4.11, um den **6-Farben-Satz** zu beweisen: Die Länder jedes ebenen Graphen lassen sich mit 6 Farben zulässig färben.

A 4.13   Zeichnen Sie einen Graphen auf dem Torus, der 7 Länder hat und bei dem jedes Land an jedes andere grenzt.

---

[12]Dieselbe Kantenstruktur wie beim Fußball tritt auch bei einem wichtigen chemischen Stoff auf: Bei Fulleren, einer Form des Kohlenstoffs.

[13]Das ist intuitiv klar, aber ein präziser Beweis ist nicht einfach. Die Aussage ist als JORDANscher Kurvensatz bekannt. Sie dürfen sie in Ihrem Argument verwenden.

3 A 4.14 Aufgabe A 4.13 zeigt, dass es Graphen auf dem Torus gibt, für die man 7 Farben braucht. Beweisen Sie den **7-Farben-Satz für den Torus**: Die Länder jedes Graphen auf dem Torus lassen sich mit 7 Farben zulässig färben.

3 A 4.15 Betrachten Sie das „Haus vom Nikolaus" in der linken Skizze in Abbildung 4.13. Das Haus ist korrekt gezeichnet, wenn ohne abzusetzen jede Kante genau einmal gezeichnet wurde. In welchen Ecken kann man die Zeichnung beginnen?

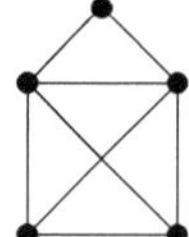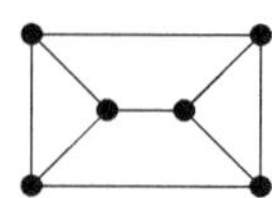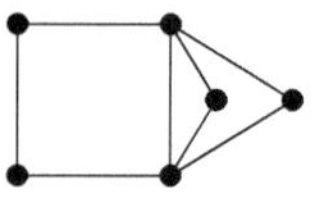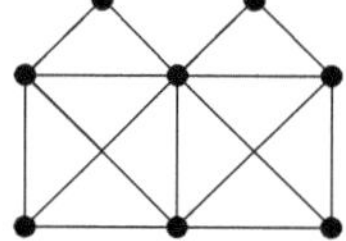

Abb. 4.13 Das Haus vom Nikolaus und Varianten

Untersuchen Sie, welche der anderen Figuren zeichenbar sind. Können Sie ein notwendiges Kriterium dafür aufstellen, ob eine Figur zeichenbar ist?

3 A 4.16 Ein Polyeder heißt regelmäßig, wenn in jeder Ecke gleich viele Kanten zusammenstoßen und jede Seitenfläche gleich viele Ecken hat. Zeigen Sie, dass Würfel, Oktaeder, Tetraeder, Dodekaeder und Ikosaeder die einzigen regelmäßigen konvexen Polyeder sind.

3 A 4.17 Die Ecken eines Dreiecks seien mit 1,2,3 markiert. Das Dreieck werde nun beliebig trianguliert, wobei zusätzliche Ecken im Innern und auf den Seiten eingeführt werden dürfen. Die zusätzlichen Ecken im Innern seien beliebig mit 1,2,3 markiert. Die zusätzlichen Ecken auf den Seiten seien mit jeweils einer der beiden Zahlen markiert, die die Endpunkte der Seite, auf der sie liegen, haben.

Zeigen Sie, dass es ein kleines Dreieck gibt, dessen Ecken alle verschiedene Markierungen tragen.

Bemerkung: Diese Aussage ist als SPERNERsches Lemma bekannt. Mit ihrer Hilfe kann man interessante Aussagen wie den BROUWERschen Fixpunktsatz beweisen.

5 Abzählen

Dinge abzuzählen ist eine der ureigensten Aufgaben der Mathematik. Abzählprobleme können wir im Alltag antreffen (wie oft klingen die Sektgläser, wenn sich 10 Personen zuprosten?), und wir begegnen ihnen beim Berechnen von Wahrscheinlichkeiten. In den vorangegangenen Kapiteln haben Sie bereits einige Abzählprobleme untersucht, und Sie haben die Technik der Rekursion kennengelernt. In diesem Kapitel gehen wir Abzählprobleme systematisch an.

Abzählen ist nicht nur Selbstzweck, es kann auch Mittel zu anderen Zwecken sein. Zum Beispiel kann man mit Hilfe der Technik des doppeltes Abzählens viele interessante Formeln herleiten. Das doppelte Abzählen ist eine Grundidee, die in verschiedenen Verkleidungen in vielen Bereichen der Mathematik auftritt. Einige davon werden am Ende des Kapitels erklärt.

5.1 Grundprinzipien des Abzählens

Viele Abzählprobleme lassen sich in der Sprache der Mengen und Tupel (Paare, Tripel usw.) sehr klar formulieren. Das Wichtigste zu diesen Begriffen ist in Anhang B zusammengestellt.

Ein Abzählproblem kann man immer in die Form bringen, dass man die Elemente einer endlichen Menge X zählen möchte. Wir bezeichnen

$$|X| = \text{Anzahl der Elemente von } X.$$

Man nennt dies auch die **Kardinalität** von X.

Die Grundregeln des Abzählens

Die beiden Grundregeln des Abzählens sind:

Grundregeln des Abzählens

1. **Summenregel:** Ist X die *disjunkte* Vereinigung von Mengen $X_1, X_2, \ldots, X_r$,

$$X = X_1 \cup \cdots \cup X_r, \quad X_i \text{ paarweise disjunkt,}$$

so ist $|X| = |X_1| + \cdots + |X_r|$.

2. **Produktregel:** Können die Elemente von X dadurch eindeutig festgelegt werden, dass man zunächst eine Entscheidung trifft, mit n möglichen Ausgängen, und dann eine weitere, mit m möglichen Ausgängen (*wobei m unabhängig ist vom Ausgang der ersten Entscheidung*), so ist $|X| = nm$.

   Allgemein gilt für $s \geq 2$ Entscheidungen: Falls es n_1 mögliche Ausgänge für die erste Entscheidung gibt, n_2 für die zweite usw., wobei *diese Anzahlen unabhängig von allen vorangegangenen Entscheidungen* sind, dann gilt $|X| = n_1, \ldots, n_s$.

Die Summenregel ist so selbstverständlich, dass man sie meist unausgesprochen anwendet.[1] Wir haben sie bereits in Kapitel 2 eingesetzt, indem wir die abzuzählende Menge in disjunkte Klassen eingeteilt haben und jede der Klassen einzeln abgezählt haben.

Die Produktregel folgt direkt aus der Summenregel: Ist X_i die Menge der Elemente von X, bei der die erste Entscheidung den Ausgang i hat, wobei $i \in \{1, \ldots, n\}$, so ist X die disjunkte Vereinigung von $X_1, \ldots, X_n$. Außerdem ist $|X_i| = m$ für jedes i, also folgt $|X| = |X_1| + \cdots + |X_n| = m + \cdots + m = nm$. Der allgemeine Fall $s \geq 2$ folgt ähnlich mittels Induktion über s (versuchen Sie es!).

Die Produktregel hat folgenden wichtigen Spezialfall: Für endliche Mengen A, B gilt

$$|A \times B| = |A| \cdot |B|. \tag{5.1}$$

Denn um ein Element $(a, b) \in A \times B$ eindeutig festzulegen, kann man zunächst a auf $|A|$ Arten wählen (erste Entscheidung), und für jede dieser Möglichkeiten kann man b auf $|B|$ Arten wählen (zweite Entscheidung). Die Gleichung (5.1) ergibt sich auch sofort aus der Anordnung der Elemente von $A \times B$ in einem Rechteckschema wie in Anhang B.

Beispiele für die Produktregel

Problem 5.1

1. Auf einer Speisekarte stehen 3 Vorspeisen, 5 Hauptspeisen und 2 Desserts. Wie viele 3-Gang-Menüs kann man daraus zusammenstellen?

---

[1]Wenn Sie einen formalen Beweis möchten, versuchen Sie es mit vollständiger Induktion.

2. *Wie viele zweistellige Zahlen gibt es?*

3. *Wie viele Zahlenpaare (a, b) mit $a, b \in \{1, \ldots, 20\}$ und $a \neq b$ gibt es?*

4. *Wie viele Zahlenpaare (a, b) mit $a, b \in \{1, \ldots, 20\}$ und $a < b$ gibt es?*

Lösung

1. Erste Entscheidung: Welche Vorspeise. Zweite Entscheidung: Welche Hauptspeise. Dritte Entscheidung: Welches Dessert. Jede Entscheidung wird unabhängig vom Ausgang der anderen Entscheidungen getroffen. Also gibt es $3 \cdot 5 \cdot 2 = 30$ verschiedene Menüs.

2. Für die erste Ziffer gibt es die 9 Möglichkeiten $1, \ldots, 9$ (erste Entscheidung), für die zweite Ziffer gibt es dann immer 10 Möglichkeiten $0, \ldots, 9$ (zweite Entscheidung). Also $9 \cdot 10 = 90$ Stück.

   Hier ist eine andere Lösung: Alle Zahlen von 10 bis 99, also $99 - 10 + 1 = 90$ Stück.[2]

3. Erste Entscheidung: Wähle a, dafür gibt es 20 Möglichkeiten. Zweite Entscheidung: Wähle b, dafür gibt es nur noch 19 Möglichkeiten, weil $b \neq a$ sein soll. Also gibt es $20 \cdot 19 = 380$ Paare.

   Beachte: *Welche* Möglichkeiten es für b gibt, hängt von der Wahl von a ab; aber *wie viele* Möglichkeiten es für b gibt, ist unabhängig von a. Daher ist die Produktregel anwendbar; es handelt sich jedoch hier nicht um das Zählen von Elementen einer Produktmenge (wie im oben erwähnten Spezialfall).

   Andere Lösung: Von den $20 \cdot 20 = 400$ Zahlenpaaren (a, b) ziehe die ,verbotenen', also die mit $a = b$, ab. Davon gibt es 20 Stück, es bleiben $400 - 20 = 380$ Paare.

---

[2]Nicht $99 - 10$, da die erste und letzte Zahl mitgezählt werden. Siehe die Verschiebung um eins in Problem 1.1.

Ähnliches
Problem

4. Wählen wir zuerst a, dann hängt die Anzahl der Möglichkeiten für b davon ab, was a ist: Bei $a = 1$ sind es 19 Möglichkeiten, bei $a = 2$ sind es 18 usw. Damit ist die Produktregel nicht anwendbar. Was tun? Wir könnten $19 + 18 + \cdots + 1 + 0$ rechnen, aber geht es auch einfacher? Problem 3 war ähnlich und konnte mit der Produktregel gelöst werden. Wie können wir unser Problem 4 mit Problem 3 in Verbindung bringen?

Seien

$$X = \{(a,b) : a,b \in \{1,\ldots,20\},\ a < b\}$$
$$Y = \{(a,b) : a,b \in \{1,\ldots,20\},\ a \neq b\}$$

die in Problem 4 bzw. Problem 3 abzuzählenden Mengen. Jedem Paar in X entsprechen zwei Paare in Y, zum Beispiel dem Paar $(2,5) \in X$ die beiden Paare $(2,5), (5,2) \in Y$. Also ist $|Y| = 2|X|$ und damit $|X| = |Y|/2 = 380/2 = 190$.

Die Lösungsidee in Problem 5.1.4 war, Y statt X zu zählen, dabei wurde X doppelt gezählt. Diese Idee ist oft nützlich:

Prinzip des Mehrfachzählens

Wenn du etwas nicht einfach abzählen kannst, versuche, es mehrfach abzuzählen.

Wir können das so präzisieren: Das Problem bestehe darin, eine Menge X abzuzählen. Dazu finden wir eine Menge Y, die folgendes leistet, für ein $m \in \mathbb{N}$:

a) Wir können Y abzählen.

b) Wir können jedem Element von X eine Gruppe von m Elementen von Y so zuordnen, dass sich die Gruppen nicht überschneiden und Y die Vereinigung aller Gruppen ist.

Dann gilt $|X| = |Y|/m$.

Beweis: Es gibt $|X|$ Gruppen, daher ist $|Y| = |X| \cdot m$ und damit $|X| = |Y|/m$.

In der Lösung von Problem 5.1.4 ordnen wir $(a, b) \in X$ die beiden Elemente $(a, b), (b, a) \in Y$ zu. Siehe Abbildung 5.1 für die analoge Aufgabe mit $a, b \in \{1, 2, 3\}$.

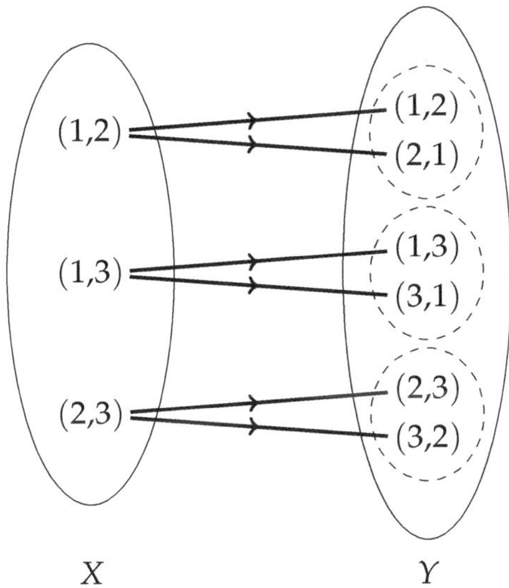

Abb. 5.1 Mehrfachzählen der Paare (a, b) mit $a, b \in \{1, 2, 3\}$ und $a < b$

Weiterführende Anmerkung: Die Zuordnung in b) ist keine Abbildung im mathematischen Sinn (siehe Anhang B), denn eine Abbildung ordnet jedem Element ihres Definitionsbereichs nur ein Bildelement zu, nicht mehrere. Drehen wir aber alle Pfeile in Abbildung 5.1 um, so erhalten wir eine mathematische Abbildung! Wir können damit Bedingung b) auch so formulieren:

Es gibt eine Abbildung $f : Y \to X$ derart, dass für jedes $x \in X$ die Urbildmenge $f^{-1}(\{x\}) := \{y \in Y : f(y) = x\}$ genau m Elemente hat.

Die ‚Gruppen' von b) sind dann diese Urbildmengen. Beachten Sie, dass die in b) geforderten Eigenschaften – die Gruppen überschneiden sich nicht und ihre Vereinigung ist ganz Y – bei der Formulierung mittels f automatisch erfüllt sind (prüfen Sie das als Übung im Einzelnen nach).

Was ist f bei Problem 5.1.4? f bildet das Paar $(a, b) \in Y$ auf das Paar $(\min\{a, b\}, \max\{a, b\}) \in X$ ab, wobei $\min\{a, b\}$ die kleinere und $\max\{a, b\}$ die größere der Zahlen a, b ist.

Weitere Beispiele für das Prinzip des Mehrfachzählens

Problem 5.2

Ein Spiel besteht aus Spielsteinen in der Form gleichseitiger Dreiecke, auf deren Oberseite jeweils drei verschiedene Zahlen aus der Menge $\{0, \ldots, 5\}$ stehen, z.B. . Wie viele verschiedene Spielsteine gibt es?

Lösung

Stellen Sie sich die Spielsteine vor. Jeden Spielstein können wir auf verschiedene Weisen vor uns hinlegen: , , sind alle derselbe Spielstein. Analog können wir jeden anderen Spielstein in drei Positionen drehen. Zählen wir also die mit drei verschiedenen Zahlen markierten Dreiecke , so haben wir jeden Spielstein dreifach gezählt.

Wir zählen daher zunächst, auf wie viele Arten wir dieses Dreieck mit drei verschiedenen Zahlen beschriften können. Für die linke Ecke gibt es 6 Möglichkeiten, für die rechte dann nur noch 5 und für die obere 4, also gibt es $6 \cdot 5 \cdot 4 = 120$ Dreiecke. Da wir hier die linke, rechte und obere Ecke festgelegt haben, wurden dabei z.B. die eingangs genannten Dreiecke als drei verschiedene Dreiecke gezählt.

Nach dem Prinzip des Mehrfachzählens gibt es also $120/3 = 40$ Spielsteine. Hier war X die Menge der möglichen Spielsteine und Y die Menge der beschrifteten Dreiecke.

Problem 5.3

Das Spiel Triomino hat Spielsteine wie in der vorigen Aufgabe, nur dürfen auf den Spielsteinen Zahlen auch mehrfach vorkommen. Im Spiel kommen alle möglichen Spielsteine vor. Wie viele sind das?

Lösung

Wir zählen zunächst wieder die Möglichkeiten, ein Dreieck mit drei Zahlen zu beschriften. Für die linke Ecke gibt es 6 Möglichkeiten, zu jeder davon gibt es 6 Möglichkeiten für die rechte Ecke und zu jeder

davon 6 Möglichkeiten für die obere Ecke. Nach der Produktregel gibt es also $6 \cdot 6 \cdot 6 = 216$ beschriftete Dreiecke.
Entspricht wieder jeder Spielstein drei Dreiecken?

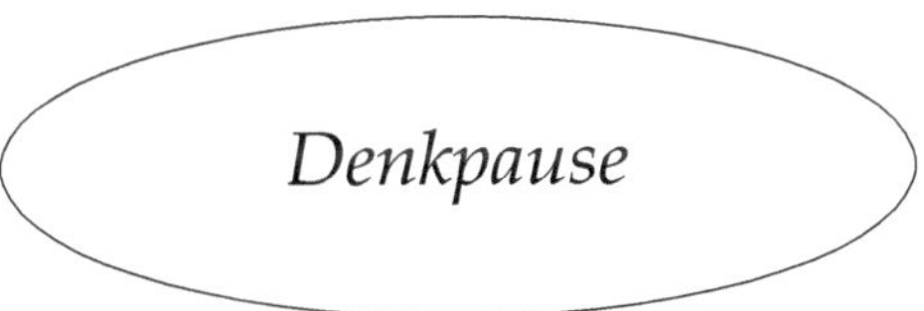

Ein Spielstein mit drei gleichen Zahlen entspricht nur einem Dreieck! Es gibt 6 solche Spielsteine. Alle anderen Spielsteine (auch die, auf denen zwei gleiche Zahlen stehen) entsprechen wie vorher drei Dreiecken. Daher wenden wir das Prinzip des Mehrfachzählens nur auf die beschrifteten Dreiecke an, deren Zahlen nicht alle gleich sind. Davon gibt es $216 - 6 = 210$ Stück, also $\frac{210}{3} = 70$ entsprechende Spielsteine. Hinzu kommen die 6 Spielsteine mit lauter gleichen Zahlen, also gibt es insgesamt 76 Spielsteine.

Rückschau

Das Prinzip des Mehrfachzählens ist nur anwendbar, wenn immer gleich stark überzählt wird, wenn also alle Gruppen die gleiche Größe haben. Ist dies nicht der Fall, kann man versuchen, die abzuzählende Menge so aufzuteilen, dass für jede Teilmenge das Prinzip anwendbar ist. Hier haben wir also erst die Summenregel und dann das Prinzip des Mehrfachzählens angewendet.

Die wichtigsten Abzählaufgaben

Mit den Grundregeln lassen sich die wichtigsten allgemeinen Abzählaufgaben lösen. Viele konkrete Abzählaufgaben lassen sich auf einen dieser Grundtypen zurückführen.

Sei A eine Menge mit n Elementen: $|A| = n$. Wir wollen Tupel und Teilmengen aus Elementen von A zählen. Im Folgenden sei $k \geq 1$ die Größe des Tuples oder der Teilmenge. Wir betrachten immer zuerst den Fall $k = 2$, da dabei die Prinzipien am besten zu verstehen sind.

Sie sollten sich jeden Abzähltyp an einem Beispiel, z.B. $A = \{1,2,3,4\}$ und $k = 3$, klar machen, indem Sie alle Möglichkeiten hinschreiben und sich daran das Abzählprinzip veranschaulichen.

Anzahl der Paare: $|\{(a,b) : a,b \in A\}| = n^2$

Beweis mit der Produktregel:

	Anzahl der Möglichkeiten für a:	n
und für *jede* davon:	Anzahl der Möglichkeiten für b:	n

Dies ist der Spezialfall von Gleichung (5.1) mit $A = B$.

Anzahl der k-Tupel: $|\{(a_1,\ldots,a_k) : a_1,\ldots,a_k \in A\}| = n^k$

Beweis mit der Produktregel:

	Anzahl der Möglichkeiten für a_1:	n
und für *jede* davon:	Anzahl der Möglichkeiten für a_2:	n
	$\vdots$	
und für *jede* davon:	Anzahl der Möglichkeiten für a_k:	n

Anzahl der Paare mit verschiedenen Komponenten:

$$|\{(a,b) : a,b \in A,\ a \neq b\}| = n(n-1)$$

Beweis mit der Produktregel:

	Anzahl der Möglichkeiten für a:	n
und für *jede* davon:	Anzahl der Möglichkeiten für b:	$n-1$

Anzahl der k-Tupel mit verschiedenen Komponenten:

$$|\{(a_1,\ldots,a_k) : a_1,\ldots,a_k \in A,\ \text{alle } a_i \text{ verschieden}\}|$$
$$= n(n-1)\ldots(n-k+1)$$

Beweis mit der Produktregel:

	Anzahl der Möglichkeiten für a_1:	n
und für *jede* davon:	Anzahl der Möglichkeiten für a_2:	$n-1$
	$\vdots$	
und für *jede* davon:	Anzahl der Möglichkeiten für a_k:	$n-k+1$

(Die Begründung stimmt so für $k \leq n$, die Formel stimmt aber auch für $k > n$, da dann beide Seiten gleich null sind.)

Im Spezialfall $k = n$ ergibt dies:

Anzahl der Anordnungen:

$$|\{\text{Anordnungen von } n \text{ verschiedenen Objekten}\}| = n!$$

Hierbei ist $n! = 1 \cdot 2 \cdot \cdots \cdot n$ (sprich: n Fakultät). Statt Anordnungen sagt man auch **Permutationen**.

Anzahl der 2-elementigen Teilmengen:

$$|\{\text{Teilmengen von } A \text{ mit 2 Elementen}\}| = \frac{n(n-1)}{2}$$

Beweis mit dem Prinzip des Mehrfachzählens, vgl. Problem 5.1.4: Jede Teilmenge mit 2 Elementen lässt sich als $\{a, b\}$ mit $a < b$ schreiben. Wir ordnen jeder Teilmenge $\{a, b\}$ die beiden Paare (a, b), (b, a) zu. Dabei erhalten wir offenbar alle Paare mit verschiedenen Komponenten, und jedes Paar kommt von genau einer Teilmenge. Da es $n(n-1)$ solche Paare gibt, folgt die Behauptung.
Kurz: Wenn wir Paare (a, b) mit $a \neq b$ statt Teilmengen zählen, dann zählen wir jede Teilmenge doppelt.

Anzahl der k-elementigen Teilmengen:

$$|\{\text{Teilmengen von } A \text{ mit } k \text{ Elementen}\}| = \frac{n(n-1)\ldots(n-k+1)}{k!}$$

Beweis mit dem Prinzip des Mehrfachzählens: Jede Teilmenge von A mit k Elementen können wir als $\{a_1, a_2, \ldots, a_k\}$ mit $a_1 < a_2 < \cdots < a_k$ schreiben. Wir ordnen jeder so geschriebenen Teilmenge alle k-Tupel zu, die aus den a_i in verschiedenen Anordnungen bestehen. Es gibt $k!$ solche Anordnungen. Dabei erhalten wir alle k–Tupel mit verschiedenen Komponenten, und jedes solche k-Tupel kommt von genau einer Teilmenge. Da es $n(n-1)\ldots(n-k+1)$ solche k-Tupel gibt, folgt die Behauptung mit dem Prinzip des Mehrfachzählens, wobei $m = k!$.[3]

---

[3]Die entsprechende Abbildung f – siehe die weiterführende Anmerkung vor Problem 5.2 – lässt sich hier besonders leicht hinschreiben: Ist $(b_1, \ldots, b_k)$ ein k-Tupel mit allen b_i verschieden, so setze $f(b_1, \ldots, b_k) = \{b_1, \ldots, b_k\}$.

Zur Abkürzung verwendet man folgende Notation.

Definition

> Seien $n, k \in \mathbb{N}_0$, $0 \leq k \leq n$. Der **Binomialkoeffizient** $\binom{n}{k}$ (sprich: n über k) ist für $k \geq 1$ definiert als
>
> $$\binom{n}{k} = \frac{n(n-1)\ldots(n-k+1)}{k!}.$$
>
> Für $k = 0$ definiert man $\binom{n}{0} = 1$.

Zum Beispiel ist $\binom{n}{1} = n$, $\binom{n}{2} = \frac{n(n-1)}{2}$, $\binom{n}{3} = \frac{n(n-1)(n-2)}{6}$ usw.[4]

Nach der Herleitung oben, und da jede Menge genau eine 0-elementige Teilmenge hat (die leere Menge), gilt für alle k, n mit $0 \leq k \leq n$:

Anzahl k-elementiger Teilmengen einer n-elementigen Menge: $\binom{n}{k}$

Die Zahlen $\binom{n}{k}$ sind die Einträge im PASCALschen Dreieck, das in Aufgabe A 3.5 eingeführt wurde. Sie treten auch in der allgemeinen binomischen Formel auf. Siehe Aufgaben A 5.14 und A 5.15.

Beispiele für die Anwendung der Grundtypen

Viele Abzählprobleme lassen sich auf einen der Grundtypen zurückführen. Man muss es nur erkennen! Hier sind ein paar Beispiele.

Problem 5.4

10 Personen begrüßen einander. Jede schüttelt jeder genau einmal die Hand. Wie viele Händedrücke ergibt das?

Lösung

Ist A die Menge der 10 Personen, so entsprechen die Händedrücke genau den 2-elementigen Teilmengen von A. Also sind es $\binom{10}{2} = \frac{10 \cdot 9}{2} = 45$ Händedrücke.

---

[4]Den etwas unhandlichen Ausdruck im Zähler kann man sich so merken: Im Zähler stehen k Faktoren, genau wie im Nenner.

Dasselbe Abzählproblem taucht in vielen Verkleidungen auf, z. B.: Anzahl der Verbindungsstrecken zwischen n Punkten; Anzahl der Paare (a, b) mit $a, b \in \{1, \ldots, n\}$ und $a < b$ (hierbei beachte, dass diese Paare genau den 2-elementigen Teilmengen entsprechen, da sich jede solche Teilmenge eindeutig als $\{a, b\}$ mit $a < b$ schreiben lässt; vergleiche Problem 5.1.4).

Problem 5.5

Eine Gruppe von zehn Frauen und zehn Männern möchte an einem Tanzturnier teilnehmen. Es sollen 10 Tanzpaare, die gleichzeitig tanzen, gebildet werden. Wie viele Möglichkeiten gibt es dafür?

Lösung

Wir nummerieren die Frauen $1, \ldots, 10$. Die erste Frau hat 10 Männer zur Auswahl, die zweite nur noch 9 (egal, welchen die erste Frau gewählt hat), die dritte nur noch 8 usw., die letzte nur noch einen. Also gibt es $10 \cdot 9 \cdots \cdots 1 = 10! = 3\,628\,800$ Möglichkeiten.

Alternativ hätte man die Frauen nebeneinander aufstellen können. Die Männer sollen sich daneben aufstellen. Zu zählen sind dann die möglichen Anordnungen der Männer.

5.2 Abzählen durch Bijektion

Es gibt noch eine weitere wichtige Abzählregel. Zunächst brauchen wir einen Begriff. Eine **Bijektion** zwischen zwei Mengen X und Y ist eine Vorschrift, die jedem Element von X ein Element von Y zuordnet, wobei jedes Element von Y genau einmal auftritt.[5] Abbildung 5.2 zeigt ein Beispiel.

Folgende Aussage ist so offensichtlich, dass es überrascht, wie nützlich sie sein kann:

Abzählen durch Bijektion

Falls es eine Bijektion $X \to Y$ gibt, so gilt $|X| = |Y|$.

---

[5]Siehe Anhang B für weitere Informationen zu Bijektionen.

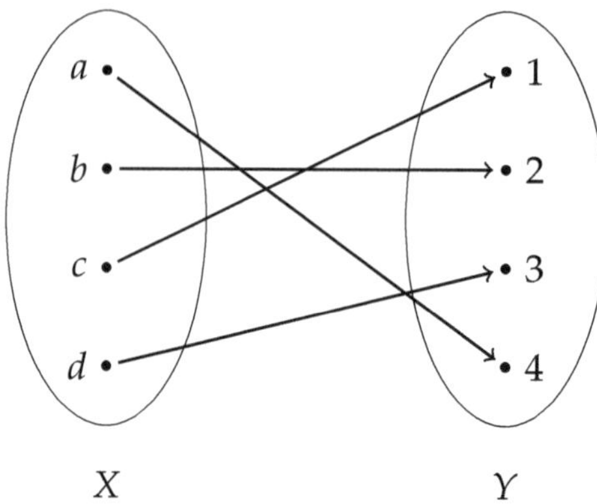

Abb. 5.2 Eine Bijektion $X \to Y$ mit $X = \{a, b, c, d\}$, $Y = \{1,2,3,4\}$

Dies kann man auf verschiedene Weisen nutzen:

☐ Zum Abzählen: Möchte man eine Menge X abzählen, so sucht man eine Menge Y, deren Kardinalität bekannt ist, und eine Bijektion $X \to Y$.

Selbst wenn eine Formel für $|X|$ schon bekannt ist, kann eine solche Bijektion ein besseres Verständnis für die Formel liefern.

☐ Um Gleichungen herzuleiten oder zu beweisen: Hat man zwei Mengen X, Y und Formeln für deren Kardinalitäten sowie eine Bijektion $X \to Y$, so müssen die beiden Formeln dasselbe Ergebnis liefern.

Dazu einige Beispiele.

Variationen über Anzahlen von Teilmengen

Wir wissen bereits, dass die Anzahl der Teilmengen von $\{1, \ldots, n\}$ gleich 2^n ist[6]. Mit $\mathcal{P}(\{1, \ldots, n\})$ bezeichnen wir die Menge der Teilmengen von $\{1, \ldots, n\}$, also haben wir

$$|\mathcal{P}(\{1, \ldots, n\})| = 2^n$$

Wir wollen die Formel besser verstehen. Die Anzahl 2^n kommt bei den Grundtypen der Abzählaufgaben als Anzahl der n-Tupel $(a_1, \ldots, a_n)$

---

[6]Dies hatten wir in Kapitel 2.2 mittels einer Rekursion hergeleitet.

vor, wobei jedes a_i einen von 2 möglichen Werten annimmt. Können
wir diese n-Tupel mit den Teilmengen von $\{1, \ldots, n\}$ in Verbindung
bringen?

Dazu repräsentieren wir die Teilmengen auf eine andere Weise,
z. B. für $n = 2$:

Teilmenge	1	2
$\emptyset$	$-$	$-$
$\{1\}$	$+$	$-$
$\{2\}$	$-$	$+$
$\{1,2\}$	$+$	$+$

Jede Teilmenge entspricht einer Zeile. In der mit 1 markierten Spalte
steht ein $+$, falls die Teilmenge das Element 1 enthält, sonst steht ein
$-$, und analog für die mit 2 markierte Spalte. Lesen wir die Tabelle
zeilenweise, sehen wir, dass jeder Teilmenge ein Paar aus Elementen
von $A = \{-, +\}$ zugeordnet ist. Für Teilmengen von $\{1,2,3\}$ würden
wir analog Tripel bekommen. Wir erhalten allgemein:

Zweiter Beweis der Gleichung $|\mathcal{P}(\{1, \ldots, n\})| = 2^n$: Die Teilmengen
von $\{1, \ldots, n\}$ entsprechen den n-Tupeln $(a_1, \ldots, a_n)$ mit $a_i \in \{-, +\}$
für alle i, indem man einer Teilmenge $S \subset \{1, \ldots, n\}$ das n-Tupel
$(a_1, \ldots, a_n)$ mit

$$a_i = \begin{cases} + & \text{falls } i \in S \\ - & \text{sonst} \end{cases}$$

zuordnet. Offenbar kommen dabei alle n-Tupel vor, und jedem n-
Tupel entspricht genau eine Teilmenge. Daher ist die Anzahl der
Teilmengen gleich der Anzahl der aus $-$ und $+$ gebildeten n-Tupel,
also gleich 2^n.　　　　　　　　　　　　　　　　　　q. e. d.

Was haben wir gemacht? Um die Teilmengen abzuzählen, haben
wir sie Objekten zugeordnet, die wir bereits zählen konnten. Wir
haben eine *Bijektion*

$$\mathcal{P}(\{1, \ldots, n\}) \rightarrow \{(a_1, \ldots, a_n) : a_i \in \{-, +\} \text{ für alle } i\}$$

konstruiert (die Abbildungsvorschrift war oben formuliert).

Indem wir die Plus- und Minus-Zeichen als Entscheidungen auffassen, können wir dies auch so formulieren:

Dritter Beweis der Gleichung $|\mathcal{P}(\{1, \ldots, n\})| = 2^n$: Um eine Teilmen-
ge S von $\{1, \ldots, n\}$ eindeutig festzulegen, entscheiden wir zunächst,

ob 1 in S liegt oder nicht; dann entscheiden wir, ob 2 in S liegt oder nicht; usw. bis n. Dies sind n unabhängige Entscheidungen, und bei jeder gibt es 2 Möglichkeiten. Daher gibt es nach der Produktregel insgesamt 2^n Möglichkeiten, also 2^n Teilmengen.   q. e. d.

Damit haben wir ein neues, unmittelbares Verständnis der Formel $|\mathcal{P}(\{1,\ldots,n\})| = 2^n$ erlangt, welches uns der Rekursionsbeweis aus Problem 2.1 nicht liefert.

Im folgenden Problem verwenden wir eine Bijektion, um eine Formel zu beweisen, und nicht, um etwas abzuzählen.

Problem 5.6

Beweisen Sie die Identität

$$\binom{n}{k} = \binom{n}{n-k}$$

(für $0 \le k \le n$) mittels Bijektion.

Lösung

Die linke Seite zählt die k-elementigen Teilmengen, die rechte zählt die $(n-k)$-elementigen Teilmengen von $\{1,\ldots,n\}$. Können wir diese in Beziehung setzen?

Bijektion
suchen

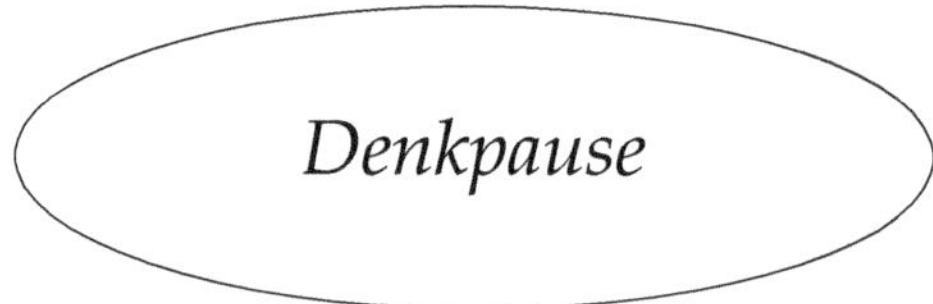

Indem man jeder k-elementigen Teilmenge $S \subset \{1,\ldots,n\}$ ihr Komplement $\{1,\ldots,n\} \setminus S$ zuordnet, erhält man eine Bijektion von der Menge der k-elementigen Teilmengen auf die Menge der $(n-k)$-elementigen Teilmengen. Daher haben diese beiden Mengen dieselbe Kardinalität.

Formal: Seien

$$X = \{S \subset \{1,\ldots,n\} : |S| = k\}, \quad Y = \{S \subset \{1,\ldots,n\} : |S| = n-k\}.$$

Dann definiert $F : X \to Y$, $S \mapsto \{1,\ldots,n\} \setminus S$ eine Bijektion, also gilt $|X| = |Y|$ und damit $\binom{n}{k} = \binom{n}{n-k}$.   !

Dies bedeutet, dass das PASCALsche Dreieck, siehe Aufgabe A 3.5, symmetrisch ist.

Problem 5.7

Für $n \geq 1$ seien g_n und u_n die Anzahlen der Teilmengen von $\{1, \ldots, n\}$, die eine gerade bzw. eine ungerade Anzahl Elemente haben. Geben Sie Formeln für g_n und u_n an.

Untersuchung

▷ Sehen wir uns einige Beispiele an; bei den Teilmengen lassen wir der Übersichtlichkeit halber die Mengenklammern weg. Zur Abkürzung nennen wir eine Teilmenge (un-)gerade, wenn die Anzahl ihrer Elemente (un-)gerade ist.

n	gerade Teilmengen	ungerade Teilmengen	g_n	u_n
1	$\emptyset$	1	1	1
2	$\emptyset, 12$	1,2	2	2
3	$\emptyset, 12, 13, 23$	1,2,3,123	4	4

▷ Wir beobachten, dass $g_n = u_n$ für $n = 1,2,3$ ist. Außerdem sind dies Zweierpotenzen.

▷ Diese beiden Aussagen hängen zusammen: Da jede beliebige Teilmenge entweder gerade oder ungerade ist und da es 2^n Teilmengen gibt, gilt $g_n + u_n = 2^n$ für alle n. Aus $g_n = u_n$ folgt also $g_n = \frac{1}{2}2^n = 2^{n-1}$.

▷ *Vermutung:* Es gilt $g_n = u_n$ für alle n. Wie könnten wir das zeigen?

▷ Eine Gleichheit zweier Anzahlen lässt vermuten, dass man die abgezählten Objekte in eine bijektive Beziehung setzen kann. Mit anderen Worten: Seien G_n, U_n die Mengen der geraden bzw. ungeraden Teilmengen von $\{1, \ldots, n\}$. Wir wollen versuchen, eine Bijektion

$$F : G_n \to U_n$$

zu finden.

Was bedeutet das? Wir suchen eine Vorschrift, die jeder geraden Teilmenge eine ungerade Teilmenge zuordnet; diese soll so sein, dass dabei jede ungerade Teilmenge genau einmal herauskommt.

▷ Wie kann man aus einer Teilmenge eine andere machen? Eine Möglichkeit kennen wir aus Problem 5.6: Komplementbildung. D. h., der Teilmenge $S \subset \{1, \dots, n\}$ ordnen wir ihr Komplement $\{1, \dots, n\} \setminus S$ zu. Stimmt es, dass dabei einer geraden Teilmenge eine ungerade zugeordnet wird? Für ungerades n ist dies richtig, und Sie können leicht nachprüfen, dass dies dann die gesuchte Bijektion liefert. Aber für gerades n ist das Komplement einer geraden Teilmenge wieder eine gerade Teilmenge.

Damit haben wir eine Lösung für alle ungerade Zahlen n gefunden. Aber für gerade Zahlen n brauchen wir eine neue Idee.

▷ Wir wollen geraden Teilmengen ungerade Teilmengen zuordnen. Ein ähnliches Problem ist es, geraden Zahlen ungerade zuzuordnen. Das ist einfach: Man addiere oder subtrahiere 1.

▷ Lässt sich das auf Mengen übertragen? Wir könnten aus einer geraden Teilmenge eine ungerade machen, indem wir ein Element hinzufügen oder wegnehmen. Doch wie machen wir daraus eine allgemeine Regel? Wann fügen wir hinzu, wann nehmen wir weg? Und welches Element?

Hier ist eine Methode: Falls die Teilmenge die 1 enthält, nehmen wir sie weg, sonst fügen wir sie hinzu. Also

$$F(S) = \begin{cases} S \setminus \{1\}, & \text{falls } 1 \in S \\ S \cup \{1\}, & \text{falls } 1 \notin S. \end{cases} \tag{5.2}$$

Ist S gerade, so ist offenbar $F(S)$ ungerade. Wir müssen nachprüfen, dass jede ungerade Teilmenge T als $F(S)$ für genau ein S auftritt. Dazu können wir die Operation einfach umkehren: Sei T eine ungerade Teilmenge von $\{1, \dots, n\}$.

Ist $1 \in T$, so ist $T = F(S)$ mit $S = T \setminus \{1\}$.

Ist $1 \notin T$, so ist $T = F(S)$ mit $S = T \cup \{1\}$. In beiden Fällen ist dies offenbar die einzige Möglichkeit für S.

Damit ist gezeigt, dass $F : G_n \to U_n$ bijektiv ist.

$\triangleright$ Das Umkehren der Operation F im letzten Schritt ist nichts anderes als das Bestimmen der Umkehrabbildung von F. Zufällig ist die Funktionsvorschrift für die Umkehrabbildung dieselbe wie für F, d.h. die Regel, wie man S aus T erhält, ist dieselbe wie die Regel, wie man $T = F(S)$ aus S erhält.

$\triangleright$ Dieses Argument funktioniert für alle n, unabhängig davon, ob n gerade oder ungerade ist.

Wir schreiben das Argument noch einmal effizient auf.

Lösung zu Problem 5.7

Für eine beliebige Teilmenge $S \subset \{1, \ldots, n\}$ definiere die Teilmenge $F(S) \subset \{1, \ldots, n\}$ durch Gleichung (5.2). Es gilt $F(F(S)) = S$ für alle S, denn ist $1 \in S$, so folgt $1 \notin F(S)$, also $F(F(S)) = F(S) \cup \{1\} = (S \setminus \{1\}) \cup \{1\} = S$, und analog folgt für $1 \notin S$, dass $F(F(S)) = (S \cup \{1\}) \setminus \{1\} = S$.

Also ist $F : \mathcal{P}(\{1, \ldots, n\}) \to \mathcal{P}(\{1, \ldots, n\})$ seine eigene Umkehrabbildung. Da F eine Umkehrabbildung besitzt, ist es bijektiv. Da F außerdem G_n nach U_n und U_n nach G_n abbildet, ist es eine Bijektion zwischen diesen beiden Mengen. Also folgt $g_n = u_n$, und mit $g_n + u_n = 2^n$ folgt $g_n = u_n = 2^{n-1}$.

Rückschau zu Problem 5.7

Wir haben nach einer Bijektion gesucht, um $g_n = u_n$ zu zeigen. Der erste Versuch (Komplementbildung) führte nur für ungerade n zum Ziel. Eine andere Vorschrift funktionierte für alle n.

Lektion: Das Finden einer Bijektion erfordert Kreativität. Wenn der erste Versuch nicht funktioniert, heißt das nicht, dass die behauptete Identität falsch ist.

5.3 Doppeltes Abzählen

Meistens zählen wir ab, um eine Anzahl zu bestimmen. Es gibt noch andere Gründe: Wir können das **Abzählen als Mittel zum Zweck** verwenden. Dabei machen wir uns zunutze, dass viele Probleme mehrere Lösungen haben:

Doppeltes Abzählen

Indem wir dieselbe Menge auf zwei Weisen abzählen, können wir oft interessante Formeln herleiten.

Zwei Beispiele hierfür haben wir bereits in Kapitel 4 bei der Herleitung der Kanten-Länder-Formel (4.2) und der Kanten-Ecken-Formel (4.4) für Graphen kennengelernt.[7]

Problem 5.8

n Punkte seien paarweise miteinander verbunden. Zählen Sie die Anzahl der Verbindungsstrecken auf zwei Arten und leiten Sie eine Identität ab.

Lösung

Erste Abzählung: Wir numerieren die Punkte mit $1, \ldots, n$. Wir zeichnen

- zunächst die Verbindungen von 1 zu $2, \ldots, n$, das sind $n - 1$ Stück,
- dann die Verbindungen von 2 zu $3, \ldots, n$ (die von 2 zu 1 ist schon gezeichnet), das sind $n - 2$ Stück,
- dann die Verbindungen von 3 zu $4, \ldots, n$ (die von 3 zu 1 oder 2 sind schon gezeichnet), das sind $n - 3$ Stück,
- usw., und schließlich die Verbindung von $n - 1$ zu n.

Die Gesamtzahl der Verbindungen ist damit

$$(n - 1) + (n - 2) + \cdots + 1.$$

---

[7]Eine andere Art, mittels Abzählen eine Formel herzuleiten, haben wir in Problem 5.6 gesehen.

⊔ *Zweite Abzählung:* Da zwischen je zwei Punkten eine Verbindung gezeichnet werden soll, entsprechen die Verbindungen genau den 2-elementigen Teilmengen der Punktemenge. Davon gibt es $\binom{n}{2}$ Stück. (Vergleiche die Probleme 5.4 und 5.1.4.)

⊔ Damit ergibt sich

$$(n-1) + (n-2) + \cdots + 1 = \binom{n}{2}. \qquad !$$

Dreht man links die Reihenfolge um und ersetzt man n durch $n+1$, ergibt sich

$$1 + 2 + \cdots + n = \binom{n+1}{2} = \frac{(n+1)n}{2}.$$

Dies ist eine neue Herleitung der Formel für die Summe der ersten n natürlichen Zahlen. Die erste war der GAUSS-Trick in Abschnitt 1.3.

Eine ähnliche Idee lässt sich verwenden, um die Summe der ersten n Quadrate zu bestimmen:

Problem 5.9

Zählen Sie die Anzahl der Tripel (a, b, c), für die

$$a, b, c \in \{1, \ldots, n\} \quad und \quad a < c, \ b < c$$

gilt, auf zwei Arten, und leiten Sie daraus eine Formel ab.

Untersuchung und Lösung

▷ *Erste Abzählung:* c scheint eine besondere Rolle zu spielen, da es in beiden Bedingungen $a < c$, $b < c$ auftritt. Eine Idee ist daher, die Tripel nach dem Wert von c zu sortieren. Wie viele Tripel gibt es für einen festen Wert von c?

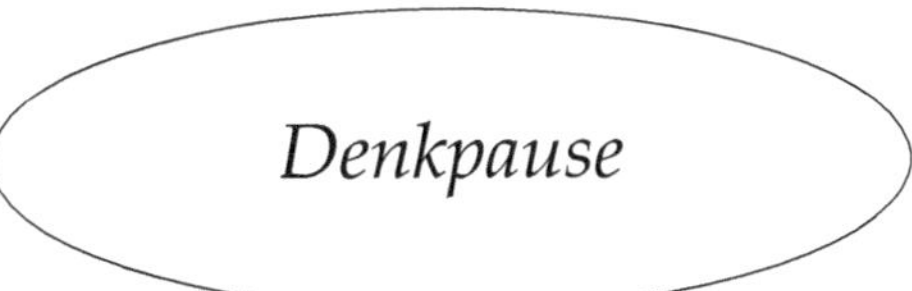

Tabelle

Eine Tabelle ist vielleicht hilfreich:

c	Tripel	Anzahl
1	keins	0
2	(1,1,2)	1
3	(1,1,3), (1,2,3), (2,1,3), (2,2,3)	4

Vermutung?

▷ Für ein festes c kann man noch a und b wählen. Auf wie viele Arten geht das? Die Einschränkungen an a, b sind $a < c, b < c$, also $a, b \in \{1, \ldots, c - 1\}$. Da a, b voneinander unabhängig gewählt werden können, gibt es $(c - 1)^2$ Möglichkeiten.

▷ Da c beliebig in $\{1, \ldots, n\}$ war, gibt es nach der Summenregel insgesamt

$$0^2 + 1^2 + 2^2 + \cdots + (n - 1)^2$$

Tripel.

▷ *Zweite Abzählung:* Wie kann man die Tripel noch zählen? Anstatt die Tripel nach dem Wert von c zu sortieren, könnten wir zunächst die beteiligten Zahlen festlegen und dann sehen, wie viele Tripel sich mit diesen gewählten Zahlen bilden lassen. Zum Beispiel können wir aus den Zahlen 1,3,4 die beiden Tripel (1,3,4) und (3,1,4) bilden; aus den Zahlen 2,5 können wir nur das Triple (2,2,5) bilden.

Aufteilen in Klassen

▷ Die Beispiele legen nahe, die Tripel danach zu unterscheiden, ob sie zwei oder drei verschiedene Zahlen enthalten (eine ist nicht möglich, da c immer größer als a und b ist). Daher teilen wir die Tripel in zwei Klassen auf:

Fallunterscheidung

1. Die Tripel mit $a = b$. Jedes dieser Tripel enthält zwei verschiedene Zahlen a und c, bestimmt also eine 2-elementige Teilmenge S von $\{1, \ldots, n\}$. Umgekehrt gehört zu jeder 2-elementigen Teilmenge S genau ein solches Tripel: Für $a = b$ nimm das kleinere Element von S, für c das größere. Also gibt es genau $\binom{n}{2}$ solche Tripel.

2. Die Tripel mit $a \neq b$. Jedes dieser Tripel bestimmt eine 3-elementige Teilmenge S von $\{1, \ldots, n\}$. Umgekehrt sahen wir im Beispiel oben, dass eine 3-elementige Teilmenge S *zwei* Tripel

bestimmt. Dies funktioniert allgemein: Schreibe $S = \{x, y, z\}$ mit $x < y < z$. Dann entspricht S genau den Tripeln (x, y, z) und (y, x, z). Da es $\binom{n}{3}$ 3-elementige Teilmengen gibt, erhalten wir $2\binom{n}{3}$ solche Tripel.

Insgesamt gibt es also

$$\binom{n}{2} + 2\binom{n}{3}$$

Tripel (Summenregel).

$\triangleright$ Wir erhalten die Identität

$$1^2 + 2^2 + \cdots + (n-1)^2 = \binom{n}{2} + 2\binom{n}{3}.$$

Ersetzen wir hier noch n durch $n + 1$ und formen ein wenig um, erhalten wir

$$1^2 + 2^2 + \cdots + n^2 = \binom{n+1}{2} + 2\binom{n+1}{3} = \frac{n(n+1)(2n+1)}{6}.$$

Bemerkung

Wir haben hier eine Formel für $\sum_{k=1}^{n} k^2$ gefunden, eine nicht einfache Aufgabe (bei der z. B. der GAUSS-Trick nicht funktioniert). Stellen Sie sich vor, Sie hätten mit dem Problem „Finde eine Formel für $\sum_{k=1}^{n} k^2$" angefangen. Wären Sie dann darauf gekommen, das oben genannte Abzählproblem zu stellen, um eine Lösung zu finden?

Nein? Macht nichts. Mit etwas Übung kann man auch solche Lösungswege finden.

Problem 5.10

Beweise die Formel

$$2^n = \sum_{k=0}^{n} \binom{n}{k}$$

$(n \in \mathbb{N})$ mit doppeltem Abzählen!

Lösung

Was wird durch 2^n gezählt? Die Teilmengen von $A_n = \{1, \ldots, n\}$, siehe Problem 2.1 und Abschnitt 5.2. Und $\binom{n}{k}$ zählt die Teilmengen mit genau k Elementen. Sowohl die linke als auch die rechte Seite ist also die Anzahl der Teilmengen von A_n, wobei rechts die Abzählung nach der Anzahl der Elemente der Teilmenge sortiert ist.

Etwas formaler können wir das auch folgendermaßen aufschreiben: Sei $A_n = \{1, \ldots, n\}$ und $X = \mathcal{P}(A_n)$ die Potenzmenge von A_n. Für $k \in \{0, 1, \ldots, n\}$ sei weiterhin X_k die Menge der Teilmengen von A_n mit k Elementen, also $X_k = \{S \subset A_n : |S| = k\}$. Dann ist offenbar

$$X = X_0 \cup X_1 \cup \cdots \cup X_n,$$

und die X_k sind paarweise disjunkt. Nach der Summenregel ist also $|X| = \sum_{k=0}^{n} |X_k|$. Mit $|X| = 2^n$ und $|X_k| = \binom{n}{k}$ folgt die Behauptung. !

Die Formel können Sie auch am PASCALschen Dreieck interpretieren, das in Aufgabe A 3.5 eingeführt wurde: Die Summe der Einträge der n-ten Zeile ist gleich 2^n. Dies kann man auch mit Induktion beweisen, aber der Abzählbeweis gibt mehr Einsicht.

Einen Beweis durch doppeltes Abzählen kennen Sie wahrscheinlich schon aus der Grundschule:

Problem 5.11

Zeigen Sie durch doppeltes Abzählen, dass

$$n \cdot m = m \cdot n$$

für alle natürlichen Zahlen n, m gilt.

Lösung

Man betrachte ein rechteckiges Punkteschema, n Punkte breit und m Punkte hoch. Zählt man die Punkte spaltenweise, erhält man $n \cdot m$ Punkte (jede Spalte hat m Punkte, es gibt n Spalten), zählt man sie zeilenweise, erhält man die Anzahl $m \cdot n$. !

Auch wenn dies für Sie selbstverständlich ist – für Kinder, die gerade multiplizieren lernen, ist es das keineswegs!

5.4 Weiterführende Bemerkungen: Doppelsummen, Integrale und Unendlichkeiten

Die Idee des doppelten Abzählens findet sich in allen Bereichen der Mathematik wieder, oft in Abwandlungen. Einige Beispiele und Varianten sollen hier kurz erläutert werden. Finden Sie weitere Beispiele! Wenn Sie hier nicht alle Begriffe verstehen, lesen Sie trotzdem weiter. Wenn Sie einmal tiefer in die Mathematik eindringen, werden Sie sich daran erinnern.

Beweise ohne Worte

An Abbildung 5.3 kann man die Identität

$$1 + 3 + \cdots + (2n - 1) = n^2$$

sofort ablesen. Viele weitere hübsche Beweise ohne Worte finden Sie, wenn Sie im Internet nach den Begriffen „Beweis ohne Worte" oder „Proof without words" suchen.

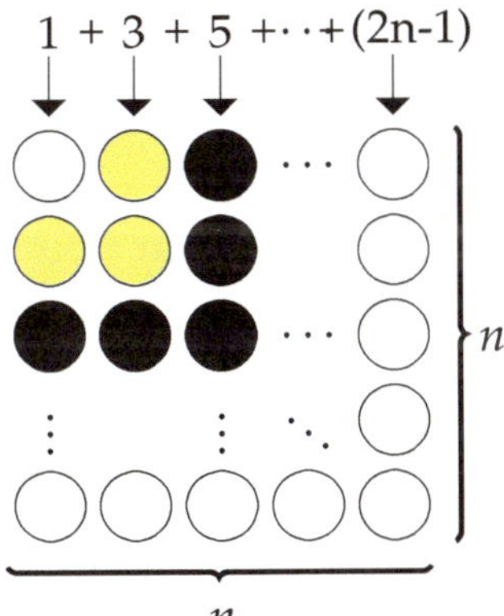

Abb. 5.3 Ein Beweis ohne Worte

Lemma von BURNSIDE

Das Lemma von BURNSIDE ist ein nützliches Hilfsmittel, um Strukturen mit Symmetrie zu zählen. Ein Beispiel hierfür ist das Abzählen der Triominos in Problem 5.3. Die Symmetrien sind hier die Drehungen des Dreiecks um 0, 120 und 240 Grad. Das Lemma von BURNSIDE gibt eine neue Art, die Anzahl der Triominos zu bestimmen: Man bestimmt zunächst für jede der Drehungen die Anzahl ihrer Fixpunkte, d. h. der mit Zahlen versehenen Dreiecke, die unter dieser Drehung in sich überführt werden. Bei der Drehung um 0 Grad (keine Drehung) sind dies alle Dreiecke (216 Stück), bei den beiden anderen Drehungen jeweils nur die Dreiecke mit drei gleichen Zahlen (jeweils 6 Stück). Das Lemma von BURNSIDE sagt aus, dass die Anzahl der Triominos genau der Mittelwert dieser drei Zahlen ist, also $\frac{1}{3}(216 + 6 + 6) = 76$. Das ist unser auf anderem Wege gefundenes Ergebnis.

Warum stimmt das? Einen Beweis des Lemmas von BURNSIDE finden Sie zum Beispiel in dem Buch (Aigner, 2006). Er verwendet doppeltes Abzählen. Dort finden Sie auch den Abzählsatz von G. PÓLYA, eine ausgefeiltere Variante des Lemmas von BURNSIDE, mit der man zum Beispiel chemische Verbindungen abzählen kann.

Doppelsummen

Eine Variante der Idee des doppelten Abzählens ist das Ausrechnen einer Doppelsumme in zwei verschiedenen Reihenfolgen. Hat man Zahlen a_{ij} für $i = 1, \ldots, n$, $j = 1, \ldots, m$ gegeben, so kann man deren Gesamtsumme ausrechnen, indem man

- erst für jedes feste i über j summiert, dann die Summen über i summiert, in Zeichen $\sum_{i=1}^{n} \sum_{j=1}^{m} a_{ij}$, oder

- erst für jedes feste j über i summiert, dann die Summen über j summiert, in Zeichen $\sum_{j=1}^{m} \sum_{i=1}^{n} a_{ij}$.

Da in beiden Fällen alle Zahlen addiert werden, sind die Ergebnisse gleich:

$$\sum_{i=1}^{n} \sum_{j=1}^{m} a_{ij} = \sum_{j=1}^{m} \sum_{i=1}^{n} a_{ij} . \tag{5.3}$$

Anders gesagt, man ordnet die Zahlen a_{ij} in ein Rechteckschema (eine Matrix) an, z. B. für $n = 2, m = 3$:

$$\begin{pmatrix} a_{11} & a_{12} & a_{13} \\ a_{21} & a_{22} & a_{23} \end{pmatrix} .$$

Dann kann man entweder erst die Zeilen oder erst die Spalten addieren: $(a_{11} + a_{12} + a_{13}) + (a_{21} + a_{22} + a_{23}) = (a_{11} + a_{21}) + (a_{12} + a_{22}) + (a_{13} + a_{23})$. Dies verallgemeinert doppeltes Abzählen. Sind zum Beispiel alle $a_{ij} = 1$, erhält man den Abzählbeweis von $n \cdot m = m \cdot n$. Ein anderes Beispiel ist die Kanten-Ecken-Formel (4.4) für Graphen: Die Ecken des Graphen seien durch i und die Kanten durch j nummeriert. Setzen wir

$$a_{ij} = \begin{cases} 1 & \text{falls Kante } j \text{ die Ecke } i \text{ als einen Endpunkt hat} \\ 2 & \text{falls Kante } j \text{ die Ecke } i \text{ als beide Endpunkte hat} \\ 0 & \text{sonst,} \end{cases}$$

so ist die Summe der Zeile i genau der Grad der Ecke i und die Summe jeder Spalte gleich 2. Gleichung (5.3) ist dann genau die Kanten-Ecken-Formel (wobei $n = e$, $m = k$).

Das Vertauschen der Summationsreihenfolge wie in Gleichung (5.3) liefert vor allem bei unendlichen Summen (sogenannten Reihen) interessante Ergebnisse. Ein Beispiel einer solchen Reihe ist $\sum_{n=1}^{\infty} \frac{1}{n^2} = 1 + 1/4 + 1/9 + \dots$. Mit einfachen Methoden ist es nicht möglich, den Wert dieser Reihe zu berechnen. Ein sehr hübsches Argument, das auf dem Vertauschen von Summationen beruht, ist der sogenannte HERGLOTZ-Trick, siehe z. B. (Aigner und Ziegler, 2014). Der Wert der Reihe ist übrigens $\pi^2/6$.

Doppelintegrale

Wenn Sie Integrale kennen, wissen Sie, dass Integration gewissermaßen eine kontinuierliche Variante des Summierens ist.

Damit hat man weitere Verallgemeinerungen der Idee des doppelten Abzählens: Eine Funktion von zwei Variablen, $f(x,y)$, kann man erst über x und dann über y integrieren, oder umgekehrt – dass dabei dasselbe herauskommt, ist als Satz von FUBINI bekannt. Hat man mehrere (auch unendlich viele) Funktionen einer Variablen $f_1(x), f_2(x), \dots$, so kann man Summation und Integration vertauschen: $\sum_i \int f_i(x)\,dx = \int \left(\sum_i f_i(x)\right) dx$.[8]

Ein erstaunliches Beispiel für doppelten Abzählen bei Integralen ist die Berechnung des Integrals $I = \int_{-\infty}^{\infty} e^{-x^2}\,dx$, also der Fläche unter

---

[8]Diese Vertauschungen sind nur unter gewissen Voraussetzungen zulässig. Für Details sei z. B. auf (Grieser, 2015) und (Grieser, 2011) verwiesen.

der GAUSSschen Glockenkurve, die in der Stochastik als GAUSSsche Normalverteilung auftritt. Für die Funktion e^{-x^2} findet man keine Stammfunktion, daher ist zunächst vollkommen unklar, wie man das Integral berechnen soll. Hier ist ein phantastischer Trick: Man schreibt $I = \int_{-\infty}^{\infty} e^{-x^2}\, dx = \int_{-\infty}^{\infty} e^{-y^2}\, dy$ (die Benennung der Integrationsvariable ist beliebig) und multipliziert:

$$I^2 = \int_{-\infty}^{\infty} e^{-x^2}\, dx \int_{-\infty}^{\infty} e^{-y^2}\, dy = \int_{-\infty}^{\infty} \int_{-\infty}^{\infty} e^{-(x^2+y^2)}\, dx\, dy$$

Dies ist ein Doppelintegral, es gibt das Volumen eines gewissen Körpers K an. Wir verwenden Koordinaten x, y, z im Raum. Der Körper K ist unendlich ausgedehnt in den horizontalen x, y-Richtungen, seine Unterseite ist die Ebene $z = 0$ und seine Oberseite ist der Graph der Funktion $z = e^{-(x^2+y^2)}$. Das Doppelintegral gibt an, dass man das Volumen von K ‚Schicht für Schicht‘ berechnen kann: Fixiert man y, so bilden die Punkte von K mit diesem y-Wert eine Schicht von K. Der Flächeninhalt dieser Schicht ist das innere Integral $\int_{-\infty}^{\infty} e^{-(x^2+y^2)}\, dx$. Das Volumen von K erhält man, wenn man alle diese Flächeninhalte über y integriert. Das war die erste ‚Abzählung‘, siehe Abbildung 5.4 links.

Abb. 5.4 Zwei Arten, das Volumen unter dem Graphen $z = e^{-(x^2+y^2)}$ zu berechnen

Nun kommt die zweite ‚Abzählung‘, siehe Abbildung 5.4 rechts: Anstatt K in ebene Schichten zu zerteilen, verwenden wir zylindrische Schichten. Für $r > 0$ sei $k_r = \{(x,y) : x^2 + y^2 = r^2\}$ der Kreis vom Radius r um den Nullpunkt in der x, y-Ebene. Über k_r ist die Funktion $e^{-(x^2+y^2)}$ konstant und hat dort den Wert e^{-r^2}. Daher bilden die Punkte von K, die $x^2 + y^2 = r^2$ erfüllen, eine Zylinderfläche mit Radius r und Höhe e^{-r^2}. Diese hat den Flächeninhalt $2\pi r \cdot e^{-r^2}$. Um das Volumen von K zu berechnen, integriert man nun alle diese Flächeninhalte und erhält

$$\int_0^\infty 2\pi r e^{-r^2}\, dr = \pi \int_0^\infty e^{-s}\, ds = -\pi e^{-s}\Big|_{s=0}^{\infty} = \pi$$

(Substitution $r^2 = s$). Insgesamt ergibt sich $I^2 = \pi$, also $I = \sqrt{\pi}$, also das erstaunliche Ergebnis[9]

$$\int_{-\infty}^\infty e^{-x^2}\, dx = \sqrt{\pi}.$$

Das Auftreten der Kreiszahl π ist sehr überraschend, da das Integral nichts mit Kreisen zu tun zu haben scheint. Die Herleitung erklärt aber, wo π herkommt.

Bijektionen, Partys und Unendlichkeiten

Auch die Idee der Bijektion finden Sie überall in der Mathematik. Zum Beispiel bei der Frage: Wie unendlich ist unendlich?

Stellen Sie sich vor, Sie geben eine große Party, und Sie wollen wissen, ob unter Ihren Gästen gleich viele Männer wie Frauen sind. Sie haben (mindestens) zwei Möglichkeiten, dies festzustellen:

1. Sie zählen die Frauen und Sie zählen die Männer und vergleichen die Resultate.

2. Sie fordern die Gäste auf, sich zu Paaren (je eine Frau und ein Mann) zusammenzustellen. Wenn niemand übrig bleibt, sind es gleich viele Frauen wie Männer.

Beim zweiten Verfahren können Sie die Gleichheit der Anzahlen feststellen, ohne die Anzahlen zu kennen! Hier wurde eine Bijektion zwischen der Menge der Frauen und der Menge der Männer konstruiert.

---

[9]Das Argument ist hier etwas verkürzt dargestellt. Implizit haben wir verwendet, dass für verschiedene $r, s > 0$ die Kreise k_r und k_s den konstanten Abstand $|r - s|$ voneinander haben. Wäre dies nicht der Fall, bekäme man einen zusätzlichen Faktor unter dem Integral, der von der sogenannten Transformationsformel stammt. Für Details sei wieder auf (Grieser, 2011) oder (Königsberger, 2004) verwiesen.

Dieselbe Idee liegt der Klassifizierung der Unendlichkeiten (Kardinalitäten) zugrunde. Wir nennen zwei Mengen **gleichmächtig** (oder ‚von gleicher Kardinalität'), wenn es eine Bijektion zwischen ihnen gibt. Dieser Begriff ist für endliche wie für unendliche Mengen sinnvoll, da bei dieser Definition nichts gezählt werden muss. Bei unendlichen Mengen gibt es jedoch einige unerwartete Effekte. Zum Beispiel ist die Menge $\mathbb{N}$ aller natürlichen Zahlen gleichmächtig zur Menge der geraden natürlichen Zahlen (die Zahl n wird mit $2n$ gepaart, für jedes n). Noch überraschender ist, dass $\mathbb{N}$ auch zur Menge der rationalen Zahlen (Brüche) gleichmächtig ist, nicht aber zur Menge der reellen Zahlen[10].

Kurz: Es gibt gleich viele natürliche Zahlen wie gerade natürliche Zahlen oder wie rationale Zahlen, aber weniger als reelle Zahlen.

5.5 Werkzeugkasten

Die Grundprinzipien des Abzählens (Summen- und Produktregel sowie das Prinzip des Mehrfachzählens) erlauben die Lösung der Grundtypen der Abzählaufgaben: Abzählen von Tupeln und Teilmengen. Diese Lösungen (die Formeln und ihre Herleitung) sollte man auswendig kennen, da sich viele Abzählprobleme auf sie zurückführen lassen.

Bijektionen können ein unmittelbares Verständnis für Abzählformeln geben, wie im Beispiel $|\mathcal{P}(\{1,\ldots,n\})| = 2^n$.

Mittels Bijektionen oder doppeltem Abzählen kann man interessante Formeln herleiten.

Aufgaben

A 5.1 Wie viele Tripel (a_1, a_2, a_3) von Zahlen $a_1, a_2, a_3 \in \{1, 2, \ldots, 10\}$ gibt es, die die Bedingung $a_1 < a_2 < a_3$ erfüllen?

A 5.2 Ein schwarzer und ein weißer Würfel werden geworfen. Wie viele mögliche Würfe gibt es (ein Wurf ist z. B. schwarz 1, weiß 3)? Bei wie vielen dieser Würfe sind die beiden Zahlen verschieden? Wie viele mögliche Würfe gibt es für zwei ununterscheidbare Würfel?

---

[10]Für Beweise und Erklärungen siehe zum Beispiel (Grieser, 2015).

A 5.3 Beim Dominospiel ist jeder Stein in zwei Felder geteilt, auf denen jeweils 0, 1, 2, 3, 4, 5 oder 6 Augen stehen. Wie viele verschiedene Dominosteine gibt es? Geben Sie mehrere Lösungswege an.

A 5.4 Poker wird mit 52 Karten gespielt, die die Werte 1 bis 13 in 4 Farben tragen (dabei ist 1 = As, 11 = Bube, 12 = Dame, 13 = König). Eine Pokerhand besteht aus 5 Karten. Zum Gewinnen kommt es auf spezielle Kombinationen an. Diese sind:

- Paar/Drilling/Vierling: 2/3/4 gleiche Werte, die anderen Werte sind davon und untereinander verschieden.
- Doppelpaar: zwei Paare verschiedener Werte, ein anderer Wert
- Full House: 3 gleiche Werte plus 2 gleiche Werte
- Straight: aufeinanderfolgende Werte
- Flush: alle Karten haben die gleiche Farbe
- Straight Flush: aufeinanderfolge Werte gleicher Farbe

Wie viele Pokerhände gibt es? Wie viele für jede Gewinnkombination?

A 5.5 Wie viele Möglichkeiten gibt es, in Abbildung 5.5 von der Universität nach Hause zu gelangen, ohne west- oder südwärts zu laufen? Wie viele Möglichkeiten gibt es, wenn zu Hause der Tee ausgegangen ist?

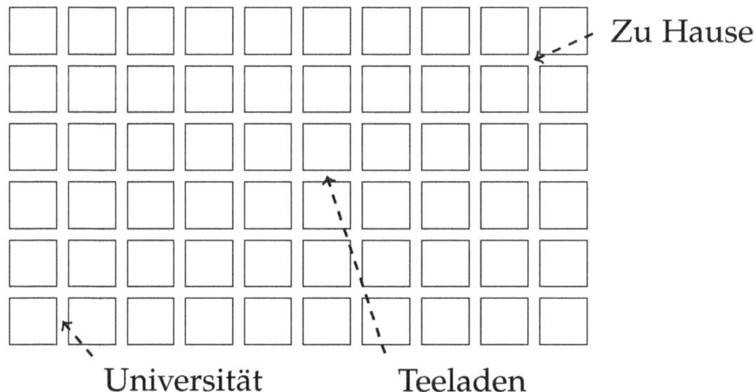

Abb. 5.5 Wege in einem Straßengitter

A 5.6 Finden Sie eine Formel für die Summe $\sum_{k=1}^{n-1} k^3$, indem Sie die Menge

$$\{(a,b,c,d) : a,b,c,d \in \{1,\ldots,n\},\ a < d,\ b < d,\ c < d\}$$

auf zwei Weisen abzählen.

2 **A 5.7** Seien $P_1, \ldots, P_n$ Punkte auf einem Kreis, die so liegen, dass keine drei Diagonalen (Verbindungsgeraden $P_j P_k$) sich in einem Punkt im Innern des Kreises schneiden. Finden Sie eine Bijektion zwischen der Menge der 4-elementigen Teilmengen von $\{P_1, \ldots, P_n\}$ und der Menge aller Diagonalenschnittpunkte.

Wie viele Schnittpunkte gibt es?

2 **A 5.8** 26 Personen mit den Namen $A, B, C, \ldots, Z$ schreiben ihren Geburtstag nacheinander in einen Kalender[11]. Dabei schreibt jede ihren Namen an den entsprechenden Tag. Wie viele verschiedene Kalender sind möglich? Wie viele der möglichen Kalender sind derart, dass keine zwei Personen am gleichen Tag Geburtstag haben? Bei wie vielen haben mindestens zwei Personen am gleichen Tag Geburtstag? Bei wie vielen hat mindestens eine Person am 1. Januar Geburtstag? Bei wie vielen hat *genau* eine Person am 1. Januar Geburtstag? Bei wie vielen haben *genau* zwei Personen am 1. Januar Geburtstag? Bei wie vielen hat genau eine Person am 1. Januar und genau eine Person am 27. März Geburtstag? Beantworten Sie die Fragen auch für den Fall, dass die Personen statt ihres Namens nur ein Kreuz neben ihren Geburtstag schreiben.

2 **A 5.9** Seien $f_1, f_2, f_3, \ldots$ die FIBONACCI-Zahlen, also $f_1 = 1$, $f_2 = 2$ und $f_n = f_{n-1} + f_{n-2}$ für alle $n \geq 3$. Zeigen Sie, dass die Formel $f_{2n} = f_n^2 + f_{n-1}^2$ für alle $n \geq 2$ gilt. Geben Sie zwei Beweise: einen mittels vollständiger Induktion und einen mittels doppeltem Abzählen und der Interpretation von f_n als der Anzahl der Züge der Länge n, deren Wagen die Länge 1 oder 2 haben, siehe Aufgabe A 2.8. Finden Sie weitere Formeln für die FIBONACCI-Zahlen, z. B. eine ähnliche für f_{2n+1}.

2 **A 5.10** Zeigen Sie die Gleichung $4 \cdot \binom{50}{4} = 50 \cdot \binom{49}{3}$, indem Sie auf zwei Weisen abzählen, auf wie viele Arten man unter 50 Personen eine Vierergruppe auswählen und in dieser Gruppe einen Chef designieren kann. Verallgemeinern Sie diese Identität auf beliebige Personenzahlen und Gruppengrößen. Geben Sie auch einen direkten rechnerischen Beweis.

2 **A 5.11** Beweisen Sie durch doppeltes Abzählen die Formel $\sum_{k=0}^{n} k\binom{n}{k} = n2^{n-1}$ für $n \in \mathbb{N}$, indem Sie die Idee aus Aufgabe A 5.10 verwenden.

---

[11]Für das Jahr 2016, ein Schaltjahr.

A 5.12 Geben Sie eine erneute Herleitung der FIBONACCI-Rekursion für die Zahlen u_n aus Aufgabe A 2.15 mittels Bijektionen an, indem Sie nach den Darstellungen, deren letzter Summand 1 ist, und den übrigen Darstellungen unterscheiden.

A 5.13 Betrachten Sie Paare (a, b) mit $a, b \in \{0, 1, \ldots, n\}$. Sei g_n die Anzahl solcher Paare, für die $a + b$ gerade ist, und u_n die Anzahl derjenigen, für die $a + b$ ungerade ist. Was beobachten Sie für $n = 0, 1, 2, 3$? Stellen Sie eine allgemeine Vermutung auf und finden Sie Beweise mittels Bijektion, direkter Rechnung und Induktion. Finden Sie auch eine Verallgemeinerung auf mehr als zwei Zahlen?

A 5.14 Für die Binomialkoeffizienten gilt die Formel

$$\binom{n+1}{k} = \binom{n}{k-1} + \binom{n}{k}.$$

Beweisen Sie diese auf zwei Arten: einmal durch direktes Nachrechnen; dann, indem Sie die k-elementigen Teilmengen von $\{1, \ldots, n+1\}$ auf zwei Arten abzählen. Folgern Sie, dass $\binom{n}{k}$ der k-te Eintrag in der n-ten Zeile des PASCALschen Dreiecks (siehe Aufgabe A 3.5) ist, wobei man beim Zählen mit 0 beginnt.

A 5.15 Die Binomialkoeffizienten sind auch deshalb wichtig, da sie in der **allgemeinen binomischen Formel** auftreten:

$$(a + b)^n = a^n + \binom{n}{1} a^{n-1} b + \binom{n}{2} a^{n-2} b^2 + \cdots + \binom{n}{n-1} a b^{n-1} + b^n$$

für reelle Zahlen a, b und $n \in \mathbb{N}_0$. Prüfen Sie die Formel per Hand für $n = 2$ und $n = 3$ nach, indem Sie die linke Seite ausmultiplizieren. Geben Sie dann zwei Beweise für diese Formel: Einmal mittels Induktion mit Hilfe der Formel in Aufgabe A 5.14 und einmal, indem Sie direkt die Bedeutung von $\binom{n}{k}$ als Anzahl von Teilmengen verwenden.

A 5.16

a) Rechnen Sie nach, dass die Formel (2.8) für die n-te FIBONAC-CI-Zahl immer eine rationale Zahl (d.h. einen Bruch) ergibt. Mit anderen Worten, die Wurzeln (die ja nicht rational sind) verschwinden in der Gesamtkombination dieser Ausdrücke. Verwenden Sie hierfür die allgemeine binomische Formel aus Aufgabe A 5.15.

b) Welche Teilbarkeitsaussage über gewisse Kombinationen von Binomialkoeffizienten können Sie aus der Ganzzahligkeit der FIBONACCI-Zahlen schließen?

2-3 A 5.17 Geben Sie die Zahl $a = 1 + \sqrt{2}$ in den Taschenrechner ein und multiplizieren Sie sie immer wieder mit sich selbst, d.h. bestimmen Sie $a^2, a^3, a^4, \ldots$. Was beobachten Sie? Stellen Sie eine Vermutung darüber auf, was die fünfzigste Nachkommastelle von a^{200} ist. Begründen Sie Ihre Beobachtungen.

2-3 A 5.18 Finden Sie mindestens einen weiteren Beweis für die Gleichheit der Anzahlen der geraden und ungeraden Teilmengen von $\{1, \ldots, n\}$.

3 A 5.19 Sei $n \in \mathbb{N}$. Finden Sie einen Bijektionsbeweis dafür, dass die Anzahl der Möglichkeiten, n als geordnete Summe natürlicher Zahlen zu schreiben, gleich 2^{n-1} ist (siehe Aufgabe A 1.9).

3 A 5.20 Sei $n \in \mathbb{N}$. Wie viele Lösungen hat die Gleichung $a + b + c = n$ mit $a, b, c \in \mathbb{N}$?

2-3 A 5.21 Führen Sie folgende Idee zu Ende. Sie gibt einen neuen Zugang zu dem Problem, die Anzahl der Länder zu bestimmen, in die die Ebene von n Geraden in allgemeiner Lage geteilt wird (Problem 1.3).

Wir drehen zunächst die Ebene so, dass keine Gerade horizontal verläuft. Dann ordnen wir jedem Land seinen tiefsten Punkt zu, sofern es einen hat. Kommen alle Geradenschnittpunkte als tiefste Punkte vor? Wie viele Länder haben keinen tiefsten Punkt?

3 A 5.22 Verallgemeinern Sie die Idee aus Aufgabe A 5.21, um die Anzahl der Teile zu bestimmen, in die der Raum durch n Ebenen in allgemeiner Lage (keine zwei parallel, keine drei durch eine Gerade, keine vier durch einen Punkt) geteilt wird.

2-3 A 5.23 Verallgemeinern Sie die Idee aus Problem 5.8 auf das Abzählen der Dreiecke, die man aus den n Punkten bilden kann, und leiten Sie eine Formel ab.

3-4 A 5.24 Bestimmen Sie die Anzahl der Gebiete, in die ein Kreis geteilt wird, wenn man n Punkte auf seinem Rand paarweise geradlinig miteinander verbindet. Dabei seien die Punkte so angeordnet, dass keine drei der Verbindungen durch einen Punkt gehen.

Bestimmen Sie die Anzahl für $n = 2,3,4,5$, stellen Sie eine Vermutung auf. Bestimmen Sie sie auch für $n = 6$. Finden Sie eine allgemeine Formel.

6 Allgemeine Strategien: Ähnliche Probleme, Vorwärts- und Rückwärtsarbeiten, Zwischenziele

Allgemeine Problemlösestrategien sind Strategien, die nicht nur in der Mathematik, sondern auch in vielen anderen Lebensbereichen eingesetzt werden können: Möchte ich ein Problem lösen, hilft es mir, mich zu erinnern, wie ich ähnliche Probleme gelöst habe. Möchte ich ein Ziel erreichen, kann ich mir überlegen, welche Schritte ich zuerst unternehmen sollte, um dorthin zu gelangen (Vorwärtsarbeiten); oder ich überlege zunächst, wie der letzte Schritt zum Erreichen des Ziels aussehen könnte (Rückwärtsarbeiten) und welche Zwischenziele ich mir setzen könnte.

Wir werfen nun einen systematischen Blick auf diese Problemlösestrategien und stellen sie in einfachen Diagrammen dar, die dabei helfen können, den Überblick zu behalten. Dann untersuchen wir einige Probleme, eines aus der Geometrie und eines über gewisse Summendarstellungen von Zahlen, und achten dabei besonders darauf, wie wir diese Strategien einsetzen.

6.1 Allgemeine Problemlösestrategien

Der erste Schritt des Problemlösens ist, das **Problem zu verstehen.** Dabei stellen wir uns die Fragen:

- **Was ist gegeben?**

- **Was ist gesucht?**

Viele mathematische Probleme sind entweder Bestimmungsprobleme oder Beweisprobleme. Zum Beispiel sind das Baumstammproblem 1.1 und die meisten Abzählaufgaben Bestimmungsprobleme, und bei Problem 4.1 (EULER-Formel) handelt es sich um ein Beweisproblem.

Bei einem **Bestimmungsproblem** sind *Daten* gegeben (z. B. die Länge des Baumstamms), gesucht sind gewisse *Unbekannte* (z. B. die Zeit zum Zersägen).

Bei einem **Beweisproblem** sind *Hypothesen* (Voraussetzungen, z.B.: der Graph G ist eben und zusammenhängend) gegeben, gesucht ist der *Beweis einer Behauptung* (z.B.: für G gilt die EULER-Formel).

Nicht jedes mathematische Problem lässt sich eindeutig als Bestimmungs- oder Beweisproblem einordnen. Auch bei Bestimmungsproblemen ist zu beweisen, dass der angegebene Weg korrekt ist. Der Beweis ist aber oft schon in der Herleitung der Lösung enthalten. Und natürlich gibt es viele mathematische Probleme, bei denen man einen Sachverhalt untersuchen möchte und noch gar nicht weiß, was überhaupt bestimmt oder bewiesen werden soll. Ein Beispiel hierfür finden Sie in Kapitel 9.3.

Um das Problem zu lösen, brauchen wir eine Verbindung von den Daten zu den Unbekannten, von den Hypothesen zur Behauptung.

Abb. 6.1 Das Problem: Verbindung gesucht!

Die wichtigsten allgemeinen Strategien

☐ **Habe ich ein ähnliches Problem schon gesehen?**

Eine der ersten Fragen, die Sie sich immer stellen sollten!

☐ **Vorwärtsarbeiten: Was kann ich mit den Daten anstellen? Rückwärtsarbeiten: Wie kann ich das Ziel erreichen?**

Man kann ein Problem von vorne oder von hinten angehen. Von vorne bedeutet zu versuchen, ausgehend von den Daten/den Hypothesen vorwärts zu den Unbekannten/zur Behauptung hin zu arbeiten. Von hinten bedeutet, mit dem Ziel zu starten und sich zu fragen, wie man dorthin gelangen könnte. Siehe Abbildungen 6.2 und 6.3.

☐ **Kann ich sinnvolle Zwischenziele formulieren?**
Ein Zwischenziel kann irgendeine Art von Bindeglied zwischen Daten und Ziel sein. Siehe Abbildung 6.4.

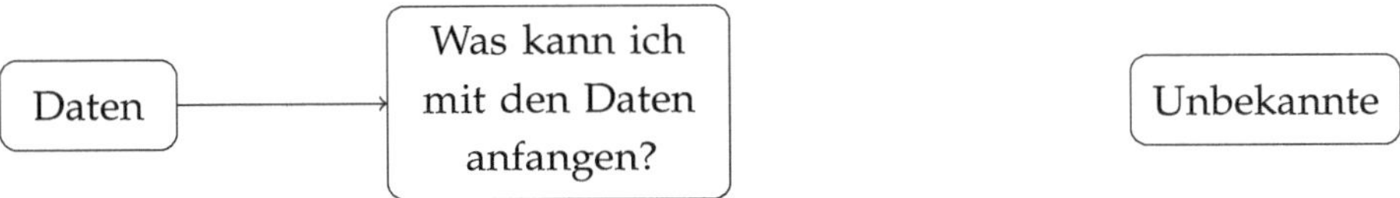

Abb. 6.2 Vorwärtsarbeiten für ein Bestimmungsproblem

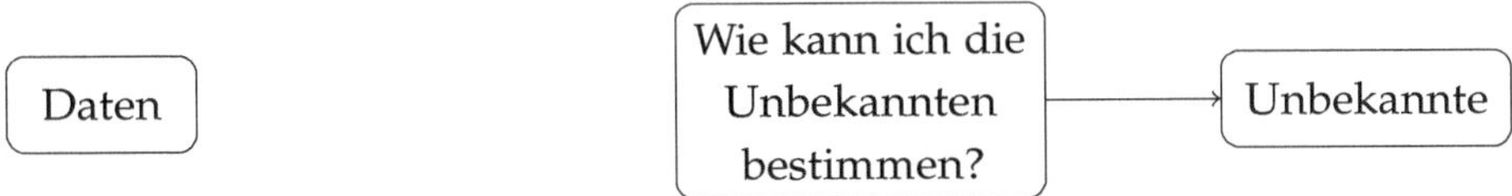

Abb. 6.3 Rückwärtsarbeiten für ein Bestimmungsproblem

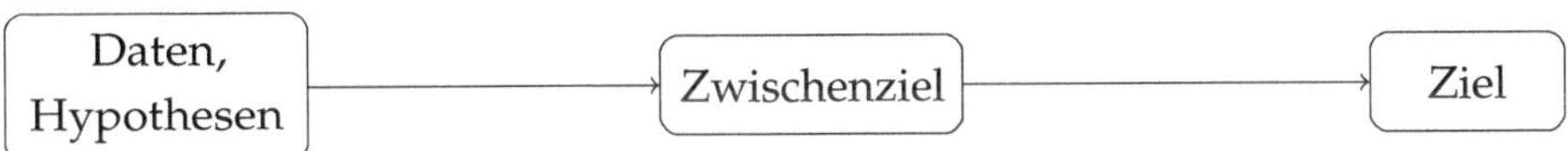

Abb. 6.4 Lösungsschema mit einem Zwischenziel

Sie kennen bereits weitere allgemeine Strategien, wie das Betrachten von Spezialfällen und Beispielen, das Anfertigen von Skizzen und Tabellen, das Vereinfachen, das Einführen geeigneter Notation und das Formulieren von Vermutungen. Typischerweise setzt man diese (und weitere) Strategien nicht isoliert, sondern in Kombinationen ein. Und kommen wir mit einer Strategie nicht weiter, versuchen wir eine andere, z. B. wechseln wir zwischen Vorwärts- und Rückwärtsarbeiten hin und her. Oft ergeben sich auch komplexere Lösungsschemata mit mehreren Zwischenzielen. Wir könnten zum Beispiel erst ein Zwischenziel identifizieren und dann weitere Zwischenziele, die zum Erreichen des ersten Zwischenziels nützlich sind.

Bevor wir diese Strategien bei neuen Problemen anwenden, betrachten wir einige Problemlösungen der vorangegangenen Kapitel unter diesem Blickwinkel:

- Beim Baumstammproblem 1.1 haben wir als Zwischenziel zuerst die Zahl der Teilstücke bestimmt und daraus die Zahl der Schnitte.

- Beim Auflösen der FIBONACCI-Rekursion in Kapitel 2.4 und bei den meisten Abzählproblemen in Kapitel 5 haben wir vorwärts gearbeitet.

❏ Bei Abzählproblemen ist das Suchen einer Rekursion manchmal ein sinnvolles Zwischenziel. Haben wir uns dies als Zwischenziel gesetzt, dann suchen wir gezielt nach Wegen, eine Rekursion herzuleiten – dies ist eine Form des Rückwärtsarbeitens, vom Zwischenziel zu den Daten (Probleme in Kapitel 2).

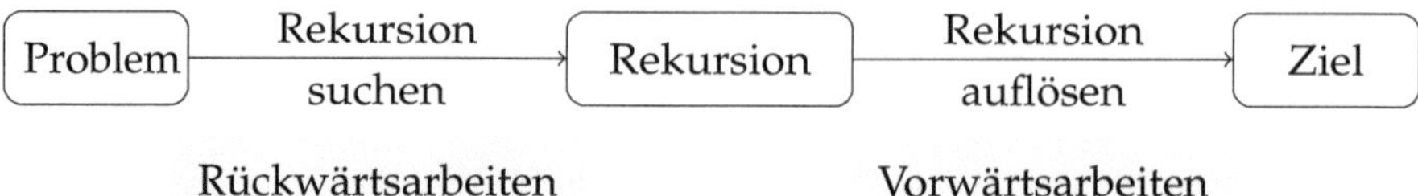

Abb. 6.5 Lösungsschema für die Lösung eines Problems mittels Rekursion

❏ In Problem 1.2 (Nullen von 100!) haben wir rückwärts gearbeitet, indem wir gezielt nach dem Mechanismus gesucht haben, wie Nullen (das Ziel) am Ende eines Produkts entstehen.

❏ Der indirekte Beweis in Problem 4.6 (Fünf Punkte mit allen Verbindungen) kann als Rückwärtsarbeiten angesehen werden: Angenommen, die Behauptung (das Ziel) ist falsch, was folgt dann?

Ein einfaches Beispiel zum Rückwärtsarbeiten

Problem 6.1

Ein Obsthändler hat eine Kiste Äpfel. Er verkauft einem Kunden die Hälfte seiner Äpfel und noch einen dazu, dann einem zweiten Kunden die Hälfte der übrig gebliebenen Äpfel plus einen, dann genauso einem dritten, vierten und fünften Kunden. Am Schluss hat er noch einen Apfel übrig. Wie viele Äpfel hatte er am Anfang?

Lösung

Am einfachsten gehen wir das von hinten an: Am Ende hat er einen Apfel, also vor dem Abgeben des einen Apfels 2, also vor dem Abgeben der Hälfte 4. Er hatte also 4 Äpfel, bevor der fünfte Kunde kam. Analog hatte er 5 Äpfel, bevor er dem vierten Kunden den Extra-Apfel gab, und davor 10. Also hatte er 10 Äpfel, bevor der vierte Kunde kam. Analog $22 = (10 + 1) \cdot 2$ vor dem dritten, $46 = (22 + 1) \cdot 2$ vor

dem zweiten und $94 = (46+1) \cdot 2$ vor dem ersten Kunden. Also hatte
er am Anfang 94 Äpfel.

Diese Lösung zeigt die Idee des Rückwärtsarbeitens bei einem Bestimmungsproblem in Reinkultur. Beachten Sie: Die Umkehrung von
„erst halbieren, dann Eins abziehen" ist „erst Eins addieren, dann
verdoppeln". Beim Umkehren dreht sich auch die Reihenfolge um!
Siehe auch Aufgabe A 6.12.

6.2 Die Diagonale im Quader

Wir untersuchen nun ein geometrisches Bestimmungsproblem.

Problem 6.2

Bestimmen Sie die Länge d der Diagonale eines Quaders mit Seitenlängen
a, b, c.

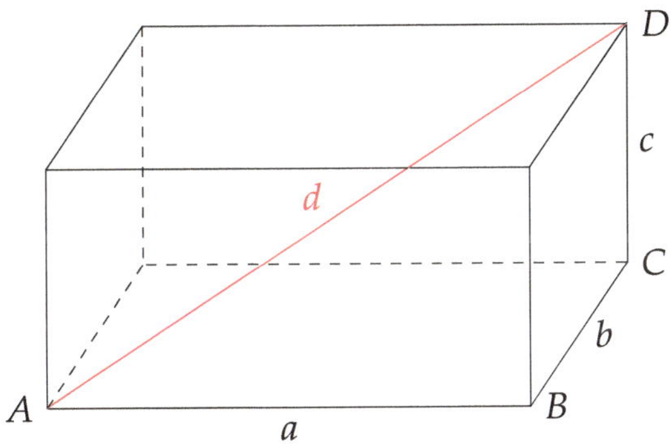

Abb. 6.6 Diagonale im Quader

Untersuchung und Lösung

▷ Wir fertigen zunächst eine **Skizze** an, siehe Abbildung 6.6.

▷ **Was ist gegeben?** Die Seitenlängen a, b, c. **Was ist gesucht?** Die
Länge d der Diagonale $\overline{AD}$.

▷ Spezialfälle oder Beispiele scheinen hier wenig hilfreich zu sein.

▷ **Habe ich ein ähnliches Problem schon gesehen? Kann ich das Problem vereinfachen?**

Räumliche Geometrie ist schwieriger als ebene Geometrie. Können wir ein ähnliches Problem in der ebenen Geometrie formulieren? Hier ist eins: Bestimmen Sie die Länge x der Diagonale in einem Rechteck mit Seitenlängen a, b. Siehe Abbildung 6.7.

Das kennen Sie aus der Schule. Das Dreieck ABC ist rechtwinklig, also gilt nach dem Satz des Pythagoras $x^2 = a^2 + b^2$, also $x = \sqrt{a^2 + b^2}$.

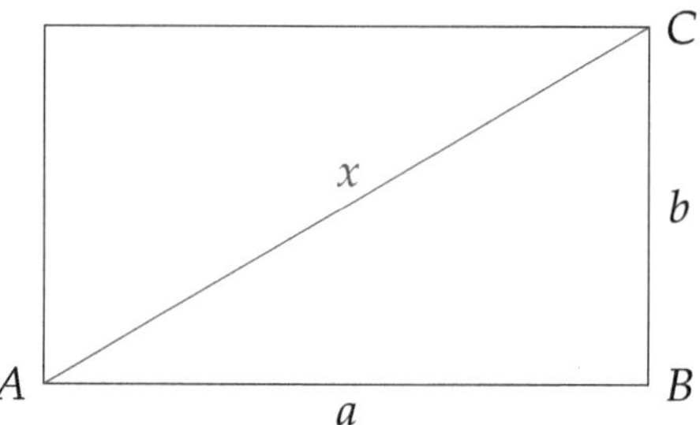

Abb. 6.7 Diagonale im Rechteck

▷ **Wie kann ich das vorliegende Problem mit dem ähnlichen Problem in Zusammenhang bringen?**

▷ Zeichnen wir eine Diagonale in das ,Bodenrechteck', siehe Abbildung 6.8. Die Länge dieser Diagonalen, x, haben wir bestimmt. Können wir eine Beziehung zwischen der Bodendiagonalen x und der gesuchten Raumdiagonalen d finden?

▷ *Beobachtung:* Die Boden- und die Raumdiagonale bilden zwei Seiten des Dreiecks ACD. Sehen wir uns dieses Dreieck genauer an. Seine dritte Seite $\overline{CD}$ hat die Länge c. Was wissen wir noch? Der Winkel dieses Dreiecks bei C ist ein rechter Winkel, da die Seite $\overline{CD}$ auf der Bodenebene senkrecht steht und damit auch auf jeder Geraden, die innerhalb dieser Ebene liegt.

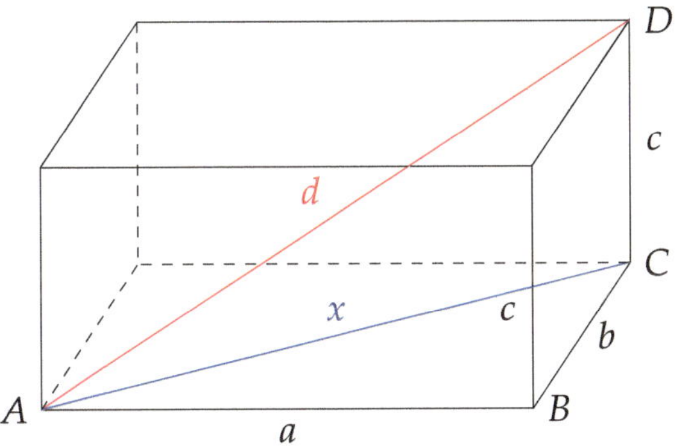

Abb. 6.8 Lösungsskizze

▷ Also können wir den Satz des Pythagoras noch einmal anwenden, im Dreieck ACD, und erhalten $d^2 = x^2 + c^2$. Zusammen mit $x^2 = a^2 + b^2$ folgt $d^2 = a^2 + b^2 + c^2$, also

$$d = \sqrt{a^2 + b^2 + c^2}\,.$$

Das ist die Lösung!

Rückschau zu Problem 6.2

Gegeben war a, b, c, gesucht d. Schematisch kann man das wie in Abbildung 6.9 links darstellen. Das Fragezeichen steht für die gesuchte Verbindung: das Gegebene mit dem Gesuchten in Beziehung zu setzen. Der Schlüssel lag darin, die Bodendiagonale $\overline{AC}$ als **Bindeglied oder Zwischenschritt** einzuführen. Abbildung 6.9 rechts zeigt schematisch den Lösungsweg.[1]

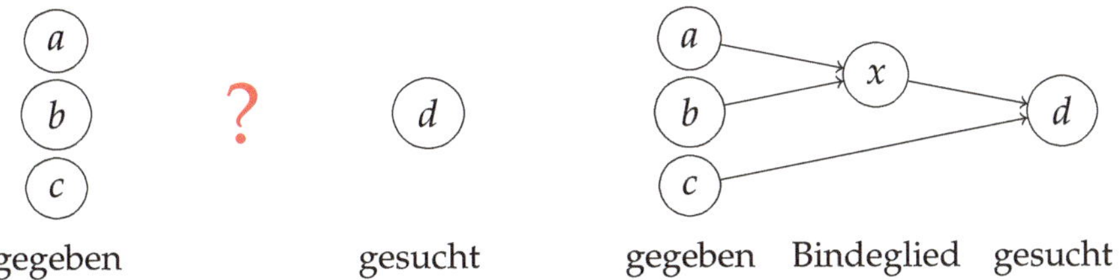

Abb. 6.9 Das Problem und das Schema seiner Lösung

[1] Dieses Beispiel wird von George Pólya in seinem Klassiker ‚Schule des Denkens – Vom Lösen mathematischer Probleme', (Pólya, 2010) ausführlich diskutiert, in einer hypothetischen Schüler-Lehrer-Situation. Lesenswert!

6.3 Das Trapezzahlen-Problem

Wagen wir uns an ein schwierigeres Problem!

Problem 6.3

Welche natürlichen Zahlen n lassen sich als Summe mehrerer aufeinander-folgender natürlicher Zahlen darstellen?

Zur Abkürzung nennen wir eine solche Darstellung von n eine **Darstellung als Trapezzahl.** Abbildung 6.10 zeigt, warum.

Abb. 6.10 Die Trapezzahlen $12 = 3 + 4 + 5$ und $11 = 5 + 6$

Untersuchung

Problem verstehen

▷ **Was ist gegeben?**
Nur die Definition einer Trapezzahl.
Was ist gesucht?
1. Die Angabe, welche Zahlen n als Trapezzahl darstellbar sind.
2. Ein Beweis dafür. Für die darstellbaren n kann dieser am einfachsten in der Angabe einer solchen Darstellung bestehen. Für die anderen müssen wir beweisen, dass sie nicht darstellbar sind.

Wir haben also sowohl eine Bestimmungs- als auch eine Beweisaufgabe.

Gefühl bekommen

▷ Um ein Gefühl für das Problem zu bekommen, sehen Sie sich einige kleine Werte von n an.

Denkpause

Wir erhalten Tabelle 6.1. Nicht darstellbar sind 1, 2, 4, 8. Das bringt

Vermutung

uns auf folgende Idee:

Vage Vermutung: Alle Zahlen außer den Potenzen von 2 sind als Trapezzahl darstellbar.

n	Darstellungen als Trapezzahl
1	keine
2	keine
3	$1+2$
4	keine
5	$2+3$
6	$1+2+3$
7	$3+4$
8	keine
9	$4+5$ oder $2+3+4$

Tab. 6.1 Darstellungen als Trapezzahl

Es ist eine vage Vermutung, da die Datenlage noch recht dünn ist und zunächst keinerlei Grund zu erkennen ist, warum Trapezzahlen etwas mit Zweierpotenzen zu tun haben sollten. Weiteres Probieren scheint die Vermutung zu bestätigen, wird aber bald zu aufwändig. **Wir brauchen eine allgemeine Methode.**

Allgemeine Methode finden

Wir sehen auch, dass eine Zahl mehrere Darstellungen als Trapezzahl haben kann, aber danach ist nicht gefragt (siehe Aufgabe A 6.5).

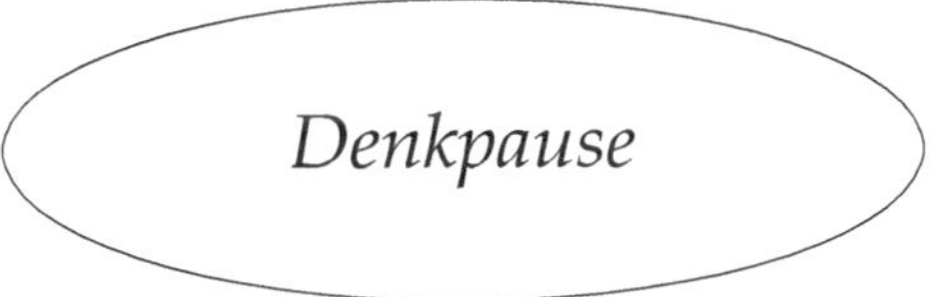

▷ Für die ungeraden Zahlen $n > 1$ erkennen wir ein Muster. Sie sind als Summe zweier aufeinanderfolgender Zahlen darstellbar. Wie formuliert man das allgemein?

Spezialfall

Jedes ungerade $n > 1$ ist als $n = 2m + 1$ mit $m \in \mathbb{N}$ darstellbar, und dann ist $n = m + (m + 1)$ die gewünschte Darstellung.

Ungerade Zahlen größer als eins sind also Trapezzahlen.

▷ Wie können wir uns der Vermutung nähern? Wir haben zwei Aufgaben[2]:

---

[2]Dabei müssen wir immer daran denken, dass es nur eine Vermutung ist. Es kann passieren, dass wir bei der Untersuchung feststellen, dass die Vermutung doch falsch ist! Darauf müssen wir gefasst sein und die Augen offen halten.

1. Finde eine Trapezzahl-Darstellung für jedes n, das keine Zweierpotenz ist.

2. Zeige, dass es für Zweierpotenzen keine Trapezzahl-Darstellung gibt.

Wir untersuchen zunächst die erste Aufgabe. Manchmal hilft **umformulieren:** Was bedeutet es, dass n keine Zweierpotenz ist?

Es bedeutet, dass n einen ungeraden Teiler (außer 1) hat. Zum Beispiel ist 12 durch 3 teilbar und kann daher keine Zweierpotenz sein. Umgekehrt kann eine Zweierpotenz durch keine ungerade Zahl außer 1 teilbar sein. [3] Anscheinend spielen *ungerade Teiler* eine Rolle.

▷ *Erster Ansatz:* Versuchen wir anhand eines Beispiels, zu verstehen, warum ungerade Teiler nützlich sein könnten, etwa $50 = 5 \cdot 10$. *Idee:* Wir könnten dies als $50 = 10 + 10 + 10 + 10 + 10$ schreiben. Nun könnten wir die zweite Zehn um 1 verkleinern und die vierte um 1 vergrößern – dabei bleibt die Summe gleich. Analog die erste Zehn um 2 verkleinern, dafür die letzte um 2 vergrößern, also $50 = 8 + 9 + 10 + 11 + 12$. Das ist eine Darstellung von 50 als Trapezzahl.

▷ Dies ist ein vielversprechender Ansatz! Wir sehen auch, dass diese Prozedur nur für eine ungerade Anzahl Summanden funktioniert. Zum Beispiel würde mit demselben Prinzip aus $20 = 10 + 10$ die Darstellung $20 = 9 + 11$ werden, aber 9 und 11 folgen nicht aufeinander. Also spielen ungerade Teiler eine Rolle, wir sind auf einer guten Fährte. **Wie können wir die Prozedur allgemein formulieren?**

Wir lassen uns vom Beispiel leiten. Wir schreiben $n = xy$ mit x ungerade und $x > 1$. Im Beispiel war $x = 5$, $y = 10$. Wir schreiben $n = y + \cdots + y$ (mit x Summanden). Da x ungerade ist, gibt es einen mittleren Summanden; von den übrigen $x - 1$ Summanden stehen links und rechts jeweils die Hälfte, also jeweils $\frac{x-1}{2}$ Summanden. Wir gehen nun von der Mitte aus nach links und verkleinern die Summanden nacheinander um 1, 2, etc. Analog vergrößern wir die Summanden rechts von der Mitte um 1, 2, etc. Der letzte Summand (d. h. der $\frac{x-1}{2}$te) wird also um $\frac{x-1}{2}$ verkleinert

---

[3]Siehe Kapitel 8 für eine ausführliche Diskussion von Teilern und Teilbarkeit.

bzw. vergrößert. Wir erhalten

$$n = \left(y - \frac{x-1}{2}\right) + \cdots + y + \cdots + \left(y + \frac{x-1}{2}\right),$$

wobei jeder Summand um 1 größer ist als der vorhergehende.

Das ist die gewünschte Darstellung von n als Trapezzahl. Oder doch nicht?

Denkpause

Sehen wir genau hin: Auf der rechten Seite der Gleichung sollten nur positive Zahlen stehen, also muss $y - \frac{x-1}{2}$ positiv sein. Z. B. für $14 = 7 \cdot 2$ ist $x = 7$, $y = 2$, also $y - \frac{x-1}{2} = -1$, und wir erhalten $14 = (-1) + 0 + 1 + 2 + 3 + 4 + 5$. Das stimmt zwar, ist aber nicht das, was wir wollten. Diese Methode liefert also nur dann eine Darstellung als Trapezzahl, wenn $y > \frac{x-1}{2}$.

Mit einem kleinen Trick lässt sich aus dieser „verbotenen" Darstellung doch noch eine erlaubte konstruieren. Sehen Sie genau hin, vielleicht entdecken Sie, wie es geht. Siehe hierzu Aufgabe A 6.4. Wir versuchen es aber noch einmal auf einem anderem, systematischeren Wege. Dieser wird es uns auch ermöglichen, die *Anzahl* der Darstellungen von n als Trapezzahl zu bestimmen, siehe Aufgabe A 6.5.

▷ *Zweiter Ansatz:* Wir haben das Ziel im Blick **(Rückwärtsarbeiten)**. Was suchen wir? Eine Darstellung

$$n = a + (a+1) + \cdots + b \quad \text{mit } a < b$$

(a, b natürliche Zahlen). Um damit etwas anfangen zu können, sollten wir die rechte Seite vereinfachen (‚ausrechnen'). Wie geht das?

▷ **Haben wir etwas Ähnliches schon gesehen?** Ja, beim Berechnen von $1 + \cdots + n$, da gab's den hübschen GAUSS-Trick, siehe Abschnitt 1.3. Wenden wir ihn hier an:

$$
\begin{array}{ccccccc}
n & = & a & + & \ldots & + & b \\
n & = & b & + & \ldots & + & a \\
\hline
2n & = & (a+b) & + & \ldots & + & (a+b)
\end{array}
$$

Wie viele Summanden $a + b$ sind das? An der ersten Zeile sieht man: Es sind $b - a + 1$ Stück (erster und letzter mitgezählt, daher $\cdots + 1$). Also erhalten wir

$$2n = (a + b)(b - a + 1). \tag{6.1}$$

▷ Was ist die Aufgabe? Zu gegebenem n wollen wir a, b finden, so dass Gleichung (6.1) gilt. Die Gleichung sieht kompliziert aus. **Können wir sie vereinfachen?** Wir könnten eine **Notation einführen:**

$$c = a + b, \quad d = b - a + 1. \tag{6.2}$$

Also $2n = cd$, das ist schon einfacher. Wie können wir aus c, d die Zahlen a, b finden? Wir brauchen nur das Gleichungssystem (6.2) nach a und b aufzulösen: Addieren der Gleichungen liefert $c + d = 2b + 1$, Subtrahieren ergibt $c - d = 2a - 1$. Also

$$a = \frac{c - d + 1}{2}, \quad b = \frac{c + d - 1}{2}. \tag{6.3}$$

▷ Was haben wir erreicht? Wir haben die komplizierte Aufgabe, die Gleichung (6.1) zu lösen (gegeben n, bestimme Lösungen a, b), durch zwei einfachere Aufgaben ersetzt:

a) Bestimme c, d mit $2n = cd$.

b) Aus c, d bestimme a, b mittels der Gleichungen (6.3).

Dies ist ein Beispiel der Einführung eines **Zwischenziels:** c, d zu bestimmen.

▷ Sehen wir uns die umformulierte Aufgabe an. Teil b) ist einfach: einfach einsetzen. Teil a) auch, da gibt es viele Möglichkeiten, z. B. $c = 2, d = n$ oder umgekehrt. Sind wir damit fertig? Irgendetwas stimmt noch nicht, denn dies würde für alle n funktionieren, auch Zweierpotenzen.

Sehen wir uns die Bedingungen an a, b an. Wir hatten $n = a + (a + 1) + \cdots + b$ geschrieben. Damit dies eine Trapezzahl-Darstellung ist, müssen a, b gewisse Bedingungen erfüllen:

   – $a, b \in \mathbb{N}$. Die Gleichungen (6.3) zeigen, dass dann $c - d + 1$ und $c + d - 1$ gerade sein müssen und $c > d$ gelten muss.

Also folgt:

$$c, d \text{ haben verschiedene Parität}[4], \text{ und } c > d. \qquad (6.4)$$

Umgekehrt garantiert dies offenbar, dass $a, b \in \mathbb{N}$.

– $a < b$. Formen wir dies um:

$$a < b \iff \frac{c - d + 1}{2} < \frac{c + d - 1}{2}$$
$$\iff 0 < \frac{c + d - 1}{2} - \frac{c - d + 1}{2}$$
$$\iff 0 < d - 1 \iff 1 < d.$$

Wir sehen, dass $a < b$ äquivalent ist zu

$$d > 1. \qquad (6.5)$$

▷ Was haben wir erreicht? Wir erhalten eine Darstellung von n als Trapezzahl genau dann, wenn wir $2n = cd$ schreiben können, wobei c, d die Bedingungen (6.4) und (6.5) erfüllen.

▷ Was bedeutet das für n? Die Bedingungen lauten: $c > d > 1$, und c, d haben verschiedene Parität. Eine der beiden Zahlen muss ungerade sein, das ergibt den ungeraden Teiler (> 1) von n, daher kann n keine Zweierpotenz sein. Umgekehrt liefert jeder ungerade Teiler c und d. Also hat n eine Trapezzahldarstellung genau dann, wenn es keine Zweierpotenz ist.

Wir schreiben den gefundenen Weg geordnet und mit allen Details auf:

Lösung zu Problem 6.3

n lässt sich genau dann als Trapezzahl darstellen, wenn n keine Potenz von 2 ist.

Beweis: Wir zeigen dies in mehreren Schritten. Genauer beweisen wir, dass folgende Aussagen äquivalent sind:

(i) n ist als Trapezzahl darstellbar.

(ii) Es gibt $a, b \in \mathbb{N}$, $a < b$ mit $2n = (a + b)(b - a + 1)$.

---

[4]Die Parität ist die Eigenschaft einer ganzen Zahl, gerade oder ungerade zu sein. Eine der Zahlen c, d muss also gerade, die andere ungerade sein.

(iii) Es gibt $c, d \in \mathbb{N}$ verschiedener Parität mit $c > d > 1$ und $2n = cd$.

(iv) n ist keine Potenz von 2.

Beweis von (i) $\Longleftrightarrow$ *(ii):* Nach Definition ist n genau dann als Trapezzahl darstellbar, wenn es $a, b \in \mathbb{N}$, $a < b$ mit $n = a + \cdots + b$ gibt. Wie oben berechnet, ist $a + \cdots + b = \frac{1}{2}(a + b)(b - a + 1)$. Damit ist n genau dann als Trapezzahl darstellbar, wenn es $a, b \in \mathbb{N}$, $a < b$ gibt mit $2n = (a + b)(b - a + 1)$.

Beweis von (ii) $\Rightarrow$ *(iii):* Gibt es a, b wie in (ii), so setzen wir $c = a + b$, $d = b - a + 1$. Dann gilt $2n = cd$. Außerdem folgt (6.3) (Rechnung wie dort angegeben), und dies impliziert (6.4) und (6.5) wie dort nachgewiesen. Das sind die Bedingungen an c, d in (iii).

Beweis von (iii) $\Rightarrow$ *(ii):* Sind c, d wie in (iii) gegeben, so definieren wir a, b durch (6.3), dann folgt $c = a + b$, $d = b - a + 1$, also $2n = (a + b)(b - a + 1)$, und die Bedingungen $a, b \in \mathbb{N}$, $a < b$ folgen aus den Gleichungen (6.4) und (6.5) wie dort bewiesen.

Beweis von (iii) $\Rightarrow$ *(iv):* Es gelte (iii). Da c, d verschiedene Parität haben, ist eine der beiden Zahlen ungerade. Da beide größer als 1 sind, folgt, dass $2n$ einen ungeraden Teiler größer als 1 hat. Dasselbe gilt damit auch für n. Also kann n keine Zweierpotenz sein.

Beweis von (iv) $\Rightarrow$ *(iii):* Es gelte (iv). Da n keine Potenz von 2 ist, muss es einen ungeraden Teiler $x > 1$ haben. Setze $y = \frac{2n}{x} = 2 \cdot \frac{n}{x}$. Dann gilt $2n = xy$. Da x ein Teiler von n ist, ist $\frac{n}{x}$ eine natürliche Zahl. Also ist y gerade, insbesondere gilt $y > 1$ und x, y sind verschieden. Setzen wir also

$$c = \max\{x, y\}, \quad d = \min\{x, y\},$$

(d. h. c ist die größere und d die kleinere der Zahlen x, y) so erfüllen c, d die Bedingungen von (iii).

Insgesamt folgt die Äquivalenz von (i) und (iv), was unsere Behauptung war.

Rückschau zu Problem 6.3

- Der erste Ansatz baute auf gute Beobachtungen an Beispielen auf, die sich verallgemeinern ließen. Der zweite Ansatz begann mit der Formulierung des Ziels als Gleichung; durch Rückwärtsarbeiten und Vereinfachen konnten wir Zwischenziele formulieren, die uns schließlich zur Lösung führten.

- Bei komplexeren Aufgaben bzw. Lösungswegen wie dieser besteht eine Schwierigkeit darin, **den Überblick zu behalten.** Es ist daher wichtig, sich immer wieder klarzumachen, was gegeben und was gesucht ist und was bisher erreicht ist. Am besten schreibt man sich das während der Untersuchung auf.

  Das geordnete, übersichtliche Aufschreiben ist eine wichtige Kontrolle, ob die Argumentation vollständig ist.

- In der Lösung haben Sie eine effiziente Methode kennengelernt, mehrschrittige Argumentationen übersichtlich aufzuschreiben.

- Unsere Lösung lässt sich schematisch wie in Abbildung 6.11 darstellen.

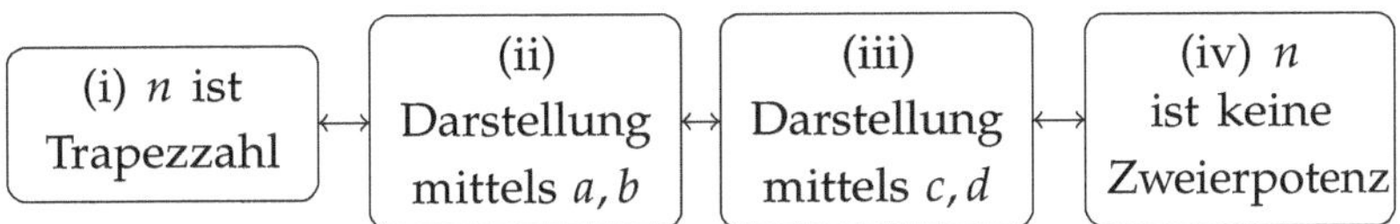

Abb. 6.11 Lösungsschema für die Trapezzahlen-Aufgabe

6.4 Weiterführende Bemerkungen: Summen-Darstellungen ganzer Zahlen

Trapezzahlen, Dreieckszahlen etc.

Es gibt noch weitere „Figurenzahlen": Vielleicht haben Sie schon von *Dreieckszahlen* gehört. Das sind die Zahlen, die sich als Punkteanzahlen von bestimmten Dreiecksmustern ergeben, siehe Abbildung 6.12. Die n-te Dreieckszahl ist $1 + 2 + \cdots + n$, eine Formel dafür kennen Sie bereits. Quadratzahlen sind allgemein bekannt. Aus Fünfecken erhält man die Pentagonalzahlen. Sie spielen in äußerst überraschender Weise bei der Frage eine Rolle, auf wie viele Arten sich eine natürliche Zahl n als geordnete Summe von natürlichen Zahlen darstellen lässt (also z. B. $4 = 3 + 1 = 2 + 2 = 2 + 1 + 1 = 1 + 1 + 1 + 1$, das sind fünf Arten für $n = 4$; hierbei soll also z. B. $3 + 1$ und $1 + 3$ als dieselbe Darstellung gezählt werden). Dieses Problem ist ungleich schwieriger als das Problem, bei dem $3 + 1$ und $1 + 3$ als verschieden gezählt wurden (siehe Aufgaben A 1.9 und A 5.19).[5]

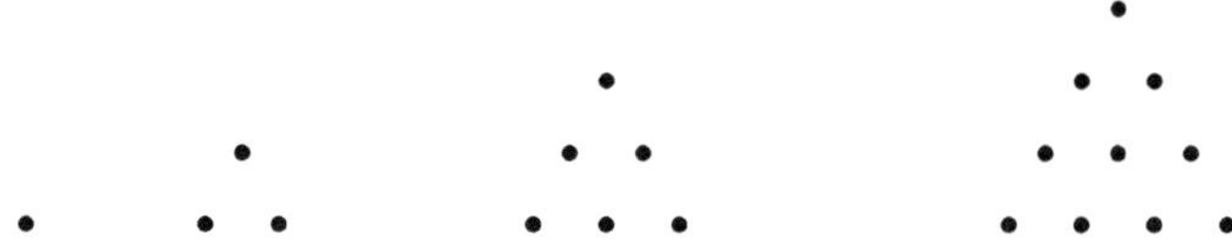

Abb. 6.12 Die Dreieckszahlen 1, 3, 6, 10

Summen-Darstellungen natürlicher Zahlen

Probleme der Art „Welche natürlichen Zahlen lassen sich auf eine bestimmte Art darstellen?" (zusammen mit dem verwandten Problem: „... und auf wie viele Arten?") bilden einen Grundstock der Mathematik, und ihre Untersuchung hat zur Entwicklung vieler interessanter Theorien geführt. Die Schwierigkeit des Problems variiert drastisch mit der untersuchten Art der Darstellung. Hier sind einige weitere Beispiele; einige von ihnen werden in den meisten Büchern über Zahlentheorie behandelt:

---

[5]Siehe die Stichworte Partitionszahlen oder Pentagonalzahlensatz in Wikipedia für Erklärungen und Literaturangaben.

- $n = p_1 + p_2$: Darstellung von n als Summe von zwei Primzahlen. Es wird allgemein vermutet, dass sich jede gerade Zahl n so darstellen lässt (GOLDBACHsche Vermutung, aufgestellt 1742). Dies ist bekannt für alle geraden n bis 4×10^{18}, ob es aber für alle gilt, ist trotz intensiver Bemühungen vieler Mathematiker bis heute unbekannt.

- $n = x^2 - y^2$: Darstellung von n als Differenz zweier Quadrate (natürlich sollen $x, y \in \mathbb{N}$ sein, auch im Folgenden). Siehe Aufgabe A 6.6. Modifiziert man dies ein wenig, wird's deutlich schwieriger:

- $n = x^2 + y^2$: Darstellung von n als Summe zweier Quadrate. Dies ist ein sehr hübsches, aber nicht einfaches Thema. Zum Beispiel kann man zeigen, dass alle Primzahlen, die bei Division durch 4 den Rest 1 lassen, so darstellbar sind (zum Beispiel $13 = 2^2 + 3^2$)– diejenigen, die den Rest 3 lassen, aber nicht (zum Beispiel 19). Siehe auch Aufgabe A 8.10. Die Antwort für allgemeines n ist etwas komplizierter, aber bekannt.

- $n = x^2 - 2y^2$: Darstellung von n als Differenz eines Quadrates und des Doppelten eines Quadrates. Auch dies ist bekannt, aber nicht einfach. Die Gleichung $x^2 - 2y^2 = 1$ heißt PELLsche Gleichung. Eine Lösung ist $x = 3, y = 2$. Es gibt unendlich viele Lösungen, und man erhält sie dadurch, dass man $(3 + 2\sqrt{2})^k$ ausmultipliziert und als $x + y\sqrt{2}$ schreibt mit $x, y \in \mathbb{N}$. Z. B. für $k = 2$: $(3 + 2\sqrt{2})^2 = 9 + 2 \cdot 3 \cdot 2\sqrt{2} + 8 = 17 + 12\sqrt{2}$, und in der Tat ist $17^2 - 2 \cdot 12^2 = 1$. Dass (x, y) für jedes k eine Lösung ist, ist eine hübsche Übungsaufgabe, dass dies alle Lösungen sind, ist etwas schwieriger zu zeigen.

- $n = x^2 + y^2 + z^2 + u^2$, $x, y, z, u \in \mathbb{N}_0$: Darstellung von n als Summe von maximal vier Quadraten. Dies geht für alle n (Vier-Quadrate-Satz von LAGRANGE), das ist aber wieder nicht einfach zu zeigen.

- $n = 2^{i_0} + 2^{i_1} + \cdots + 2^{i_k}$, $i_0 < \cdots < i_k$, k beliebig: Darstellung von n als Summe verschiedener Potenzen von 2. Dass dies für jedes n in eindeutiger Weise möglich ist (Übungsaufgabe!), liegt dem Binärsystem und damit aller Computertechnologie zugrunde.

Aufgaben

1 A 6.1 Bestimmen Sie Umfang und Fläche der Figur in Abbildung 6.13 (nicht durch Messen, sie ist nicht exakt gezeichnet). Welche Strategien verwenden Sie?

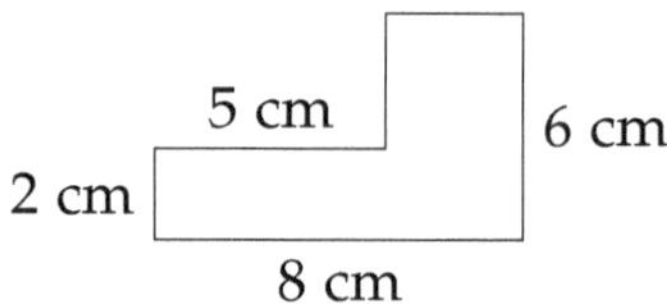

Abb. 6.13 Zu Aufgabe A 6.1

1-2 A 6.2 Sie haben zwei Gefäße. Das eine fasst genau neun, das andere genau vier Liter. Wie können Sie vorgehen, um genau sechs Liter abzumessen? Sie haben außer den beiden Gefäßen und einer unendlichen Quelle keinerlei Hilfsmittel zur Verfügung. Formulieren Sie ein geeignetes Zwischenziel. Ist es sinnvoll, rückwärts zu arbeiten?

2 A 6.3 Problem 6.2 (Diagonale im Quader) ist bezüglich der Seitenlängen a, b, c symmetrisch: Jede der Seitenlängen spielt dieselbe Rolle. Ist die Lösungsformel symmetrisch? Ist der angegebene Lösungsweg symmetrisch? Wenn nicht, was ergibt sich daraus für alternative Lösungswege?

2 A 6.4 Vervollständigen Sie den ersten bei der Untersuchung von Problem 6.3 gemachten Ansatz für die Frage der Existenz einer Darstellung.

2-3 A 6.5 Auf wie viele Arten lassen sich die Zahlen 12 und 750 als Trapezzahl darstellen? Auf wie viele Arten lässt sich eine beliebige Zahl $n \in \mathbb{N}$ als Trapezzahl darstellen?

2 A 6.6 Welche Zahlen $n \in \mathbb{N}$ können als Differenz zweier Quadrate (natürlicher Zahlen) geschrieben werden?

2-3 A 6.7 Beginnend mit 1 addiere die natürlichen Zahlen der Reihe nach. Kann dabei eine 5-stellige Zahl mit lauter gleichen Ziffern herauskommen?

A 6.8 Gegeben seien beliebige Ziffern $a_1, \ldots, a_n$. Zeigen Sie, dass es eine natürliche Zahl N gibt, so dass der Nachkommateil der Dezimaldarstellung von $\sqrt{N}$ genau mit den Ziffern $a_1 \ldots a_n$ beginnt.

A 6.9 Gegeben seien drei Punkte A, B, C in der Ebene. Geben Sie ein konstruktives Verfahren an, wie man eine Gerade durch A finden kann, die von B und C denselben Abstand hat!

A 6.10 Entlang eines Kreises schreibe 4 Nullen und 5 Einsen in beliebiger Reihenfolge. Führe folgende Regel immer wieder aus: Schreibe zwischen benachbarte gleiche Zahlen eine Eins, zwischen benachbarte verschiedene eine Null, dann lösche die ursprünglichen Zahlen (so dass wieder 9 Zahlen dastehen). Kann man jemals 9 Einsen bekommen? Kann man jemals 9 Nullen bekommen?

A 6.11 Auf dem Tisch liegen 100 Karten verdeckt in einer Reihe. Jetzt werden die Karten an den Positionen 2,4,6,... umgedreht. Dann werden die Karten an den Positionen 3,6,9,... umgedreht (die Karte an Position 6 ist dann also wieder verdeckt), dann die Karten an den Positionen 4,8,12,... usw., bis in der letzten Runde nur noch die Karte an Position 100 umgedreht wird. Welche Karten sind am Schluss verdeckt?

A 6.12 Wenn in Problem 6.1 n Kunden statt 5 einkaufen, wieviele Äpfel hatte der Händler dann am Anfang?

A 6.13 Untersuchen Sie, ob die Zahl

$$x = \sqrt{4 + \sqrt{7}} - \sqrt{4 - \sqrt{7}} - \sqrt{2}$$

positiv, negativ oder gleich Null ist.

7 Logik und Beweise

Wir formulieren mathematische Argumente in unserer natürlichen Sprache. Diese ist oft mehrdeutig, und im Alltag hört und liest man häufig logische Fehlschlüsse. Um zuverlässig argumentieren zu können, sollten Sie sich daher über die wichtigsten logischen Konstrukte und Sprechweisen im Klaren sein. Diese werden im ersten Abschnitt dieses Kapitels behandelt.

Bei der Untersuchung eines mathematischen Sachverhalts beobachten wir Zusammenhänge und Muster, haben wir Einsichten, stellen Vermutungen auf. Um sicher zu sein, dass eine Vermutung stimmt, brauchen wir einen *Beweis*.

Eine der Grundlagen des Beweisens bildet die Logik. Sie hilft Ihnen sicherzustellen, dass ein Argument oder Beweis schlüssig (also richtig und vollständig) ist. Eine ganz andere Frage ist, wie Sie einen Beweis *finden*. Dabei helfen Ihnen Erfahrung, allgemeine Problemlösestrategien und die Kenntnis typischer Beweis*muster*. Zu den allgemeinen Beweisformen direkter und indirekter Beweis kommen je nach Kontext zahlreiche weitere typische Beweismuster hinzu. Im zweiten Abschnitt dieses Kapitels werden die allgemeinen Beweisformen und einige dieser Beweismuster vorgestellt und mit Beispielen illustriert. Drei von ihnen lernen Sie in den folgenden Kapiteln noch eingehender kennen.

Natürlich sind Ihrer Kreativität im Erfinden von Beweisen über diese typischen Formen hinaus keine Grenzen gesetzt!

7.1 Logik

Wenn wir mathematisch arbeiten, möchten wir Dinge untersuchen, verstehen, berechnen, bestimmen, etc. Unsere Vermutungen oder Ergebnisse formulieren wir als **Aussagen.** Thema der Logik ist, wie man Aussagen zu neuen Aussagen verknüpft und wie der Wahrheitswert (wahr oder falsch) der neuen Aussagen durch den der alten bestimmt ist. Thema ist auch, wie man korrekt von wahren Aussagen

auf andere Aussagen schließt und damit sicherstellt, dass diese auch
wahr sind.

Aussagen

Als **Aussage** bezeichnet man in der Logik einen Ausdruck, der entweder wahr oder falsch sein kann. Dies nennt man den **Wahrheitswert**
der Aussage.

Beispiele für Aussagen sind:

- A: „$1 + 1 = 2$"

- B: „Das Quadrat einer beliebigen geraden Zahl ist gerade"

- C: „$1 = 2$"

- D: „5 ist negativ"

- E: „Jede gerade Zahl $n > 2$ kann als Summe zweier Primzahlen
  geschrieben werden"

Die Aussagen A, B sind wahr, C, D sind falsch, von E wissen wir nicht,
ob sie wahr oder falsch ist[1]. „Es regnet" ist auch eine Aussage. Ob
sie wahr ist, können wir mit einem Blick aus dem Fenster feststellen.

Dagegen sind „Vielleicht regnet es", „Hoffentlich regnet es bald",
„Ist 1+1=2?" und „xy&,%" keine Aussagen im Sinne der Logik.

Der Ausdruck „n ist gerade" ist keine Aussage, da nicht gesagt
wurde, was n ist. Setzt man für n einen Wert ein, z. B. $n = 3$, so
wird der Ausdruck zu der Aussage „3 ist gerade" (die falsch ist).
Ein Ausdruck, der eine oder mehrere Variablen enthält und der bei
Einsetzen von Werten für die Variable(n) zu einer Aussage wird, heißt
Aussageform. Bezeichnet $A(n)$ die Aussageform „n ist gerade", so
ist zum Beispiel die Aussage $A(1)$ falsch und die Aussage $A(2)$ wahr.

Die Variablen in einer Aussageform brauchen nicht Zahlen zu
entsprechen. Es können auch andere mathematische Objekte sein, z. B.
Dreiecke („Das Dreieck D hat zwei gleiche Winkel") oder Graphen
(„Der Graph G ist zusammenhängend").

Ist A eine Aussage, so ist ihre **Negation** (oder Verneinung) ebenfalls
eine Aussage. Sie wird manchmal mit $\neg A$ bezeichnet. Die Negation

---

[1]Man vermutet, dass sie wahr ist. Das ist die GOLDBACHsche Vermutung.

von „$1 + 1 = 2$" ist „$1 + 1 \neq 2$", die Negation von „Es regnet" ist „Es regnet nicht".

Die Verknüpfungen „und", „oder"

Aus zwei Aussagen A, B kann man die neuen Aussagen „A und B", „A oder B" bilden. Der Wahrheitswert dieser neuen Aussagen ergibt sich aus dem von A, B:

- „A und B" ist genau dann wahr, wenn *sowohl A als auch B* wahr sind;

- „A oder B" ist genau dann wahr, wenn *mindestens eine* der Aussagen A, B wahr ist.

Bei den Beispielen oben ist „A und B" wahr, „A und C" falsch, „A oder C" wahr und „C oder D" falsch. Wie steht es mit „A oder E", „D oder E", „A und E"?

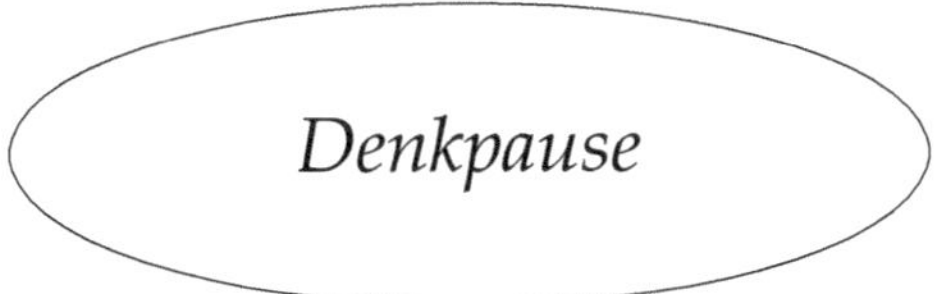

Die Aussage „A oder E" ist wahr, weil A wahr ist. Von den Aussagen „D oder E", „A und E" wissen wir nicht, ob sie wahr sind. Das hängt vom Wahrheitswert von E ab.

Im Beispiel ist die Aussage „A oder B" ebenfalls wahr: In der Mathematik ist „oder" immer einschließend gemeint, also auch dann wahr, wenn beide Teile wahr sind. Meint man das ausschließende „oder", sagt man „entweder A oder B" (im Beispiel ist diese Aussage falsch). In der Umgangssprache wird das oft nicht genau unterschieden.

Die logische Bedeutung von „und", „oder" lässt sich übersichtlich in einer **Wahrheitstabelle** darstellen, siehe die dritte und vierte Spalte in Tabelle 7.1.

Die Quantoren „Für alle", „Es gibt"

Viele mathematische Aussagen fangen an mit „Für alle natürlichen Zahlen gilt ..." oder „Für alle Dreiecke gilt..." oder „Es gibt eine

A	B	A und B	A oder B	$A \Rightarrow B$	$\neg A$
w	w	w	w	w	f
w	f	f	w	f	f
f	w	f	w	w	w
f	f	f	f	w	w

Tab. 7.1 Wahrheitstabellen für und, oder, wenn-dann und Negation. **w** = wahr, **f** = falsch

Zahl, für die ...". Allgemein: Ist $A(n)$ eine Aussageform und M eine Menge von Werten, die n annehmen kann, so können wir die folgenden Aussagen betrachten:

- Für alle $n \in M$ gilt $A(n)$ (in Zeichen: $\forall n \in M : A(n)$).
- Es gibt ein $n \in M$, für das $A(n)$ gilt   (in Zeichen: $\exists n \in M : A(n)$).

Man nennt die Ausdrücke „Für alle" und „Es gibt" (bzw. die Zeichen $\forall$ und $\exists$) **Quantoren.** Betrachten wir ein paar Beispiele.

- „Für alle $n \in \mathbb{N}$ gilt $n + 1 \in \mathbb{N}$" ist wahr.

- „Für alle $n \in \mathbb{N}$ gilt $n - 1 \in \mathbb{N}$" ist falsch, denn für $n = 1$ resultiert die Aussage $1 - 1 \in \mathbb{N}$, und diese ist falsch, da 0 keine natürliche Zahl ist[2].

- „Es gibt ein Dreieck, das zwei gleiche Winkel hat" ist wahr.

- „Es gibt ein Dreieck, dessen Winkelsumme 200 Grad ist" ist falsch, denn für alle Dreiecke gilt, dass sie die Winkelsumme 180 Grad haben.

Wir sehen: Eine „Für alle"-Aussage kann durch ein einziges Gegenbeispiel widerlegt werden. Eine „Es gibt"-Aussage wird durch eine „Für alle"-Aussage widerlegt.

„Es gibt ein ..." ist immer als „Es gibt *mindestens* ein ..." zu verstehen. Will man ausdrücken, dass es gleichzeitig nicht mehr als eines gibt, sagt man „Es gibt genau ein ...".

---

[2]$\mathbb{N}$ ist als $\{1,2,3,\dots\}$ definiert. Manche Autoren bezeichnen mit $\mathbb{N}$ die Menge $\{0,1,2,\dots\}$. In diesem Fall wird die Aussage durch $n = 0$ widerlegt. In diesem Buch wird die Menge $\{0,1,2,\dots\}$ mit $\mathbb{N}_0$ bezeichnet.

Oft verwendet man *andere Sprechweisen*, zum Beispiel: Statt „Für alle $n \in \mathbb{N}$ gilt: n ist positiv" sagt man auch „Alle $n \in \mathbb{N}$ sind positiv" oder „Für beliebige natürliche Zahlen n gilt: n ist positiv" oder „Sei $n \in \mathbb{N}$; dann ist n positiv". Statt „Es gibt eine Primzahl n, für die gilt: n ist gerade" sagt man auch „Es gibt eine gerade Primzahl".

Vorsicht: In der Mathematik gilt eine Aussage der Form „$\forall n \in M : A(n)$" immer als wahr, wenn M die leere Menge ist. Dies ist sinnvoll, da es nichts gibt, was die Aussage widerlegt. Dieser Gebrauch entspricht aber nicht immer der Umgangssprache. Wenn Sie sagen „Alle meine Häuser sind aus Holz gebaut", dann werden die meisten Leute glauben, dass Sie mindestens ein Haus besitzen. Streng logisch kann man dies aber nicht schließen.

Man kann die *Bezeichnung für die Variable* innerhalb einer „Für alle" oder „Es gibt" Aussage ändern, ohne den Wahrheitswert der Aussage zu ändern: Statt „Für alle $n \in \mathbb{N}$ gilt $n + 1 \in \mathbb{N}$" kann man genauso gut „Für alle $m \in \mathbb{N}$ gilt $m + 1 \in \mathbb{N}$" sagen. Natürlich muss man die Bezeichnung an allen Stellen ändern, auf die sich das betreffende „Für alle" oder „Es gibt" bezieht. Zum Beispiel dürfte man dies nicht in „Für alle $m \in \mathbb{N}$ gilt $n + 1 \in \mathbb{N}$" ändern – das ist ja nicht einmal eine Aussage, da unklar ist, was n ist.

Dies ist oft nützlich, um bei Auftreten mehrerer Quantoren die Übersicht zu behalten. Ein Bespiel finden Sie im Beweis der Teilbarkeitsregeln in Abschnitt 8.1.

In vielen Aussagen werden mehrere Quantoren kombiniert: Die Alltagsweisheit „Zu jedem Topf passt ein Deckel" lautet ausführlich *„Für jeden* Topf *gibt es* einen Deckel, der zu dem Topf passt". *Vorsicht:* Es kommt auf die Reihenfolge an. Die Aussage „Es gibt einen Deckel, der auf jeden Topf passt" sagt etwas ganz anderes. Formal geschrieben, lauten die beiden Aussagen (den Doppelpunkt lässt man zwischen Quantoren meist weg):

$$\text{„}\forall T \in \{\text{Töpfe}\}\, \exists D \in \{\text{Deckel}\} : D \text{ passt auf } T\text{"}$$

$$\text{„}\exists D \in \{\text{Deckel}\}\, \forall T \in \{\text{Töpfe}\} : D \text{ passt auf } T\text{"}$$

Als mathematisches Beispiel betrachten Sie die beiden folgenden Aussagen:

$$\text{„Für alle } n \in \mathbb{N} \text{ gibt es ein } m \in \mathbb{N} \text{ mit } m > n\text{"}$$
$$\text{„Es gibt ein } m \in \mathbb{N}, \text{ so dass für alle } n \in \mathbb{N} \text{ gilt: } m > n\text{"}$$

Die erste ist wahr, die zweite ist falsch.

Die Implikation: „Wenn ..., dann ...“

Aus zwei Aussagen A, B lässt sich die Aussage „Wenn A, dann B“, in Zeichen „$A \Rightarrow B$“, bilden. Man sagt auch „Aus A folgt B“ oder „A impliziert B“ und nennt A die **Prämisse**, B die **Konklusion**. Diese Aussage ist falsch, wenn A wahr und B falsch sind, sonst ist sie wahr, siehe die fünfte Spalte von Tabelle 7.1. Insbesondere ist „$A \Rightarrow B$“ auf jeden Fall wahr, wenn die Prämisse A falsch ist. Anders gesagt:

> Die einzige Art, wie „$A \Rightarrow B$“ falsch sein kann, ist, dass A wahr und B falsch ist.

Warum ist das sinnvoll? Als Beispiel betrachten wir die Aussage:

> Für alle $n \in \mathbb{N}$ gilt: Wenn n durch 4 teilbar ist, ist n gerade,

der Sie sicherlich zustimmen werden. Damit müssen sämtliche Aussagen

> Wenn 1 durch 4 teilbar ist, ist 1 gerade
> Wenn 2 durch 4 teilbar ist, ist 2 gerade
> Wenn 3 durch 4 teilbar ist, ist 3 gerade
> Wenn 4 durch 4 teilbar ist, ist 4 gerade
> usw.

wahr sein. Sehen wir uns in jeder dieser Aussagen die Wahrheitswerte von Prämisse („... ist durch 4 teilbar“) und Konklusion („... ist gerade“) an: In der ersten und dritten sind Prämisse und Konklusion falsch; in der zweiten ist die Prämisse falsch, die Konklusion wahr; und in der vierten sind Prämisse und Konklusion wahr. Das entspricht genau den drei Einträgen der Wahrheitstabelle, in denen „$A \Rightarrow B$“ wahr ist. Und hätten wir eine Zahl n gefunden, die zwar durch 4 teilbar, aber ungerade ist, wäre die Implikation falsch gewesen. Damit sind alle Fälle in der Wahrheitstabelle für „$A \Rightarrow B$“ erklärt.

Betrachten wir ein weiteres Beispiel. A: „Es regnet“ und B: „Die Straße wird nass“. Die Aussage „$A \Rightarrow B$“ ist dann: „Wenn es regnet, wird die Straße nass“. Ausführlich meinen wir damit: „*Jedes Mal,* wenn es regnet, wird die Straße nass“.[3] Dies ist nur dann falsch,

---

[3]Ganz genau gesagt: Seien $A(t)$, $B(t)$ die Aussagen „Es regnet zum Zeitpunkt t“ bzw. „Die Straße wird zum Zeitpunkt t nass“. Dann ist „$A \Rightarrow B$“ eine Kurzform für die „Für alle“- (oder „Jedes Mal“-) Aussage „$\forall t : A(t) \Rightarrow B(t)$“.

wenn es zu irgendeinem Zeitpunkt regnet und die Straße trocken bleibt. Falls es nie regnet, bleibt die Aussage wahr, egal ob die Straße trocken oder nass ist – denn darüber wird ja nichts behauptet.

Wie in diesen Beispielen sind Aussagen der Form „Wenn ..., dann ... " fast immer Teil einer „Für alle"-Aussage, auch wenn das nicht immer explizit dasteht. Man sollte sich daher bei „Wenn, dann" ein „Jedes Mal ... " dazudenken.

Wir können eine Implikation auch umformulieren: Statt „Wenn es regnet, wird die Straße nass" können wir sagen „Wenn die Straße trocken bleibt, regnet es nicht", oder auch „Es kommt nicht vor, dass es regnet und die Straße trocken bleibt". Formal bedeutet das für zwei Aussagen A, B:

$$A \Rightarrow B \text{ ist gleichwertig mit } \neg B \Rightarrow \neg A \text{ und mit } \neg(A \text{ und } \neg B)$$

Dies ist die Grundlage für den **indirekten Beweis** und den **Widerspruchsbeweis.** ‚Gleichwertig' bedeutet hierbei, dass für beliebige Wahrheitswerte von A und B diese drei Aussagen dieselben Wahrheitswerte haben. Dies können Sie direkt anhand der Tabelle 7.1 nachprüfen. Man sagt dafür auch **logisch äquivalent.**

Beachten Sie aber, dass $A \Rightarrow B$ *nicht* gleichwertig ist mit $\neg A \Rightarrow \neg B$. Im Beispiel wäre dies „Wenn es nicht regnet, wird die Straße nicht nass" – dies ist offenbar eine andere Aussage (die falsch ist, da die Straße auch von einem Rasensprenger nass werden könnte). Überzeugen Sie sich davon anhand der Wahrheitstabelle!

Dies ist ein Fehlschluss, dem man im Alltag häufig begegnet, etwa in der Form: „Wenn es regnet, wird die Straße nass. Es regnet nicht. Also bleibt die Straße trocken." oder „Wenn es regnet, wird die Straße nass. Die Straße wird nass. Also regnet es." Beide Schlüsse sind logisch inkorrekt.

Notwendig und hinreichend

Für Aussagen der Form „$\forall n \in M : A(n) \Rightarrow B(n)$" verwendet man auch die Sprechweisen „$A(n)$ ist hinreichend für $B(n)$, für $n \in M$" und „$B(n)$ ist notwendig für $A(n)$, für $n \in M$". Oft lässt man den Teil „für $n \in M$" weg, wenn aus dem Kontext klar ist, was M ist. Diese Sprechweisen betonen jeweils einen anderen Blickwinkel:

❑ $A(n)$ ist hinreichend für $B(n)$: Man sucht Bedingungen an n, unter denen $B(n)$ sicher gilt; hat man „$\forall n \in M : A(n) \Rightarrow B(n)$" gezeigt, weiß man, dass $A(n)$ so eine Bedingung ist.

❑ $B(n)$ ist notwendig für $A(n)$: Man sucht Bedingungen an n, die zum Eintreten von $A(n)$ notwendigerweise erfüllt sein müssen; hat man „$\forall n \in M : A(n) \Rightarrow B(n)$" gezeigt, weiß man, dass $B(n)$ so eine Bedingung ist.

Als Beispiel betrachten wir die Aussagen $A(n)$: „Die Dezimaldarstellung von n endet mit einer Null" und $B(n)$: „n ist gerade" über natürliche Zahlen $n \in \mathbb{N}$. Die wahre Aussage „$\forall n \in \mathbb{N} : A(n) \Rightarrow B(n)$" kann man dann auch ausdrücken durch:

❑ $A(n)$ ist hinreichend für $B(n)$: Um sicher zu sein, dass n gerade ist, reicht es zu wissen, dass n auf Null endet.

❑ $B(n)$ ist notwendig für $A(n)$: Endet n auf Null, so ist n notwendigerweise gerade.

Aber $B(n)$ ist nicht hinreichend für $A(n)$: Eine gerade Zahl braucht nicht auf Null zu enden. Analog ist $A(n)$ nicht notwendig für $B(n)$.

Beachten Sie die Umkehrung der Reihenfolge bei „notwendig". Wir können die Bedeutung von „notwendig" und „hinreichend" so zusammenfassen: Sind $A(n)$, $B(n)$, $C(n)$ Aussageformen, so bedeutet $A(n) \Rightarrow B(n) \Rightarrow C(n)$, dass $A(n)$ hinreichend für $B(n)$ sowie $C(n)$ notwendig für $B(n)$ ist.

Meist werden diese Begriffe eingesetzt, wenn man eine schwierige Aussage untersucht und dann möglichst einfach nachprüfbare Bedingungen für ihre Gültigkeit finden will.

Hier ist ein etwas komplexeres Beispiel: Betrachten wir die folgende Aussage $A(G)$ über einen Graphen G: „G lässt sich ohne Kantenüberschneidungen in die Ebene zeichnen". Aus der Lösung von Problem 4.6 folgt, dass eine notwendige Bedingung hierfür ist, dass G keine 5 Ecken enthalten darf, die paarweise miteinander durch Kanten verbunden sind. Diese Bedingung ist jedoch nicht hinreichend: Auch wenn es in G sechs Ecken $E_1, E_2, E_3, F_1, F_2, F_3$ gibt, für die jedes

E_i mit jedem F_j verbunden ist, erfüllt G nicht die Aussage $A(G)$, vgl. Aufgabe A 4.6.[4]

Äquivalenz: „Genau dann, wenn"

Zwei Aussagen A, B heißen (logisch) **äquivalent**, in Zeichen $A \Leftrightarrow B$, wenn $A \Rightarrow B$ und $B \Rightarrow A$ gilt. Man sagt auch „A gilt **genau dann, wenn** B gilt" oder „A ist **notwendig und hinreichend** für B".

Wie die Implikation tritt dies meist innerhalb einer „Für alle"-Aussage auf: $\forall n \in M : A(n) \Leftrightarrow B(n)$.

Negation zusammengesetzter Aussagen

Bei der Negation zusammengesetzter Aussagen muss man besonders genau hinsehen. Es lohnt sich, wenn Sie sich das einmal an einfachen Beispielen klarmachen und dann einprägen.

Um die Negation einer Aussage zu finden, fragen Sie sich: Was genau muss wahr sein, damit die Aussage falsch ist? Was genau muss ich zeigen, um die Aussage zu widerlegen?
Daraus ergibt sich die **Umkehrregel** für die Negation:

> Negation vertauscht „und" mit „oder" und $\forall$ mit $\exists$. Dabei wird das Negationszeichen „nach hinten durchgezogen".

Damit ist Folgendes gemeint:[5]

Die Aussage	ist äquivalent zu der Aussage
$\neg(\,A \text{ und } B\,)$	$\neg A$ oder $\neg B$
$\neg(\,A \text{ oder } B\,)$	$\neg A$ und $\neg B$
$\neg(\,\exists n \in M : A(n)\,)$	$\forall n \in M : \neg A(n)$
$\neg(\,\forall n \in M : A(n)\,)$	$\exists n \in M : \neg A(n)$

---

[4]Man kann mit Hilfe dieser beiden Spezialfälle eine Bedingung formulieren, die sogar *notwendig und hinreichend* für $A(G)$ ist. Dies ist der Satz von KURATOWSKI, siehe z. B. (Aigner, 2015).
   [5]„$\neg A$ oder $\neg B$" ist zu lesen als „$(\neg A)$ oder $(\neg B)$"

Beispiele

- Die Aussage „Heute regnet es *und* donnert es" ist genau dann falsch, wenn es nicht regnet *oder* nicht donnert.

- Die Aussage „Heute regnet es *oder* schneit es" ist genau dann falsch, wenn es heute nicht regnet *und* auch nicht schneit.

- Die Aussage „Es regnet *jeden* Tag" ist genau dann falsch, wenn es einen Tag *gibt*, an dem es nicht regnet.

- Die Aussage „Diese Woche wird es einen Tag *geben*, an dem es regnet" ist genau dann falsch, wenn es an *jedem* Tag dieser Woche trocken bleibt.

Komplexere Kombinationen von Aussagen verneint man durch mehrfache Anwendung dieser Regeln:

Die Negation von „Für alle $n \in \mathbb{N}$ gibt es ein $m \in \mathbb{N}$ mit $m > n$"

ist „Es gibt ein $n \in \mathbb{N}$, so dass für alle $m \in \mathbb{N}$ gilt: $m \leq n$".

Machen Sie sich klar, dass dies die logisch korrekte Negation ist. Hier ist ein analoges umgangssprachliches Beispiel: Die Verneinung der Aussage „Zu jedem Topf gibt es einen passenden Deckel" ist „Es gibt einen Topf, zu dem kein Deckel passt", was systematischer, aber umständlicher als „Es gibt einen Topf, so dass jeder Deckel nicht drauf passt" formuliert werden kann.

Man kann dies auch rein formal nachprüfen, indem man das $\neg$-Zeichen Schritt für Schritt nach rechts zieht und dabei jedes Mal die Umkehrregel anwendet:

$$\neg(\forall n \in \mathbb{N} \quad \exists m \in \mathbb{N}: \quad m > n) \Longleftrightarrow$$
$$\exists n \in \mathbb{N} \; \neg(\exists m \in \mathbb{N}: \quad m > n) \Longleftrightarrow$$
$$\exists n \in \mathbb{N} \quad \forall m \in \mathbb{N}: \neg(m > n) \Longleftrightarrow$$
$$\exists n \in \mathbb{N} \quad \forall m \in \mathbb{N}: \quad m \leq n$$

In Zeitungen und Politikerreden werden Sie oft falsche Negationen finden. Zum Beispiel wird „Für alle t gilt $A(t)$" oft als „Für alle t gilt $A(t)$ nicht" negiert, das bedeutet aber etwas ganz anderes.

7.2 Beweise

Ein Beweis ist eine logisch vollständige Begründung einer Aussage. Solange wir eine Aussage nicht bewiesen haben, ist es möglich, dass sie falsch ist – auch wenn sie durch zahlreiche Beispiele gestützt wird.

Beispiel

FERMAT untersuchte im Jahr 1637 die Zahlen $F_n = 2^{(2^n)} + 1$. Er beobachtete, dass F_0, F_1, F_2, F_3 und F_4 Primzahlen sind. Rechnen wir das für $n = 0, 1, 2$ nach: $F_0 = 2^{(2^0)} + 1 = 2^1 + 1 = 3$ und $F_1 = 2^{(2^1)} + 1 = 2^2 + 1 = 4 + 1 = 5$ und $F_2 = 2^{(2^2)} + 1 = 2^4 + 1 = 16 + 1 = 17$. Daher vermutete er, dass alle F_n Primzahlen sind.

Erst fast 100 Jahre später, im Jahre 1732, entdeckte EULER, dass $F_5 = 4294967297$ keine Primzahl ist: Sie ist durch 641 teilbar. Die Zahlen F_n werden heute FERMAT-Zahlen genannt.

Dies zeigt, dass man durch Beispiele durchaus in die Irre geführt werden kann.[6] Um sich also von der Gültigkeit einer Aussage zu überzeugen, muss man einen Beweis führen.

Zusätzlich kann Ihnen ein Beweis ein tieferes Verständnis einer Aussage vermitteln. Ein gutes Beispiel ist der zweite bzw. dritte Beweis der Aussage $|\mathcal{P}(\{1,\ldots,n\}| = 2^n$ in Abschnitt 5.2.

Allgemeine Beweisformen

Oft möchten wir Aussagen der Form $A \Rightarrow B$ beweisen.[7][8]Dabei können wir uns verschiedene Techniken zunutze machen.

Direkter Beweis Der Beweis wird aus einzelnen Schritten aufgebaut, deren Gültigkeit leicht einzusehen ist oder schon vorher be-

---

[6]Siehe die Aufgaben A 1.10 und A 5.24 für weitere solche Probleme.

[7]Statt beweisen sagt man auch zeigen oder nachweisen.

[8]Genau genommen handelt es sich dabei um Aussagen der Form „Für alle X gilt $A(X) \Rightarrow B(X)$", für gewisse mathematische Objekte X (zum Beispiel natürliche Zahlen oder Graphen). Wir verwenden aber im Folgenden zur besseren Lesbarkeit die Kurzschreibweise $A \Rightarrow B$. Vgl. die Diskussion zur Implikation im vorigen Abschnitt.

wiesen wurde: Statt „$A \Rightarrow B$" zu beweisen, beweisen wir „$A \Rightarrow A_1 \Rightarrow A_2 \Rightarrow \ldots \Rightarrow B$".

Indirekter Beweis Wir beweisen: Wenn die Konklusion (die Aussage B) nicht gilt, kann auch die Prämisse (die Aussage A) nicht gelten. Bewiesen wird also die Aussage „$\neg B \Rightarrow \neg A$", die logisch äquivalent zu „$A \Rightarrow B$" ist. Dieser Beweis kann natürlich wieder aus kleineren Schritten bestehen.

Widerspruchsbeweis Die Technik des Widerspruchsbeweises ähnelt stark der des indirekten Beweises. Wir nehmen hier die Prämisse (die Aussage A) und das Gegenteil der Konklusion (also $\neg B$) an und folgern einen Widerspruch (eine falsche Aussage).

Es wird also die Aussage „$(A$ und $\neg B) \Rightarrow \mathbf{f}$" bewiesen. Da aus wahren Aussagen auf schlüssige Weise nur wahre Aussagen folgen können, muss also „A und $\neg B$" falsch gewesen sein. Dies ist logisch äquivalent zur Aussage „$A \Rightarrow B$".

Manchmal gibt es keine Prämisse: Man möchte eine Aussage B beweisen. Dann besteht der direkte Beweis darin, B aus bekannten Aussagen zu folgern, und der Widerspruchsbeweis darin, aus $\neg B$ eine falsche Aussage herzuleiten: $\neg B \Rightarrow \mathbf{f}$.[9]

Zwei weitere allgemeine Beweisformen sind:

Gegenbeweis durch Gegenbeispiel Um eine „Für alle"-Aussage zu widerlegen, genügt es, ein Gegenbeispiel anzugeben.

Vollständige Induktion Diese Beweisform kann man häufig zum Beweis von Aussagen der Form „Für alle $n \in \mathbb{N}$ gilt... " verwenden. Siehe Kapitel 3.

Ein Beispiel für den Gegenbeweis durch Gegenbeispiel hatten wir oben bei den FERMAT-Zahlen gesehen: Die Aussage „Für alle $n \in \mathbb{N}_0$ ist F_n eine Primzahl" wurde dadurch widerlegt, dass man zeigte, dass F_5 keine Primzahl ist.

---

[9]Einen indirekten Beweis gibt es in diesem Fall streng genommen nicht. Oft werden aber Widerspruchsbeweis und indirekter Beweis nicht genau unterschieden, da sie sehr ähnlich sind.

Bemerkung

In einem Beweis darf man bereits bewiesene oder als bekannt vorausgesetzte Aussagen verwenden. Bei einem streng axiomatischen Aufbau der Mathematik, wie Sie ihn in einem Mathematikstudium kennenlernen, dürfen dies allerdings nur Axiome oder bereits aus Axiomen hergeleitete Aussagen sein[10]. Dies gibt einem die Sicherheit, dass alle bewiesenen Aussagen wahr sind – sofern nur die Axiome wahr sind. Irgendwo muss man ja anfangen, und dieses Vorgehen ermöglicht es, diese „Basis" sehr klein zu machen.

Hier ist ein einfaches Beispiel für einen direkten Beweis.

> Die Summe zweier gerader Zahlen ist eine gerade Zahl.

Satz

Wir formulieren die Aussage zunächst so um, dass Prämisse und Konklusion besser zu identifizieren sind:

Behauptung:
  Seien n, m gerade Zahlen.   (Prämisse)
  Dann ist $n + m$ eine gerade Zahl.   (Konklusion)

Beweis.
Weil n, m gerade Zahlen sind, existieren $j, k \in \mathbb{Z}$, so dass $n = 2j$ und $m = 2k$ gilt (das ist die Definition von „gerade"). Dann folgt $n + m = 2j + 2k = 2(j + k)$. Es ist $j + k \in \mathbb{Z}$. Also ist auch $n + m$ von der Form $n + m = 2q$ mit $q \in \mathbb{Z}$ und somit eine gerade Zahl.   q. e. d.

> *Beweisanalyse*: Dies war ein **direkter Beweis.** Er bestand im Anwenden der Definition und einem Zwischenschritt (Berechnung von $n + m$, Anwenden des Distributivgesetzes).

Wir betrachten nun einige häufig vorkommende Typen von Aussagen und die für sie typischen Beweismuster.

---

[10]Ein Axiom ist eine in einem gegebenen Kontext als wahr postulierte Aussage. Zum Beispiel gehört zu den Axiomen der Geometrie das **Parallelenaxiom:** In der Ebene gibt es zu jeder Gerade g und zu jedem nicht auf der Geraden liegenden Punkt P genau eine Gerade g', die durch P läuft und g nicht schneidet. Zur Grundlegung jeder mathematischen Theorie wählt man eine möglichst kleine Anzahl von Axiomen.

Beweise von Formeln

Formeln sind Ausdruck allgemeiner Zusammenhänge zwischen Zahlen oder anderen mathematischen Objekten. Sie haben in vorangegangenen Kapiteln bereits viele Formeln kennengelernt, z. B. $2^n = \sum_{k=0}^{n} \binom{n}{k}$ oder Abzählformeln.

Manchmal vermuten Sie bei der Untersuchung eines Problems eine Formel (z. B. Problem 1.3), diese gilt es dann allgemein zu beweisen.

Typische Beweismuster für Formeln:

- ❏ Direkte Herleitung aus bekannten Formeln durch Umformen

- ❏ Vollständige Induktion (siehe Kapitel 3)

- ❏ Doppeltes Abzählen (siehe Kapitel 5)

Wenn Sie tiefer in die Mathematik eindringen, werden Sie viele weitere Arten kennenlernen, Formeln herzuleiten oder zu beweisen. Eine ist Ihnen beim Auflösen der FIBONACCI-Rekursion in Kapitel 2 begegnet.

In der Sichtweise der modernen Mathematik sind Formeln meist Ausdruck tiefliegender Zusammenhänge zwischen Strukturen (z. B. geometrischen Objekten, algebraischen Strukturen etc.). Das doppelte Abzählen ist ein Beispiel hierfür.

Existenzbeweise

Mathematik sagt häufig etwas über die Existenz von Objekten aus: Hat eine Gleichung eine Lösung? Gibt es Zahlen, Dreiecke, Graphen, … mit vorgegebenen Eigenschaften?

Als Beispiel untersuchen wir, ob folgende Gleichungen eine Lösung (in den reellen Zahlen) besitzen:

a) $x^5 + x = 2$: Wir können eine Lösung direkt angeben: $x = 1$.

b) $x^2 + 1 = 0$: Diese Gleichung hat keine Lösung, da die linke Seite für beliebige reelle Zahlen x positiv ist.

c) $x^5 + x = 1$: Dies ist schwieriger. Versuchen Sie einige Werte von x. Sie werden wahrscheinlich keine Lösung finden. Die Gleichung hat aber eine Lösung, doch das lässt sich nur mit Mitteln der Analysis (Zwischenwertsatz) beweisen.[11]

Der einfachste Existenzbeweis besteht also darin, das gesuchte Objekt **direkt anzugeben.** Häufig wollen wir aber eine Aussage der Form „Für alle $n \in M$ gibt es ... " beweisen, wobei M eine *unendliche* Menge ist. Das heißt, wir brauchen unendlich viele Existenzbeweise – oder einen, der für jedes n funktioniert. Am einfachsten kann man dies erreichen, indem man eine **allgemeine Konstruktion** angibt.

Hier sind zwei Beispiele:

> Für jede ungerade Zahl $n \in \mathbb{N}$ gibt es zwei Quadratzahlen, deren Differenz gleich n ist.

Satz

Versuchen Sie, eine allgemeine Konstruktion anzugeben, also eine Regel, wie man die zwei Quadratzahlen aus n konstruiert. Verwenden Sie Problemlösestrategien (z.B. kleine Beispiele ansehen).

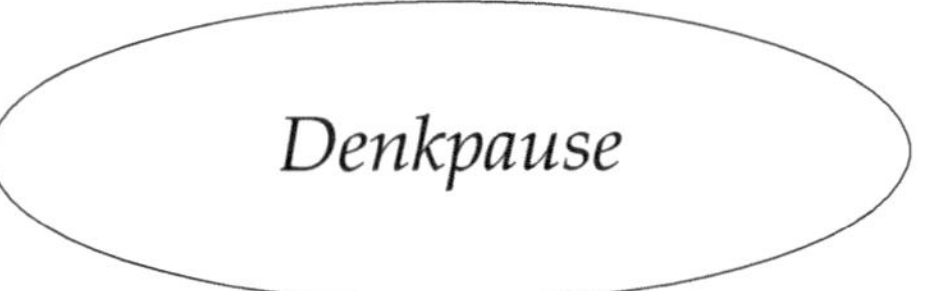

Beweis.
Da n ungerade ist, können wir $n = 2m + 1$ mit $m \in \mathbb{N}_0$ schreiben. Dann ist $n = (m + 1)^2 - m^2$. $\hfill$ q.e.d.

> *Beweisanalyse:* Für jedes der unendlich vielen n war ein Existenzbeweis zu führen. Die allgemeine Konstruktion gelang durch Angeben einer allgemeinen Formel für die gesuchten Quadratzahlen.

> Für jedes Dreieck gibt es einen Punkt, der zu den drei Ecken den gleichen Abstand hat.

Satz

---

[11]Idee: Für $x = 0$ ist $x^5 + x = 0 < 1$ und für $x = 1$ ist $x^5 + x = 2 > 1$, also muss es zwischen 0 und 1 ein x geben, für das $x^5 + x = 1$ ist. Dass der letzte Schluss korrekt ist (aufgrund der Stetigkeit der Funktion $f(x) = x^5 + x + 1$), ist Inhalt des Zwischenwertsatzes.

Untersuchung

Vereinfachen   Wie könnten wir einen solchen Punkt finden? Wir vereinfachen zunächst die Aufgabe: Statt einen Punkt zu suchen, der zu allen drei Ecken denselben Abstand hat, begnügen wir uns zunächst mit dem gleichen Abstand zu *zwei* Ecken. Damit ergibt sich die Frage: Gegeben zwei Punkte A, B in der Ebene, welche Punkte haben zu A und B denselben Abstand? Die Antwort kennen Sie vielleicht noch aus der Schule: Das sind genau die Punkte auf der Mittelsenkrechten zur Strecke $\overline{AB}$.

Wie kommen wir wir nun vom gleichen Abstand zu zwei Ecken auf den gleichen Abstand zu *drei* Ecken?

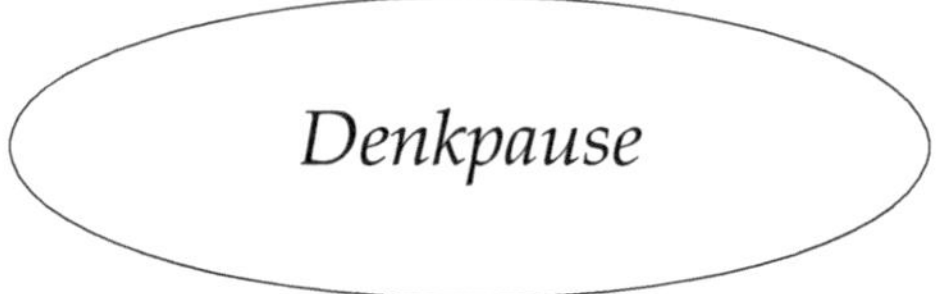

Indem wir zuerst die Ecken A, B und dann die Ecken B, C betrachten: Der gesuchte Punkt muss sowohl auf der Mittelsenkrechten von $\overline{AB}$ als auch auf der Mittelsenkrechten von $\overline{BC}$ liegen, also der Schnittpunkt dieser beiden Mittelsenkrechten sein. Haben diese einen Schnittpunkt? Ja, wenn sie nicht parallel sind. Warum sind sie nicht parallel? Weil $\overline{AB}$ und $\overline{BC}$ nicht parallel sind, wenn ABC ein Dreieck ist.

Wir schreiben den Beweis geordnet auf.

Beweis.
Die Ecken des Dreiecks seien A, B, C. Sei g die Mittelsenkrechte der Seite $\overline{AB}$ und h die Mittelsenkrechte der Seite $\overline{BC}$. Jeder Punkt von g hat zu A und B denselben Abstand und jeder Punkt von h hat zu B und C denselben Abstand.

Da die Seiten $\overline{AB}, \overline{BC}$ nicht parallel zueinander sind, sind auch g und h nicht parallel zueinander, daher haben sie einen Schnittpunkt. Sei P dieser Schnittpunkt.

Da P auf g liegt, hat er zu A und B denselben Abstand. Da P auf h liegt, hat er zu B und C denselben Abstand. Daher hat P von A, B und C denselben Abstand.   q. e. d.

Beweisanalyse: Für jedes der unendlich vielen möglichen Dreiecke war die Existenz eines Punktes zu zeigen. Dies gelang durch Angeben einer allgemeinen Konstruktion. Um diese zu finden, war es nützlich, zunächst eine einfachere Variante der Aufgabe zu betrachten.

Eine ähnliche Situation wie beim Beweis einer Aussage der Form „Für alle $n \in M$ gibt es ... " liegt vor, wenn man nicht nur die Existenz *eines* Objekts mit gewissen Eigenschaften beweisen möchte, sondern die Existenz *unendlich vieler*. Ein berühmtes Beispiel ist folgender Satz.

> Es gibt unendlich viele Primzahlen.

Satz

Beweis.
Wir geben ein Verfahren an, das Folgendes leistet: Zu einer beliebigen endlichen Menge von Primzahlen wird eine Primzahl konstruiert, die nicht in dieser Menge enthalten ist.

Seien also $p_1, p_2, \ldots, p_m$ Primzahlen. Betrachten wir die Zahl $n = p_1 \cdot p_2 \cdots p_m + 1$. Diese ist offenbar größer als die größte der Zahlen $p_1, \ldots, p_m$. Wenn n eine Primzahl ist, so sind wir daher fertig.

Wenn n keine Primzahl ist, ist n durch eine Primzahl teilbar.[12] Bezeichnen wir diese Primzahl mit p. Da n durch p teilbar ist, ist $n - 1$ nicht durch p teilbar. Also ist $p_1 \cdot p_2 \cdots p_m = n - 1$ nicht durch p teilbar, also kann p nicht unter den Primzahlen $p_1, \ldots, p_m$ vorkommen.

Damit haben wir für jede endliche Menge von Primzahlen gezeigt, dass es eine weitere Primzahl gibt, die nicht in dieser Menge liegt. Also gibt es unendlich viele Primzahlen. q. e. d.

Beweisanalyse: Dies war ein konstruktiver Existenzbeweis. Man hätte dieselbe Idee auch als Widerspruchsbeweis formulieren können: Angenommen, es gäbe nur endlich viele Primzahlen $p_1, \ldots, p_m$, dann konstruiere wie angegeben eine Primzahl, die nicht unter diesen vorkommt. Dies ergibt einen Widerspruch zur Annahme, dass $p_1, \ldots, p_m$ schon alle Primzahlen waren.[13]

---

[12]Warum? Sei p die kleinste natürliche Zahl, durch die n teilbar ist und die größer als 1 ist. Dann ist p Primzahl; denn sonst könnte man $p = ab$ mit $1 < a < p$ schreiben, und a wäre ein Teiler von n, der kleiner als p ist, im Widerspruch zur Wahl von p.

[13]Sie finden dieses indirekte Argument in vielen Büchern. Es ist jedoch besser, Argumente direkt zu formulieren, wenn immer möglich. Das erleichtert das Verständnis. Grundsatz: so wenig Negationen wie möglich.

Die Grenzen der allgemeinen Konstruktion: In vielen Problemen der Art „Zeigen Sie, dass es für alle $n \in \mathbb{N}$ ein X gibt ..." (wobei X irgendeine Art von Objekt ist) geraten Sie in folgende Lage: Für viele Spezialfälle (z. B. $n = 1,2,3,4,5$) können Sie die Aussage nachweisen, indem Sie ein X finden. Aber Sie finden keine allgemeine Konstruktion, können kein Muster erkennen, das Ihnen einen Hinweis auf eine solche Konstruktion geben könnte. Solchen Problemen werden wir in den folgenden Kapiteln begegnen, und Sie werden das Schubfachprinzip und das Extremalprinzip, zwei weitreichende Beweisideen für Existenzbeweise, kennenlernen. Fassen wir zusammen:

> **Typische Muster für Existenzbeweise:**
>
> Der einfachste Existenzbeweis ist die direkte Angabe. Um eine Aussage der Form „Für alle $n \in M$ gibt es ..." zu beweisen, kann man entweder eine allgemeine Konstruktion angeben, die für alle n funktioniert, oder eine der folgenden Strategien versuchen:
>
> ❏ Das Schubfachprinzip (siehe Kapitel 9)
>
> ❏ Das Extremalprinzip (siehe Kapitel 10)
>
> Natürlich können allgemeine Beweisstrategien, z. B. Widerspruchsbeweis und vollständige Induktion (hier als induktive Konstruktion), ebenfalls nützlich sein.

Weitere Hilfsmittel für Existenzbeweise finden Sie in allen Bereichen der Mathematik, z. B. in der Analysis den Zwischenwertsatz und die Fixpunktsätze oder in der Linearen Algebra (und anderen Gebieten) Dimensionsargumente (ein homogenes lineares Gleichungssystem mit mehr Variablen als Gleichungen hat eine nichttriviale Lösung).

Eine spezielle Art von Existenzbeweis hatten wir bereits bei den allgemeinen Beweisformen kennengelernt: den Gegenbeweis durch Gegenbeispiel. Dies ist ein Spezialfall des Existenzbeweises durch Angabe: Die Negation der Aussage „Für alle $n \in \mathbb{N}$ gilt $A(n)$" ist „Es gibt ein $n \in \mathbb{N}$, für das $A(n)$ nicht gilt", und dies lässt sich durch Angeben eines Beispiels n, für das $A(n)$ nicht gilt, beweisen.

Bei den FERMAT-Zahlen begegnen wir dem Prinzip „Existenzbeweis durch Angabe" gleich noch einmal. Denn die Aussage „F_5 ist keine Primzahl" ist eine Existenzaussage: Nach Definition einer Primzahl bedeutet sie, dass es eine natürliche Zahl k mit $1 < k < F_5$ gibt, durch die F_5 teilbar ist. EULER zeigte dies, indem er $k = 641$ angab und nachprüfte, dass F_5 durch 641 teilbar ist.

Nichtexistenzbeweise, Unmöglichkeitsbeweise

Am geheimnisvollsten und oft am schwierigsten ist es zu zeigen, dass etwas *nicht* existiert oder nicht möglich ist. Hier sind einige Beispiele solcher Aussagen:[14]

- Es ist nicht möglich, fünf Punkte in der Ebene paarweise so zu verbinden, dass sich die Verbindungslinien nicht schneiden.

- Eine Zweierpotenz lässt sich nicht als Trapezzahl darstellen.

- Es gibt kein Verfahren, mit dem man in annehmbarer Zeit eine große natürliche Zahl in ihre Primfaktoren zerlegen kann.

- Für natürliche Zahlen $n > 2$ gibt es keine Lösung der Gleichung $x^n + y^n = z^n$ mit $x, y, z \in \mathbb{N}$.

Die ersten beiden Beispiele haben Sie in Problem 4.6 und Problem 6.3 kennengelernt. Das dritte könnte man so präzisieren: Es gibt kein Verfahren, das für jede beliebige 1000-stellige Zahl (im Dezimalsystem) bei heutiger Rechenleistung von Computern innerhalb von weniger als tausend Jahren ihre Zerlegung in Primfaktoren[15] berechnet. Dies lässt sich als Aussage über zur Zeit bekannte Verfahren lesen (und ist dann wahr). Ob dies prinzipiell so ist, d. h. ob es gar kein solches Verfahren geben *kann*, ist ein schwieriges, ungelöstes Problem: Man hat bisher kein solches Verfahren gefunden, kann aber auch nicht beweisen, dass es keines gibt. Die praktische Relevanz dieser Frage wird am Ende von Abschnitt 11.4 erklärt.

Das vierte Beispiel ist das berühmte FERMATsche Problem. FERMAT hatte bereits im Jahr 1637 behauptet, dass es keine Lösung gibt, das konnte aber erst 1995 bewiesen werden.

Weitere berühmte Beispiele sind der Satz über die Unmöglichkeit der Dreiteilung beliebiger Winkel mittels Zirkel und Lineal sowie der

---

[14]Nichtexistenz und Unmöglichkeit sind im Wesentlichen dasselbe und unterscheiden sich nur in der Formulierung. Zum Beispiel kann man die zweite Aussage als ,Es existiert keine Darstellung einer Zweierpotenz ...' oder als ,Es ist unmöglich, eine Zweierpotenz ... darzustellen' formulieren.

[15]Die Primfaktorzerlegung wird in Kapitel 8 diskutiert.

GÖDELsche Unvollständigkeitssatz, der besagt, dass es unmöglich ist, die Widerspruchsfreiheit der Mathematik zu beweisen. Einzelheiten und Literaturverweise finden Sie auf Wikipedia.

Eine klassische Nichtexistenzaussage ist folgende:

Satz

> Die Zahl $\sqrt{2}$ ist irrational.

Untersuchung

Überzeugen wir uns zunächst, dass dies eine Nichtexistenzaussage ist: Behauptet wird, dass $\sqrt{2}$ nicht rational ist, d.h. dass es keine natürlichen Zahlen p, q gibt mit $\sqrt{2} = p/q$.

Wie kann man dies zeigen? Es liegt nahe, einen Widerspruchsbeweis zu versuchen: Angenommen, es gäbe solche p, q, dann versuchen wir, daraus so lange Folgerungen zu ziehen, bis wir bei einem Widerspruch ankommen.

Nehmen wir also an, es gäbe $p, q \in \mathbb{N}$ mit $\sqrt{2} = p/q$. Was können wir mit dieser Gleichung anfangen? Können wir sie übersichtlicher machen?

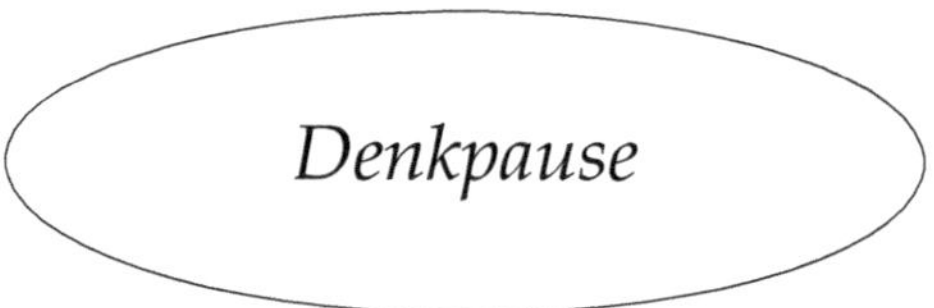

Zwei Dinge fallen Ihnen vielleicht ein: mit q multiplizieren, damit der Bruch verschwindet, und quadrieren, um die Wurzel loszuwerden. Wir können beides hintereinander ausführen:

$$\sqrt{2} = p/q \Rightarrow \sqrt{2}\,q = p \Rightarrow 2q^2 = p^2.$$

Wie könnte es weitergehen, was können wir daraus folgern?

Aus $2q^2 = p^2$ folgt, dass p^2 eine gerade Zahl ist. Dann muss auch p gerade sein (das sollte noch gezeigt werden, siehe unten). Machen wir das deutlich, indem wir $p = 2r$ schreiben für eine natürliche Zahl r.

Dann folgt $p^2 = 4r^2$. Setzen wir dies in $2q^2 = p^2$ ein, erhalten wir $2q^2 = 4r^2$. Wir können durch 2 teilen, das ergibt

$$q^2 = 2r^2.$$

Mit demselben Argument wie vorher muss nun q eine gerade Zahl sein. Also müssen p, q beide gerade sein. Dann hätten wir aber am Anfang kürzen können!

Dies zeigt, dass wir den Beweis mit einem gekürzten Bruch beginnen sollten, dann erhalten wir den gewünschten Widerspruch.

Wir wollen den Beweis noch einmal übersichtlich aufschreiben. Zunächst beweisen wir ein Lemma.[16]

> Sei $n \in \mathbb{N}$. Falls n^2 gerade ist, so ist n ebenfalls gerade.

Lemma

Beweis.
Wir führen einen indirekten Beweis: Angenommen, n wäre ungerade. Dann könnten wir $n = 2m + 1$ mit $m \in \mathbb{N}_0$ schreiben. Dann folgte $n^2 = (2m + 1)^2 = 4m^2 + 4m + 1 = 2(2m^2 + 2m) + 1$, also wäre n^2 ungerade.
$\hfill$ q. e. d.

Wir beweisen nun den Satz, dass $\sqrt{2}$ irrational ist.

Beweis.
Angenommen $\sqrt{2} = p/q$ mit $p, q \in \mathbb{N}$. Wir können annehmen, dass der Bruch gekürzt ist. Nach Multiplikation mit q und Quadrieren folgt $2q^2 = p^2$. Also ist p^2 gerade. Nach dem Lemma muss p gerade sein, also $p = 2r$ für ein $r \in \mathbb{N}$. Einsetzen ergibt $2q^2 = 4r^2$, also $q^2 = 2r^2$. Also muss q^2 und wieder nach dem Lemma q gerade sein. Also sind p und q gerade. Dies steht im Widerspruch zur Annahme, dass der Bruch p/q gekürzt war. Daher kann $\sqrt{2}$ nicht rational sein.
$\hfill$ q. e. d.

Beweisanalyse: Das ist ein Widerspruchsbeweis.

Typische Muster für Nichtexistenz-/Unmöglichkeitsbeweise:

- ❏ Widerspruchsbeweis
- ❏ Beweis mittels des Invarianzprinzips (siehe Kapitel 11)

---

[16]Ein Lemma (aus dem Griechischen) ist eine Hilfsaussage, die im Beweis eines Satzes verwendet wird.

Aufgaben

A 7.1 Schlagen Sie die Zeitung auf und finden Sie mindestens drei Beispiele falscher Logik!

A 7.2 Die fünf Karten in Abbildung 7.1 sind jeweils auf einer Seite mit einem Buchstaben und auf der anderen Seite mit einer Zahl beschriftet. Welche Karten muss man mindestens umdrehen, um festzustellen, ob die folgende Aussage wahr ist: *Wenn auf einer Seite der Karte eine gerade Zahl steht, dann steht auf der anderen Seite ein Vokal.*

Abb. 7.1 Zu Aufgabe A 7.2

A 7.3 Betrachten Sie eine Färbung der natürlichen Zahlen in den Farben rot und blau, also eine Abbildung $f : \mathbb{N} \to \{\text{rot}, \text{blau}\}$, sowie die folgende Aussage.

Für jede blau gefärbte Zahl gibt es eine größere rot gefärbte Zahl.

Welche der folgenden Aussagen kann man daraus folgern?

a) Es gibt eine blau gefärbte natürliche Zahl.

b) $\exists n \in \mathbb{N} : f(n) = \text{rot}$

c) Für jede rot gefärbte natürliche Zahl gibt es eine kleinere blau gefärbte.

d) Für jede rot gefärbte natürliche Zahl gibt es eine größere rot gefärbte.

e) $|\{m \in \mathbb{N} : f(m) = \text{rot}\}| = \infty$

f) Wenn $f(1) = \text{blau}$ ist, dann gibt es ein $n \in \mathbb{N}$, so dass $f(n) = \text{blau}$ und $f(n+1) = \text{rot}$ ist.

A 7.4 Gegeben sei eine zusammenhängende Figur aus Quadraten gleicher Größe. Geben Sie (mit Beweis) für jede der folgenden Aussagen an, welche der anderen Aussagen sie impliziert.

a) Die Anzahl der Quadrate ist drei.

b) Die Anzahl der Quadrate ist durch drei teilbar.

c) Die Figur lässt sich mit Steinen der Form ⬛⬛⬛ pflastern.

d) Die Figur lässt sich mit Steinen der Form ⊞ pflastern.

A 7.5 Ein Restaurant ist gut, wenn jeder Gast mindestens drei Gerichte findet, die ihm schmecken. Wann ist ein Restaurant nicht gut?

A 7.6 Formulieren Sie die Negationen der folgenden Aussagen (bei b) und c) sei $S_1 \subset \mathbb{N}$ bzw. $S_2 \subset \mathbb{N}$).

a) An allen Bäumen in diesem Garten hängt mindestens ein Apfel.

b) Für jedes $n \in S_1$ gibt es ein $m \in S_1$ mit $m > n$.

c) Für jedes $n \in S_2$ gilt: Wenn n durch drei teilbar ist, dann ist n ungerade.

Konstruieren Sie Mengen $S_1 \subset \mathbb{N}$ und $S_2 \subset \mathbb{N}$, so dass die Aussagen b) und c) wahr sind. Formulieren Sie eine alternative, kürzere Charakterisierung der Aussage b).

A 7.7 Sind m, n zwei natürliche Zahlen, so schreiben wir $m \mid n$ (sprich: m teilt n), falls n durch m teilbar ist. Formulieren Sie folgende Aussage in möglichst einfachen Worten:

$$\forall n \in \mathbb{N} : (\exists m \in \mathbb{N} : 1 < m < n \text{ und } m \mid n) \Rightarrow$$
$$(\exists m \in \mathbb{N} : 1 < m^2 \leq n \text{ und } m \mid n)$$

Ist die Aussage wahr? Formulieren Sie auch die Negation der Aussage sowohl formal als auch in Worten.

A 7.8 Formulieren Sie die Aussage „Jeder Mensch hat ein Geheimnis" mit Quantoren, wobei ein Geheimnis eine Tatsache ist, die kein anderer Mensch kennt.

A 7.9 Seien $x, y \in \mathbb{N}$. Beurteilen Sie, welche der folgenden drei Äquivalenzen gelten.

$$xy \text{ ungerade} \overset{?}{\Leftrightarrow} x \text{ und } y \text{ ungerade}$$
$$xy \text{ gerade} \overset{?}{\Leftrightarrow} x \text{ und } y \text{ gerade}$$
$$xy \text{ gerade} \overset{?}{\Leftrightarrow} x \text{ oder } y \text{ gerade}$$

A 7.10 Beurteilen Sie für die rechts aufgeführten Aussagen, ob diese notwendig und/oder hinreichend für die jeweils links stehende Aussage sind.

Gegebenenfalls seien $a, b \in \mathbb{R}$.

x ist ein Mensch.	x ist ein Säugetier.
$a < b$	$\exists c \in \mathbb{R} : a < c$ und $c < b$
$a < b$	$\exists c \in \mathbb{N} : a < c$ und $c < b$
Eine Figur besteht aus einer geraden Anzahl identischer Quadrate.	Die Figur lässt sich durch Dominosteine pflastern.

A 7.11 Welche der folgenden Aussagen über ein Dreieck D sind hinreichend, welche sind notwendig und welche sind hinreichend und notwendig für die Gültigkeit der Aussage „D ist gleichseitig"?

a) „D hat zwei gleiche Winkel"

b) „Jede Seite von D hat die Länge 1"

c) „Alle Winkel von D betragen mindestens 60 Grad"

A 7.12 Seien a, b rationale Zahlen mit $a < b$. Zeigen Sie, dass es eine rationale Zahl r gibt mit $a < r < b$. Geben Sie einen direkten Beweis durch Konstruktion. (Siehe auch Aufgabe A 10.7 für die analoge Aussage über reelle Zahlen a, b.)

A 7.13 Zeigen Sie: Unter beliebigen sieben verschiedenen natürlichen Zahlen in $\{1, 2, \ldots, 128\}$ gibt es x, y mit $x < y \leq 2x$.

A 7.14 Finden Sie eine notwendige und hinreichende Bedingung an eine natürliche Zahl e dafür, dass ein Graph mit e Ecken existiert, in dem der Grad einer jeden Ecke ungerade ist.

Beweisen Sie, dass die Bedingung notwendig und hinreichend ist.

A 7.15 Weil $\sqrt{2} - 1 = 0{,}41\ldots$ kleiner als 1 ist, nähern sich die Potenzen $(\sqrt{2} - 1)^n$ immer mehr der Null an, je größer $n \in \mathbb{N}$ wird. Verwenden Sie dies und die allgemeine binomische Formel (siehe Aufgabe A 5.15), um einen weiteren Beweis für die Irrationalität von $\sqrt{2}$ zu finden.

Zeigen Sie auch, dass $\sqrt{m}$ irrational ist für jede natürliche Zahl m, die keine Quadratzahl ist.

8 Elementare Zahlentheorie

Die Zahlentheorie ist die Lehre von den ganzen Zahlen. Hier geht es um Teilbarkeit, Primzahlen usw. Ganze Zahlen sind konkrete Objekte, mit denen Sie schon seit Kindheitstagen gespielt haben. Daher eignet sich die Zahlentheorie bestens für Ihre Entdeckungsreise in die Mathematik, und Sie finden Probleme zahlentheoretischer Natur über das ganze Buch verstreut. Trotzdem sei nicht verschwiegen, dass sich mit diesen einfachen Begriffen einige der schwierigsten, bis heute ungelösten mathematischen Probleme formulieren lassen.

In diesem Kapitel werden einige grundlegende Definitionen und Sätze der Zahlentheorie zusammengestellt. Viele der Sätze werden Sie anhand von Beispielen sofort einsehen, daher können Sie dies als Übungsfeld ansehen, Ihre Zahlenintuition in mathematische Beweise umzusetzen. Sie werden auch den Begriff der Kongruenz kennenlernen, der es erlaubt, mit einfachen Mitteln manch komplizierte Frage zu beantworten.

8.1 Teilbarkeit, Primzahlen und Reste

Der grundlegende Begriff der Zahlentheorie ist die Teilbarkeit. Was genau bedeutet Teilbarkeit? Zum Beispiel ist 15 durch 3 teilbar, weil bei der Division von 15 durch 3 kein Rest bleibt:15 durch 3 ist gleich 5 Rest 0, oder $15 = 5 \cdot 3$. Das führt sofort auf folgende Definition.

> Seien $a, n \in \mathbb{Z}$. Wir schreiben $n \mid a$, falls es eine Zahl $q \in \mathbb{Z}$ gibt mit $a = qn$.

Definition

Verschiedene Sprechweisen hierfür sind: n **teilt** a, oder n **ist ein Teiler von** a, oder a **ist ein Vielfaches von** n. Zum Beispiel ist $1 \mid a$ für alle $a \in \mathbb{Z}$, und $2 \mid a$ bedeutet, dass a gerade ist.

Beachten Sie, dass wir auch negative Zahlen und Null zulassen. Z. B. sind die Teiler von -5 die Zahlen $1, -1, 5, -5$. Null ist durch jede Zahl n teilbar, da $0 \cdot n = 0$. Die wichtigsten Regeln für Teilbarkeit sind:

Lemma

> **Rechenregeln für Teilbarkeit**   Für beliebige $a, b, n \in \mathbb{Z}$ gilt:
>
> **a)** Aus $n|a$ und $a|b$ folgt $n|b$.
>
> **b)** Aus $n|a$ und $n|b$ folgt $n|a + b$ und $n|a - b$.

Beweis.

Dies kann man durch direktes Anwenden der Definition beweisen.
Für Teil a) sieht das so aus:
Wegen $n|a$ gibt es ein $q \in \mathbb{Z}$ mit $a = qn$.
Wegen $a|b$ gibt es ein $q' \in \mathbb{Z}$ mit $b = q'a$.
Setzt man die erste Gleichung in die zweite ein, folgt $b = q'(qn) = (q'q)n$. Da $q'q$ eine ganze Zahl ist, folgt $n|b$. Ähnlich beweist man b) (Übung).   q.e.d.

> *Beweisanalyse*: Dies war ein **direkter Beweis.** Warum haben wir in der zweiten Zeile des Beweises q' geschrieben und nicht q wie in der Definition? Weil der Buchstabe q schon in Verwendung war.

Definition

> Eine Zahl $p \in \mathbb{N}$ heißt **Primzahl,** wenn sie genau zwei positive Teiler hat.

Zum Beispiel hat 2 die positiven Teiler 1 und 2 und ist daher Primzahl. Die 4 hat die positiven Teiler 1, 2 und 4 und ist daher keine Primzahl. Die 1 hat nur einen positiven Teiler (nämlich 1) und ist daher keine Primzahl. Die Definition so zu formulieren, dass 1 keine Primzahl ist, ist eine Konvention. Diese Konvention ist sehr nützlich, da nur so die Primfaktorzerlegung eindeutig ist, siehe den Satz unten.
Primzahlen haben folgende wichtige Eigenschaft.

Lemma

> **Lemma von Euklid**   Seien $a, b \in \mathbb{N}$ und p eine Primzahl. Falls p das Produkt ab teilt, so teilt p schon a oder b:
>
> $$p|ab \Rightarrow p|a \text{ oder } p|b$$

Im Fall $p = 2$ ist Ihnen das geläufig: Wenn ab gerade ist, muss schon a oder b gerade sein. Der Beweis für allgemeines p ist schwieriger als Sie vielleicht erwarten, siehe Aufgabe A 8.12. Achtung: Ist p keine

Primzahl, so gilt diese Aussage nicht. Zum Beispiel gilt $4 \mid 2 \cdot 6$, aber $4 \nmid 2$ und $4 \nmid 6$. Hierbei bedeutet $n \nmid a$, dass n *kein* Teiler von a ist.

Mit vollständiger Induktion folgt aus dem Lemma: Ist p eine Primzahl und teilt p ein Produkt $a_1 \cdots a_l$, so teilt p bereits einen der Faktoren a_i (Beweis als Übung).

Folgender Satz ist so wichtig, dass er **Fundamentalsatz der Arithmetik** genannt wird.

> **Primfaktorzerlegung**   Jede natürliche Zahl größer als Eins besitzt eine Primfaktorzerlegung. Diese ist bis auf die Reihenfolge der Faktoren eindeutig.
> Genauer: Sei $n \in \mathbb{N}$, $n > 1$.
>
> (i) Es gibt $m \in \mathbb{N}$ und Primzahlen $p_1, \ldots, p_m$ mit $n = p_1 \cdots p_m$.
> (ii) Sind weiterhin $q_1, \ldots, q_l$ Primzahlen mit $n = q_1 \cdots q_l$, so ist $l = m$ und die Zahlen $q_1, \ldots, q_m$ sind bis auf die Reihenfolge gleich den Zahlen $p_1, \ldots, p_m$.

Natürlich kann dabei dieselbe Primzahl auch mehrfach auftreten. Sie tritt dann gleich häufig unter den p_i wie unter den q_j auf.
Beispiele: $2 = 2$, $10 = 2 \cdot 5 = 5 \cdot 2$, $999 = 3 \cdot 3 \cdot 3 \cdot 37$.

Wir haben die Primfaktorzerlegung bereits in den Lösungen der Probleme 1.2 und 6.3 verwendet. Erst mit dem folgenden Beweis werden diese Lösungen vollständig.

Beweis.
Da man eine Aussage über alle natürlichen Zahlen $n > 1$ machen möchte, bietet sich ein Induktionsbeweis an. Versuchen Sie es zunächst selbst!

Beweis von (i) mit vollständiger Induktion über n:
Induktionsanfang: $n = 2$ ist bereits eine Primzahl.
Induktionsannahme: Sei $n \in \mathbb{N}$, $n > 2$ beliebig. Aussage (i) gelte für alle natürlichen Zahlen, die größer als Eins und kleiner als n sind.

Induktionsschritt: Ist n eine Primzahl, sind wir fertig. Ist n keine Primzahl, so können wir $n = ab$ schreiben mit $1 < a, b < n$. Auf a, b können wir die Induktionsannahme anwenden und sie daher als Primzahlen oder als Produkt von Primzahlen schreiben. Damit ist auch n ein Produkt von Primzahlen.

Beweis von (ii) mit vollständiger Induktion über n:
Induktionsanfang: Für $n = 2$ ist die Aussage offensichtlich.
Induktionsannahme: Sei $n \in \mathbb{N}$, $n > 2$ beliebig. Aussage (ii) gelte für alle natürlichen Zahlen, die größer als Eins und kleiner als n sind.
Induktionsschritt: Es sei $n = p_1 \cdots p_m = q_1 \cdots q_l$. Dann teilt p_1 das Produkt $q_1 \cdots q_l$, also nach dem Lemma von EUKLID (bzw. der Bemerkung danach) einen der Faktoren q_i. Indem wir diese Faktoren umordnen, können wir erreichen, dass $p_1 | q_1$ gilt. Da q_1 eine Primzahl ist, muss dann $p_1 = q_1$ sein. Dann können wir durch p_1 teilen und erhalten $p_2 \cdots p_m = q_2 \ldots q_l$. Diese Zahl ist kleiner als n, also können wir die Induktionsannahme anwenden. Sie ergibt $m - 1 = l - 1$, also $m = l$, und dass $p_2, \ldots, p_m$ bis auf die Reihenfolge gleich $q_2, \ldots, q_m$ sind. Damit folgt die Behauptung. $\hspace{2cm}$ q. e. d.

Kommen wir nun zur Division mit Rest. Dies kennen Sie bereits aus der Schule. Zum Beispiel: 20 geteilt durch 3 ist gleich 6, Rest 2. Das bedeutet $20 = 6 \cdot 3 + 2$. Dabei war wesentlich, dass der Rest (2) kleiner ist als der Divisor (3). Allgemein sieht das so aus:

> **Satz**
>
> **Division mit Rest** Seien $a \in \mathbb{Z}$, $n \in \mathbb{N}$. Dann gibt es eindeutige Zahlen $q, r \in \mathbb{Z}$ mit
>
> $$a = qn + r \quad \text{und} \quad 0 \leq r < n.$$
>
> q heißt **Quotient** und r **Rest.**
> r heißt auch der Rest von a **modulo** n.

In Worten: a geteilt durch n ist gleich q, Rest r. Die möglichen Reste beim Teilen durch n sind

$$0, 1, \ldots, n - 1.$$

Beweis.
Vorüberlegung: Wie stellen Sie sich die Division mit Rest vor? Wahrscheinlich etwa so: Man nimmt so viele n, wie in a hineinpassen;

deren Anzahl sei q, und was übrig bleibt, ist der Rest r. Der Rest ist kleiner als n, sonst hätte ein weiteres n in a hineingepasst. Daher existieren q und r. Sie sind auch eindeutig, denn würde man q anders wählen, so wäre der Rest entweder negativ oder mindestens n.

Indem wir diese Überlegung in mathematischer Notation ausdrücken, können wir daraus einen Beweis machen. Versuchen Sie es zunächst selbst!

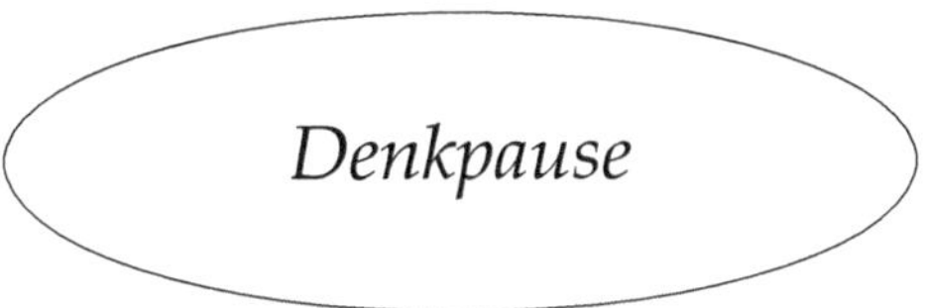

Wir zeigen zunächst die Existenz von q und r. Sei q die größte ganze Zahl mit $qn \leq a$. Setze $r = a - qn$. Wegen $qn \leq a$ ist $r \geq 0$. Außerdem ist $r < n$, da andernfalls $r \geq n$, also $a - (q+1)n = a - qn - n = r - n \geq 0$, also $(q+1)n \leq a$ wäre, im Widerspruch dazu, dass q größtmöglich war.

Nun zeigen wir die Eindeutigkeit von q und r. Seien q und r wie angegeben konstruiert und $a = q'n + r'$ eine beliebige Darstellung. Ist $q' > q$, so folgt $q'n > a$ wegen der Maximalität von q, also $r' < 0$. Ist andererseits $q' < q$, so folgt $r' = a - q'n = qn + r - q'n = r + (q - q')n \geq n$. In jedem Fall sehen wir, dass für $q' \neq q$ der Rest r' nicht die Bedingung $0 \leq r' < n$ erfüllt. Also muss $q' = q$ und daher $r' = r$ sein.   q. e. d.

Beweisanalyse: Der Satz behauptet Existenz („gibt es") und Eindeutigkeit („eindeutige") von q, r. Für den **Existenzbeweis** haben wir ein **Konstruktionsverfahren** für q, r angegeben. Zum Nachweis der Eigenschaft $r < n$ haben wir einen **indirekten Beweis** geführt.

Es war hier natürlich, die Zahl q mittels einer **extremalen Eigenschaft** (die größte ganze Zahl mit $qn \leq a$) zu konstruieren. Diese Idee werden wir in Kapitel 10 systematisch ausbauen.

Auch der **Eindeutigkeitsbeweis** ergab sich durch konsequente Übersetzung der Vorüberlegung in die mathematische Sprache. Im Kern war dies ein indirekter Beweis: Wir haben ausgeschlossen, dass es eine andere Darstellung als die konstruierte gibt.

Beachten Sie, dass a negativ sein darf, n aber nicht.[1] Das wird im Folgenden nützlich sein. Für negative a muss man dabei genau hinsehen:

Beispiel

Was ist der Rest bei Division von -10 durch 3? Die Antwort steht in dieser[2] Fußnote.

Die praktische Bedeutung von Resten

Problem 8.1

a) *Wenn es jetzt 11 Uhr ist, wie viel Uhr ist es dann in 40 Stunden?*

b) *Wenn heute Mittwoch, der 18. Januar ist, welcher Wochentag ist dann der 18. Februar?*

Lösung

a) Nach jeweils 24 Stunden (ein Tag) haben wir dieselbe Uhrzeit. Also müssen wir den Rest von $11 + 40 = 51$ modulo 24 bestimmen, er ist 3. Die Antwort ist drei Uhr.

b) Der Januar hat 31 Tage, also sind es vom 18. Januar bis zum 18. Februar 31 Tage. Nach jeweils 7 Tagen (eine Woche) erscheint derselbe Wochentag. Der Rest von 31 modulo 7 (Anzahl der Wochentage) ist 3, also ist der 18. Februar ein (Mittwoch +3) = Samstag.

8.2 Kongruenzen

Die Einteilung der ganzen Zahlen in gerade und ungerade Zahlen ist für viele mathematische Argumente wichtig. Beispiele dafür haben Sie in Problem 6.3 und im Beweis der Irrationalität von $\sqrt{2}$ in Abschnitt 7.2 kennengelernt.

Gerade Zahlen lassen den Rest 0 modulo 2, ungerade Zahlen den Rest 1. Statt der Reste modulo 2 kann man auch die Reste modulo

---

[1]In der Vorüberlegung haben Sie sich wahrscheinlich $a > 0$ vorgestellt. Überzeugen Sie sich, dass der Beweis auch für $a \leq 0$ richtig ist!

[2]Der Rest ist 2, denn $-10 = (-4) \cdot 3 + 2$. Es ist zwar auch $-10 = (-3) \cdot 3 - 1$, aber Reste sollen immer ≥ 0 sein.

3 oder 4, allgemeiner modulo n betrachten und die ganzen Zahlen danach einteilen. Da dies ähnlich nützlich ist wie die Begriffe gerade/ungerade, gibt es hierfür eine eigene Notation. Sie werden staunen, wie das Einführen einer Notation und einige einfache Überlegungen dazu schwierige Probleme zugänglich machen.

Als Vorbereitung überlegen wir uns Folgendes.

> Seien $a, b \in \mathbb{Z}$ und $n \in \mathbb{N}$. Es sind äquivalent:
>
> (i) a und b lassen beim Teilen durch n denselben Rest.
>
> (ii) $n \mid a - b$, das heißt a und b unterscheiden sich um ein Vielfaches von n.

Lemma

Zum Beispiel lassen 8 und 22 bei Division durch 7 denselben Rest (nämlich 1), weil ihre Differenz $22 - 8 = 14$ durch 7 teilbar ist. Umgekehrt ist die Differenz durch 7 teilbar, weil die Reste gleich sind. Versuchen Sie wieder, selbst einen Beweis zu finden!

Beweis.
Seien $a, b \in \mathbb{Z}$ und $n \in \mathbb{N}$ beliebig. Schreibe (Division durch n mit Rest)

$$a = qn + r, \quad b = pn + s \qquad (8.1)$$

mit $p, q \in \mathbb{Z}$ und den Resten $r, s \in \{0, 1, \ldots, n-1\}$.

Beweis von (i) $\Rightarrow$ *(ii):* Aus $r = s$ folgt $a - b = (qn + r) - (pn + r) = (q - p)n$, also $n \mid a - b$, weil $q - p \in \mathbb{Z}$.

Beweis von (ii) $\Rightarrow$ *(i):* $n \mid a - b$ bedeutet, dass $k \in \mathbb{Z}$ existiert mit $a - b = kn$. Aus $kn = a - b = (q - p)n + (r - s)$ folgt dann, dass $r - s$ durch n teilbar ist. Da zwei verschiedene Zahlen $r, s \in \{0, \ldots, n-1\}$ einen Abstand kleiner als n haben, ist dies nur möglich, wenn $r = s$ ist. $\hfill$ q. e. d.

Beweisanalyse: Dies war ein typisches Beispiel für einen **Äquivalenzbeweis.** Um die Äquivalenz der Aussagen (i) und (ii) über die Zahlen a, b, n zu zeigen, fixiert man zunächst beliebige a, b, n und zeigt dann, dass $(i) \Rightarrow (ii)$ und $(ii) \Rightarrow (i)$ gilt. Der erste Beweis war direkt, der zweite indirekt.

Die Gleichheit von Resten ist so wichtig, dass es dafür eine eigene Notation gibt.

Definition

Seien $a, b \in \mathbb{Z}$ und $n \in \mathbb{N}$. Wir schreiben

$$a \equiv b \quad \mathrm{mod}\ n$$

(in Worten: a **kongruent** b **modulo** n) falls $n \mid a - b$ gilt, oder äquivalent falls a und b bei Teilen durch n denselben Rest lassen.[3]

Beispiel

$22 \equiv 8 \mod 7$. Das hat eine konkrete Bedeutung: In 22 Tagen haben wir denselben Wochentag wie in 8 Tagen.

Welcher Wochentag ist das, wenn heute Mittwoch ist? Da $8 \equiv 1 \mod 7$ und morgen (in einem Tag) Donnerstag ist, ist in 8 oder 22 Tagen ebenfalls Donnerstag.

Die Zahlen a, b dürfen auch negativ sein. Zum Beispiel ist $-6 \equiv 1 \mod 7$, weil $-6 - 1 = -7$ durch 7 teilbar ist: Vor 6 Tagen war derselbe Wochentag, wie morgen sein wird.

Aus der Definition folgt direkt, dass immer $a \equiv r \mod n$ gilt, wenn r der Rest von a modulo n ist. Umgekehrt ist der Rest von a modulo n die einzige Zahl $r \in \{0, \ldots, n - 1\}$, für die $a \equiv r \mod n$ gilt.

Mit Kongruenzen kann man rechnen:

---

[3]Dieser Begriff von Kongruenz hat mit dem geometrischen Kongruenzbegriff – zwei Figuren der Ebene oder des Raumes sind kongruent, wenn sie sich durch Drehung, Verschiebung, Spiegelung oder eine Kombination davon ineinander überführen lassen – nichts zu tun.

Rechenregeln für Kongruenzen Sei $n \in \mathbb{N}$. Kongruenzen mod n kann man addieren, subtrahieren, multiplizieren und in eine Potenz erheben. Das heißt: Aus

$$a \equiv b \quad \mathrm{mod}\ n$$
$$c \equiv d \quad \mathrm{mod}\ n$$

folgt

$$
\begin{aligned}
a + c &\equiv b + d &&\mathrm{mod}\ n \\
a - c &\equiv b - d &&\mathrm{mod}\ n \\
ac &\equiv bd &&\mathrm{mod}\ n \\
a^k &\equiv b^k &&\mathrm{mod}\ n
\end{aligned}
$$

für alle $k \in \mathbb{N}$.

Vorsicht! Man kann Kongruenzen *nicht dividieren*. Z. B. gilt zwar $2 \equiv 6$ mod 4 und $2 \equiv 2$ mod 4, aber $\frac{2}{2} \not\equiv \frac{6}{2}$ mod 4. Siehe aber Aufgabe A 8.11.

Beweis.
Nach Definition bedeuten $a \equiv b, c \equiv d$ mod n, dass $n|a - b$ und $n|c - d$ gelten. Damit ergibt

$$n|a - b, \ n|c - d \Rightarrow n|(a - b) + (c - d) = (a + c) - (b + d)$$

die erste Behauptung, die zweite folgt ähnlich. Für die dritte schreibe

$$ac - bd = ac - bc + bc - bd = (a - b)c + b(c - d)\,.$$

Nun gilt $n|a - b \Rightarrow n|(a - b)c$ und $n|c - d \Rightarrow n|b(c - d)$, und durch Addieren folgt $n|(a - b)c + b(c - d) = ac - bd$.

Wendet man die dritte Aussage mit $a = c$, $b = d$ an, folgt $a^2 \equiv b^2$ mod n. Wiederholtes Anwenden ergibt $a^k \equiv b^k$ mod n für alle $k \in \mathbb{N}$. q. e. d.

Beweisanalyse: Dies war ein **direkter Beweis,** in dem es vor allem auf geschicktes Rechnen (Umformen) ankam.

Wie kommt man auf die angegebene Umformung von $ac - bd$? Dies ist eine typische Problemlöseaufgabe. **Was ist gesucht?** Die Teilbarkeit von $ac - bd$ durch n. **Was ist gegeben?** Die Teilbarkeit von $a - b$ und $c - d$ durch n. Kurz: Ziel: $ac - bd$, Daten:

$a - b, c - d$. **Wie bringen wir Ziel und Daten zusammen?** Der ganze Ausdruck $ac - bd$ ist etwas kompliziert, also fangen wir mit einem Teil an, z. B. dem Term ac. Eine Möglichkeit, dies mit den Daten in Verbindung zu bringen, ist der Ausdruck $(a - b)c = ac - bc$. Was benötigen wir, um von hier zum Ziel zu gelangen? Was müssen wir zu $ac - bc$ dazuaddieren, um $ac - bd$ zu erhalten? Offenbar $bc - bd$, und dies ist gleich $b(c - d)$. Insgesamt erhalten wir $ac - bd = (a - b)c + b(c - d)$. Abbildung 8.1 zeigt das Lösungsschema, es ist ein Beispiel für das allgemeine Schema Abbildung 6.4.[4]

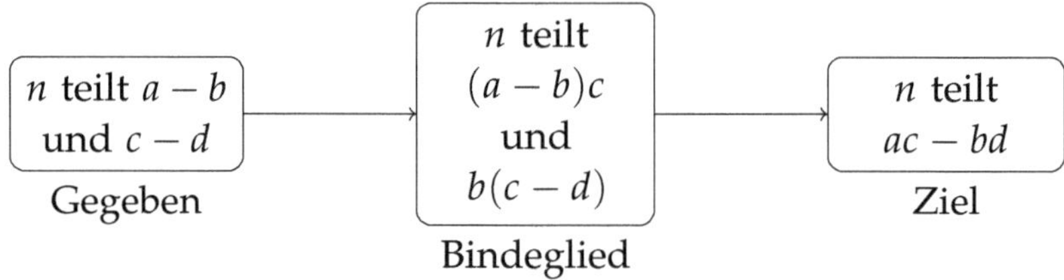

Abb. 8.1 Lösungsschema für die Beweisanalyse

Beispiele

- Was ist der Rest von 100 modulo 7? Das lässt sich zwar direkt ausrechnen, aber die Rechnung ist einfacher so: Aus $10 \equiv 3$ mod 7 folgt $10^2 \equiv 3^2$ mod 7, also

$$100 = 10^2 \equiv 3^2 = 9 \equiv 2 \quad \text{mod } 7.$$

Der Rest ist also 2. Probe: $100 = 14 \cdot 7 + 2$.

---

[4]Diese Umformung, die man auch „geschicktes Addieren von Null" nennt (weil zwischen ac und bd die Zahl $0 = -bc + bc$ addiert wurde), wird Ihnen in der Mathematik häufiger begegnen, z. B. beim Beweis des Satzes der Analysis, dass das Produkt zweier konvergenter Folgen gegen das Produkt der beiden Grenzwerte konvergiert.

□ Was ist der Rest von 2^{100} modulo 3? Das wäre schon sehr schwierig direkt auszurechnen. Einfach geht es so: Aus $2^2 = 4 \equiv 1 \mod 3$ folgt

$$2^{100} = 2^{2\cdot 50} = (2^2)^{50} \equiv 1^{50} = 1 \mod 3\,.$$

Der Rest ist also 1.

□ Auf welche Ziffer endet die Zahl 7^{77}? Die letzte Ziffer einer natürlichen Zahl (im Dezimalsystem) ist ihr Rest modulo 10. Wir versuchen kleinere Potenzen: $7^2 = 49 \equiv 9 \equiv -1 \mod 10$. Davon lassen sich leicht Potenzen bilden, z. B. $7^{76} = 7^{2\cdot 38} = (7^2)^{38} \equiv (-1)^{38} = 1 \mod 7$ und damit

$$7^{77} = 7^{76}\cdot 7 \equiv 1\cdot 7 = 7 \mod 10\,.$$

Die Zahl 7^{77} endet also mit der Ziffer 7.

Aufgaben

A 8.1 Wenn am 18. Januar 2012 ein Mittwoch ist, welcher Wochentag ist dann der 18. Januar 2013? Formulieren Sie Ihren Lösungsweg mit Kongruenzen. (Beachten Sie, dass 2012 ein Schaltjahr ist.)

A 8.2 Erklären Sie, wie man die bekannte Regel „gerade + gerade = gerade" mittels Kongruenzen auf die Gleichung $0 + 0 = 0$ zurückführen kann. Welchen Gleichungen entsprechen die Regeln „gerade + ungerade = ungerade ", „ungerade·ungerade=ungerade" usw.?

A 8.3 Zeigen Sie $7|3^{105} + 4^{105}$.

A 8.4 Zeigen Sie, dass $\lg 2$ (der dekadische Logarithmus von 2, also die Zahl, für die $10^{\lg 2} = 2$ gilt) irrational ist.

A 8.5 Zeigen Sie, dass $6 \nmid n^3 + 5n + 1$ für alle $n \in \mathbb{Z}$.

A 8.6 Zeigen Sie folgende Teilbarkeitsregeln mit Hilfe von Kongruenzen. Die Zahlen seien immer im Dezimalsystem dargestellt:

a) Eine natürliche Zahl ist genau dann durch 3 (bzw. 9) teilbar, wenn ihre Quersumme durch 3 (bzw. 9) teilbar ist.

b) Eine natürliche Zahl n ist genau dann durch 7 teilbar, wenn die Zahl n', die man wie folgt erhält, durch 7 teilbar ist: Sei a_0 die letzte Ziffer von n, also $n = 10a + a_0$ mit $a_0 \in \{0, \dots, 9\}$. Dann setze $n' = a - 2a_0$.

A 8.7 Finden und beweisen Sie eine Teilbarkeitsregel für Division durch 11.

A 8.8 Finden Sie weitere Teilbarkeitsregeln im Dezimalsystem, zum Beispiel für Division durch 13 und durch 17. Finden Sie eine Teilbarkeitsregel für Division durch 7 im Oktalsystem (Stellenwertsystem zur Basis 8).

A 8.9 Sei $n \in \mathbb{N}$. Stellen Sie sich vor, Sie schreiben die Reste modulo n der Zahlen $1^2, 2^2, \dots, (n-1)^2$ hintereinander auf. Welche Symmetrie würden Sie sehen? Warum?

A 8.10 (Quadratische Reste)

a) Stellen Sie für jedes $n = 3, 4, 5$ eine Tabelle auf, in der Sie jeweils die Zahlen $a = 0, 1, \dots, n-1$ gegen den Rest von a^2 modulo n abtragen. (Diese Reste heißen **quadratische Reste** modulo n.)

b) Folgern Sie, dass jede Quadratzahl bei Division durch 4 den Rest 0 oder 1 lässt. Was sind die möglichen Reste modulo 3 und modulo 5?

c) Welche Reste kann die Summe zweier Quadratzahlen bei Division durch 4 lassen?

d) Gibt es Quadratzahlen der Form $3n - 1, 5n + 4, 7n + 3$ (mit $n \in \mathbb{N}$)?

e) Kann 999.999 als Summe zweier Quadratzahlen geschrieben werden?

f) Zeigen Sie: Wenn $5 \mid a^2 + b^2 + c^2$ mit $a, b, c \in \mathbb{N}$, dann $5 \mid a$ oder $5 \mid b$ oder $5 \mid c$.

A 8.11 Zwei Zahlen $n, c \in \mathbb{N}$ heißen **teilerfremd**, wenn 1 die einzige natürliche Zahl ist, die sowohl n als auch c teilt.

a) Wie kann man an den Primfaktorzerlegungen von n und c ablesen, ob sie teilerfremd sind?

b) Zeigen Sie: Sind $n, a, c \in \mathbb{N}$ und sind n, c teilerfremd, so folgt aus $n \mid ac$ schon $n \mid a$.

c) Zeigen Sie für $n, a, b, c \in \mathbb{N}$ mit $c|a$, $c|b$:

$$a \equiv b \quad \mathrm{mod}\ n \Rightarrow \frac{a}{c} \equiv \frac{b}{c} \quad \mathrm{mod}\ n, \quad \text{falls } n, c \text{ teilerfremd sind.}$$

A 8.12 Ziel dieser Aufgabe ist, das Lemma von EUKLID auf Seite 176  zu beweisen. Vorsicht: Wir dürfen im Beweis nicht die Eindeutigkeit der Primfaktorzerlegung verwenden. Das wäre ein Zirkelschluss, da in deren Beweis das Lemma von EUKLID verwendet wurde.

a) (Der Fall $p = 2$) Zeigen Sie: Ist ab gerade, aber b ungerade, so ist a gerade. Argumentieren Sie genau!

b) (Der Fall $a < p$) Zeigen Sie: Ist p eine Primzahl und sind $a, b \in \mathbb{N}$ mit $p \nmid b$ (teilt nicht) und $a < p$, so folgt $p \nmid ab$.

c) Zeigen Sie das Lemma von EUKLID mittels b).

A 8.13 Betrachten Sie die folgende Aussage und den gegebenen (nicht schlüssigen) „Beweis".

> **Lemma.** Jede Potenz 6^k mit $k \in \mathbb{N}$ endet in ihrer Dezimaldarstellung auf 6.

> *Beweis.* „Beweis"
> Um die Aussage zu zeigen, zeigen wir
>
> $$\forall k \in \mathbb{N} : 6^k \equiv 6 \quad (\mathrm{mod}\ 10).$$
>
> Diese Aussage werden wir mittels eines Widerspruchsbeweises zeigen, indem wir das Gegenteil annehmen und diese Annahme zum Widerspruch führen.
>
> *Annahme:* $6^k \not\equiv 6 \pmod{10}$ für alle $k \in \mathbb{N}$.
>
> Wenn $6^k \not\equiv 6 \pmod{10}$ für jedes $k \in \mathbb{N}$ gilt, ist dies offenbar auch für $k = 2$ der Fall. Es gilt jedoch
>
> $$6^2 = 36 \equiv 6 \quad (\mathrm{mod}\ 10).$$
>
> Dies ist ein Widerspruch zur Annahme, diese muss somit falsch gewesen sein. Damit ist die Behauptung des Lemmas gezeigt.

Warum ist der Beweis nicht schlüssig? Geben Sie einen schlüssigen Beweis.

1-2 A 8.14 (Umkehrung des Lemmas von EUKLID) Sei $p \in \mathbb{N}$ mit $p \geq 2$ derart, dass für alle $a, b \in \mathbb{N}$ gilt: Wenn $p|ab$, dann gilt schon $p|a$ oder $p|b$.

Zeigen Sie, dass dann p eine Primzahl sein muss.

2 A 8.15 Zeigen Sie: Die Anzahl der positiven Teiler einer natürlichen Zahl n ist ungerade genau dann, wenn n eine Quadratzahl ist.

3 A 8.16 Seien $m, n \in \mathbb{N}$ teilerfremd. Berechnen Sie

$$\lceil \frac{m}{n} \rceil + \lceil 2\frac{m}{n} \rceil + \cdots + \lceil (n-1)\frac{m}{n} \rceil$$

wobei $\lceil x \rceil$ die ‚Aufrundung' von x ist, also z.B. $\lceil 2{,}4 \rceil = 3$, $\lceil 5 \rceil = 5$.

2 A 8.17 Sei a eine natürliche Zahl. Entscheiden Sie für jede der vier unten aufgeführten Aussagen a) bis d), ob die Aussage

$$a \equiv 1 \quad (\mathrm{mod}\ 4) \tag{8.2}$$

diese impliziert und/oder von dieser impliziert wird.

a) a ist ungerade.

b) a ist ungerade und lässt sich als Summe zweier positiver Quadratzahlen schreiben.

c) $a^2 \equiv 1 \ (\mathrm{mod}\ 8)$

d) $2a \equiv 2 \ (\mathrm{mod}\ 4)$

Geben Sie jeweils eine Begründung oder ein Gegenbeispiel an.

9 Das Schubfachprinzip

Wenn vieles auf wenige Schubfächer verteilt wird, muss mindestens
ein Schubfach viel erhalten. Das ist eine Binsenweisheit, und doch ist
es die Grundlage vieler mathematischer Argumente. Mal offenkundig,
mal versteckt, hat das Schubfachprinzip mitunter überraschende
Konsequenzen. Es ist eines der wenigen ganz allgemeinen Prinzipien
der Mathematik, ein wichtiges Hilfsmittel für Existenzbeweise. Die
Kunst besteht darin zu erkennen, wo man es anwenden kann.

In diesem Kapitel lernen Sie nach einer genauen Formulierung
des Prinzips zunächst einige einfache Konsequenzen aus dem Alltag
kennen. Indem wir dann Reste als Schubfächer betrachten, erhalten
wir einige überraschende Aussagen über Zahlen. Wir werden auch
die Frage erkunden, wie gut man beliebige Zahlen durch Brüche
approximieren kann, und dort unvermittelt auf das Schubfachprinzip stoßen. Angewendet auf ein Problem aus der Graphentheorie
zeigt das Schubfachprinzip schließlich, dass selbst im chaotischsten
Dickicht noch Ordnung zu finden ist.

9.1 Das Schubfachprinzip, Beispiele

Die einfachste Version des Schubfachprinzips lautet, präzise formuliert:

Schubfachprinzip

Sei $n \in \mathbb{N}$. Verteilt man $n + 1$ Kugeln auf n Schubfächer, so
enthält mindestens ein Fach mehr als eine Kugel.

Diese Aussage ist optimal in folgendem Sinn: Verteilt man nur n
Kugeln auf n Schubfächer, könnte jedes Fach genau eine Kugel enthalten.

Beweis.
Enthielte jedes Fach höchstens eine Kugel, so wären es höchstens n
Kugeln. q. e. d.

Beweisanalyse: Dies ist ein **indirekter Beweis.**

Ersetzt man Kugeln und Schubfächer in geeigneter Weise, erhält man interessante Aussagen.

Beispiele

- Unter 13 Personen gibt es zwei, die im selben Monat Geburtstag haben.

  (Kugeln: Personen. Schubfächer: Monate)

  Wichtig: ‚gibt es zwei' bedeutet immer: ‚gibt es mindestens zwei', es können natürlich auch drei oder mehr Personen im selben Monat Geburtstag haben.

- Unter drei Personen gibt es zwei desselben Geschlechts.

  (Kugeln: Personen. Schubfächer: Geschlechter)

- Unter den Einwohnern Bremens gibt es zwei, die dieselbe Anzahl Haare auf dem Kopf haben.[1] (Kugeln: Einwohner Bremens. Schubfächer: Mögliche Anzahlen Haare, also die Zahlen $0, 1, 2, \ldots, 300\,000$. Ein Einwohner kommt in Fach i, wenn er i Haare auf dem Kopf hat.)

Das Schubfachprinzip ist ein sehr effizientes Mittel, um eine **Existenzaussage** zu beweisen: Im letzten Beispiel weiß man ohne weiteres Zutun, dass es zwei Personen mit der gleichen Anzahl Haare gibt. Wollte man herausfinden, *wer* diese Personen sind, müsste man bei allen (zumindest bei sehr vielen) Einwohnern die Haare zählen – eine fast unmögliche Aufgabe. In diesem Sinne ist das Schubfachprinzip **nicht konstruktiv.**

Oft begegnet uns das Schubfachprinzip in seiner allgemeinen Form.

Erweitertes Schubfachprinzip

Seien $a, n \in \mathbb{N}$. Verteilt man $an + 1$ Kugeln auf n Schubfächer, so enthält mindestens ein Fach mehr als a Kugeln.

---

[1]Hierzu muss man wissen: 1. Jeder Mensch hat höchstens 300.000 Haare auf dem Kopf (normal ist ca. 150.000), 2. Bremen hat mehr als 500.000 Einwohner.

Dies ist wiederum optimal: Mit an oder weniger Kugeln stimmt das nicht.

Beweis.
Enthielte jedes Fach höchstens a Kugeln, so könnten in den n Schubfächern höchstens an Kugeln sein.   q. e. d.

Beispiele

- Unterm Weihnachtsbaum liegen 13 Geschenke für 3 Kinder. Dann bekommt mindestens ein Kind mindestens 5 Geschenke.

  (Denn bekäme jedes Kind höchstens 4 Geschenke, so wären es insgesamt höchstens $3 \cdot 4 = 12$ Geschenke. Hier ist $n = 3$ und $a = 4$.)

- Unter den Einwohnern Deutschlands gibt es mindestens 270, die dieselbe Anzahl Haare auf dem Kopf haben.[2]

  (Schubfächer: Anzahl Haare, also höchstens 300.001 Fächer. Verteilt man darauf mehr als $81\,000\,270 = 270 \cdot 300\,001$ Personen, muss eines mehr als 270 Personen enthalten.)

In diesen Beispielen war es recht einfach zu erkennen, wie man das Schubfachprinzip anwenden kann. Das ist nicht immer so. In den folgenden Problemen müssen Sie genau hinsehen, um zu erkennen, was Sie als Kugeln und was als Schubfächer nehmen können.

Als Faustregel bietet sich an: Die Kugeln sind die Objekte, deren (Mehrfach-) Existenz man zeigen möchte, die Schubfächer sind die Eigenschaften.

Problem 9.1

In einem Raum seien einige Personen versammelt. Zeigen Sie, dass es unter ihnen zwei gibt, die dieselbe Anzahl Bekannte im Raum haben.[3]

---

[2] Zahl der Einwohner Deutschlands: Etwa 81.084.000, Stand Sep. 2014.

[3] Es wird angenommen, dass die Relation ‚bekannt‘ symmetrisch ist, d. h.: Wenn Person A Person B kennt, so kennt auch Person B Person A.

Untersuchung

Notation einführen Schubfächer und Kugeln suchen

▷ Sei $n \geq 2$ die Anzahl der Personen im Raum. Die Aussage „Es gibt zwei" legt nahe zu versuchen, das Schubfachprinzip anzuwenden. Was könnten Kugeln, was Schubfächer sein? Zu zeigen ist die Existenz zweier *Personen*, die relevante Eigenschaft ist die *Anzahl von Bekannten*. Die Kugeln sollten also die Personen, die Schubfächer sollten die möglichen Anzahlen sein.

▷ Welche Schubfächer kommen vor? Die möglichen Anzahlen von Bekannten, die eine Person im Raum haben kann, sind $0,1,\ldots,$ $n - 1$.

▷ Also haben wir n Kugeln und n Schubfächer. Das Schubfachprinzip ist nicht direkt anwendbar. Was tun?

▷ Sehen wir genau hin: Kennt eine Person alle anderen (hat sie also $n - 1$ Bekannte), so kann es keine Person geben, die niemanden kennt (also 0 Bekannte hat).
Also ist Schubfach 0 oder Schubfach $n - 1$ leer.

▷ Damit stehen nur $n - 1$ Schubfächer zur Verfügung, eines muss also 2 Kugeln enthalten.

Man kann das zum Beispiel so aufschreiben:

Lösung zu Problem 9.1

Sei $n \geq 2$ die Anzahl der Personen im Raum. Wir numerieren sie als $1,\ldots,n$. Sei b_i die Anzahl der Bekannten von Person i. Dann ist $b_i \in \{0,1,\ldots,n-1\}$ für jedes i. Gibt es eine Person i mit $b_i = n - 1$ (nennen wir diese den Partyhecht), so kennt i alle anderen Personen, daher kann es keine Person geben, die null Personen kennt (denn sie muss ja den Partyhecht kennen). Also kommen unter den Zahlen $b_1,\ldots,b_n$ höchstens $n - 1$ verschiedene Zahlen vor, und daher muss es $i \neq j$ geben mit $b_i = b_j$.

Bemerkung

Betrachtet man die Personen als Ecken eines Graphen und die Bekanntschaften als Kanten, so lässt sich die Aussage von Problem 9.1 in der Sprache der Graphen formulieren:

In jedem Graphen[4] gibt es zwei Ecken, die denselben Grad haben.

---

[4]mit mindestens zwei Ecken sowie ohne Doppelkanten und Schlingen

9.2 Reste als Schubfächer

Manchmal ist es sinnvoll, Reste modulo n als Schubfächer zu verwenden. Hier ist ein einfaches Beispiel.

Problem 9.2

Gegeben seien 10 natürliche Zahlen. Zeigen Sie, dass es darunter zwei gibt, deren Differenz durch 9 teilbar ist.

Das Ziel – Teilbarkeit durch 9 – legt es nahe, Reste modulo 9 zu betrachten.

Lösung

Es gibt 9 mögliche Reste bei Division durch 9, nämlich $0,1,\ldots,8$. Daher müssen unter 10 Zahlen zwei denselben Rest modulo 9 haben. Die Differenz dieser beiden Zahlen ist dann durch 9 teilbar.

Die analoge Aussage mit 10 statt 9 lautet: Unter 11 natürlichen Zahlen gibt es zwei, die auf dieselbe Ziffer enden. Klar – es gibt ja nur 10 mögliche Endziffern. Endziffern sind gerade die Reste modulo 10.

Das Schubfachprinzip kann auch nützlich sein, wenn man die Existenz eines einzelnen Objekts mit gewissen Eigenschaften zeigen will.

Problem 9.3

Zeigen Sie, dass es unter den Potenzen $7, 7^2, 7^3, \ldots$ eine gibt, die mit den Ziffern 001 endet.

Untersuchung

Was ist gesucht? Drei Endziffern. Das lässt sich als Rest modulo 1000 beschreiben. Gefordert ist ein Existenzbeweis. Man könnte also versuchen, das Schubfachprinzip anzuwenden, wobei die Schubfächer die Reste modulo 1000 sind. Als Kugeln versuchen wir das zu verwenden, dessen Existenz zu beweisen ist: Potenzen von 7. Unklar ist, welchen Nutzen wir daraus ziehen könnten, dass zwei Potenzen von 7 denselben Rest modulo 1000 haben.

Schreiben wir hin, was das bedeutet: $7^k \equiv 7^l$ mod 1000, oder äquivalent $1000|7^k - 7^l$ für zwei verschiedene natürliche Zahlen k, l. Was können wir damit anfangen? Wir könnten die kleinere der Potenzen ausklammern: Ist zum Beispiel $k > l$, so könnten wir $7^k = 7^l \cdot 7^{k-l}$ schreiben, das ergäbe $7^k - 7^l = 7^l \cdot (7^{k-l} - 1)$. Wenn das durch 1000 teilbar ist, ist schon $7^{k-l} - 1$ durch 1000 teilbar, also endet 7^{k-l} auf 001, fertig!

Das war schon fast perfekt; in der folgenden Lösung sind die fehlenden Details ergänzt.

Lösung zu Problem 9.3

Eine Zahl endet mit den Ziffern 001 genau dann, wenn sie bei Teilen durch 1000 den Rest 1 lässt. Daher betrachten wir die Reste modulo 1000 als Schubfächer. Da es 1000 solche Reste gibt (nämlich $0, 1, \ldots, 999$), gibt es unter den 1001 Zahlen

$$7^1, 7^2, 7^3, \ldots, 7^{1001}$$

zwei, sagen wir 7^k und 7^l mit $k > l$, die denselben Rest modulo 1000 haben. Dann gilt

$$1000|7^k - 7^l = 7^l(7^{k-l} - 1).$$

Aus $1000|7^l(7^{k-l} - 1)$ folgt $1000|7^{k-l} - 1$, denn in der Primfaktorzerlegung von $7^l(7^{k-l} - 1)$ muss $1000 = 2^3 \cdot 5^3$ vorkommen, und da 7 eine Primzahl ist, muss dies bereits in der Primfaktorzerlegung von $7^{k-l} - 1$ vorkommen. Also lässt 7^{k-l} den Rest 1 modulo 1000, endet also mit den Ziffern 001.

Rückschau zu Problem 9.3

Die Aufgabe legte nahe, die Reste modulo 1000 als Schubfächer und die Potenzen von 7 als Kugeln zu betrachten. Weniger offensichtlich war, was es nützt, zwei Potenzen mit demselben Rest zu haben. Man hat einfach deren Differenz betrachtet und das **Potenzgesetz** $7^k = 7^l \cdot 7^{k-l}$ verwendet.

Der Beweis zeigt, dass die gesuchte Potenz schon unter den Zahlen $7, 7^1, \ldots, 7^{1000}$ zu finden ist.

Analoges gilt für jede Zahl anstelle von 7, die weder durch 2 noch durch 5 teilbar ist. Und statt 001 kann man auch n Nullen gefolgt von einer 1 fordern, für beliebiges n. Der Beweis ist vollkommen analog.

9.3 Eine Erkundungstour: Approximation durch Brüche

Wir wollen eine kleine Entdeckungsreise zu folgender Frage unternehmen.

> **Approximationsproblem:** *Wie gut lassen sich beliebige reelle Zahlen a durch Brüche approximieren?*

Ihre erste Reaktion lautet vielleicht: Was soll die Frage, jede reelle Zahl a lässt sich *beliebig gut* durch Brüche[5] approximieren: Man schneidet einfach die Dezimaldarstellung von a nach einigen Stellen ab. Zum Beispiel kann man $\pi = 3{,}1415\ldots$ durch $3{,}141 = 3141/1000$ approximieren mit einem Fehler von $0{,}0005\ldots$. Will man eine bessere Approximation, nimmt man einfach mehr Stellen hinzu. [6]

An dieser Stelle könnten wir aufhören: Problem gelöst, Entdeckungstour beendet. Oder wir könnten versuchen, anhand dieser etwas vage formulierten Frage noch mehr, Interessanteres zu entdecken.

Bleiben wir beim Beispiel $\pi = 3{,}1415926\ldots$. Wenn der Bruch m/n nahe bei π liegen soll, muss $n\pi$ nahe bei der ganzen Zahl m liegen. Sehen wir uns also einige Vielfache von π und ihren Abstand zur nächsten ganzen Zahl an, siehe Tabelle 9.1:

---

[5]Mit einem Bruch ist immer ein Bruch ganzer Zahlen gemeint; die als Brüche darstellbaren Zahlen nennt man **rational**. Wir unterscheiden hier nicht zwischem einem Bruch und der durch den Bruch dargestellten rationalen Zahl.

[6]Vielleicht lautet Ihre erste Reaktion auch: Warum steht das im Kapitel über das Schubfachprinzip? Warten Sie's ab. Lassen wir uns nicht von den Methoden leiten, sondern von der Frage.

n	$n\pi$ (gerundet)	Abstand
1	3,14	0,14
2	6,28	0,28
3	9,42	0,42
4	12,57	0,43
5	15,71	0,29
6	18,85	0,15
7	21,99	0,01
8	23,13	0,13

Tab. 9.1 Abstand von $n\pi$ zur nächsten ganzen Zahl, auf 2 Stellen gerundet

Wir erleben eine Überraschung: 7π liegt viel näher an einer ganzen Zahl (22) als die anderen Vielfachen von π. Damit wird π durch $22/7$ sehr gut approximiert, gemessen daran, dass der Nenner recht klein ist: Wir berechnen $22/7 = 3{,}142\ldots$ und sehen, dass der Fehler etwa 0,001 ist. Vergleichen wir das mit unserer ersten Idee, die Dezimaldarstellung abzubrechen. Tabelle 9.2 zeigt einige dieser Brüche und die Approximationsfehler. Es ist auch eine weitere besonders gute Approximation, $355/133$, angegeben.

Bruch			Fehler
$31/10$	=	3,1	$0{,}04\ldots$
$314/100$	=	3,14	$0{,}001\ldots$
$3141/1000$	=	3,141	$0{,}0005\ldots$
$22/7$	=	$3{,}1428\ldots$	$0{,}001\ldots$
$355/113$	=	$3{,}1415929\ldots$	$0{,}0000003\ldots$

Tab. 9.2 Approximationen von π durch Brüche

Bemerkenswert an der Tabelle ist Folgendes: Der Bruch $22/7$ gibt eine ähnlich gute Approximation wie der Bruch $314/100$, kommt aber mit wesentlich kleinerem Zähler und Nenner aus. Noch extremer ist die Situation bei $355/113$. Obwohl der Nenner nur unwesentlich größer ist als der von $314/100$, liefert dieser Bruch eine weit bessere Approximation.

Wir sehen, dass es einiges zu entdecken gibt, wenn wir die Größe der Nenner als Untersuchungsgegenstand hinzunehmen.[7] Wir können unser Problem präzisieren:

Approximationsproblem, Version 2: *Untersuche, wie bei der Approximation einer beliebigen reellen Zahl a durch Brüche der **Approximationsfehler** mit der **Größe der Nenner** zusammenhängt.*

Bisher haben wir nur das Beispiel $a = \pi$ betrachtet. Das ist insofern speziell, als π **irrational** ist, d. h. sich nicht exakt als Bruch schreiben lässt.[8] Aber auch für rationale Zahlen ist das präzisierte Problem interessant. Als Beispiel betrachten wir $a = 0{,}51$: Zwar ist dies exakt $51/100$, doch lässt es sich durch den viel einfacheren Bruch $1/2$ approximieren, mit dem relativ kleinen Fehler $0{,}01$.

Unsere Frage hat auch praktische Bedeutung: Stellen Sie sich vor, Sie wollen ein Getriebe aus zwei Zahnrädern bauen, das möglichst genau ein vorgegebenes Übersetzungsverhältnis a hat. Dabei wollen Sie – zum Beispiel aus Kostengründen – nur Zahnräder mit möglichst wenig Zähnen verwenden. Haben die beiden Zahnräder m und n Zähne, so produzieren sie das Übersetzungsverhältnis m/n. Sie müssen also die Kosten (die von $m + n \approx (a+1)n$, also von n abhängen) gegen die Differenz $|a - m/n|$ austarieren, und dafür brauchen Sie Einsicht in das oben gestellte Problem.

Auch dieses präzisierte Problem ist noch etwas vage. Um weiterzukommen, wollen wir konkretere Fragen formulieren. Wir werden folgende Notation verwenden:

- a: eine reelle Zahl, die wir der Einfachheit halber als positiv voraussetzen wollen

- $n \in \mathbb{N}$: die Größe des Nenners eines approximierenden Bruches

- $\varepsilon > 0$: der Approximationsfehler[9]

Wir bezeichnen mit $\mathrm{Approx}(a, n, \varepsilon)$ die Aussage

„a lässt sich mit Nennergröße n

mit einem Fehler von höchstens ε approximieren".

---

[7]Statt der Größe der Nenner könnten wir auch die Größe der Zähler nehmen. Das läuft im Wesentlichen auf dasselbe hinaus, da aus $a \approx m/n$ folgt, dass $m \approx an$ ist.

[8]Diese Tatsache ist nicht ganz einfach zu beweisen, siehe z. B. (Aigner, 2012).

[9]Die kleinen griechischen Buchstaben ε und δ (epsilon und delta) werden in der Mathematik oft für kleine positive Zahlen verwendet.

Anders gesagt: „Es gibt ein $m \in \mathbb{N}_0$, so dass $\left|a - \frac{m}{n}\right| \leq \varepsilon$ ist."

Hier sind einige Fragen, die wir stellen könnten.

Approximationsproblem, Version 3:

1. *Gegeben a und n, was ist das minimale ε, so dass $\text{Approx}(a, n, \varepsilon)$ gilt?*

2. *Gegeben a, gibt es bestimmte Werte von n, für die $\text{Approx}(a, n, \varepsilon)$ mit besonders kleinen ε gilt?*

3. *Gegeben n, was ist das minimale ε, so dass $\text{Approx}(a, n, \varepsilon)$ für alle a stimmt?*

Vielleicht fallen Ihnen weitere Fragen ein?

Beachten Sie den Unterschied der dritten Frage zu den ersten beiden: Bei 1. und 2. wird a anfangs fixiert. ε darf dann von a abhängen. Bei 3. wird n fixiert und nach einem ε gesucht, das für alle a funktioniert. In allen Fällen wird ε von n abhängen.

Zu Frage 1: So wie die Frage dasteht, kann man wohl nicht viel mehr sagen als ein lakonisches „Das hängt davon ab, was a ist". Machen wir eine Skizze, siehe Abbildung 9.1. Wir zeichnen die Punkte $0, \frac{1}{n}, \frac{2}{n}, \ldots$, dann wird a zwischen zweien dieser Punkte liegen (oder mit einem zusammenfallen).

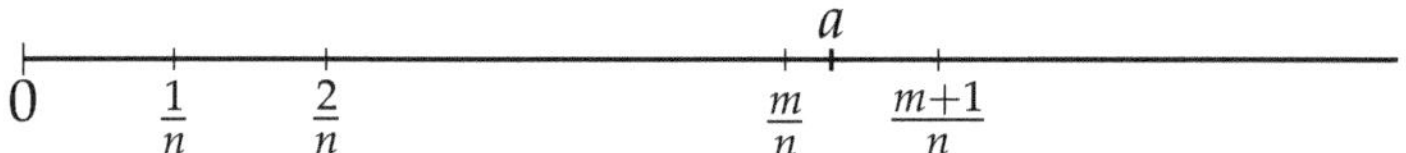

Abb. 9.1 Approximation von a durch den Bruch $\frac{m}{n}$

Immerhin können wir ablesen, dass $\varepsilon = \frac{1}{2} \cdot \frac{1}{n} = \frac{1}{2n}$ immer geht, kleinere ε aber nicht für alle a gehen. Das heißt: Sei $n \in \mathbb{N}$ beliebig. Dann stimmt $\text{Approx}(a, n, \frac{1}{2n})$ für jedes a, und für $\varepsilon < \frac{1}{2n}$ gibt es Zahlen a, für die $\text{Approx}(a, n, \varepsilon)$ nicht gilt, zum Beispiel $a = \frac{1}{2n}$. Damit ist auch Frage 3 beantwortet.

Frage 2 ist wesentlich interessanter, wie wir am Beispiel $a = \pi$ gesehen haben. Sie ist noch etwas unkonkret. Was heißt „besonders klein"? Natürlich werden wir für sehr große n auch sehr gut approximieren können, also wird ε von n abhängen. Wir sahen, dass $\varepsilon = \frac{1}{2n}$ für alle n geht. Bei $a = \pi$ liegen die Approximationsfehler von $22/7$ und von $355/113$ jedoch weit darunter. Können wir solche besonders guten Approximationen für jedes a finden? Wie gut können sie sein?

Die gute Approximation von π durch $^{22}/_7$ hatten wir gefunden, indem wir den Abstand von $n\pi$ zu ganzen Zahlen betrachteten. Untersuchen wir dies allgemein: Wie klein können wir diesen Abstand machen, wenn wir Zahlen n bis zu einer bestimmten Größe zulassen?

Problem 9.4

Sei $N \in \mathbb{N}$. Finde die kleinste Zahl δ, abhängig von N, für die Folgendes gilt: Für jede reelle Zahl $a > 0$ hat mindestens eine der Zahlen $a, 2a, \ldots, Na$ einen Abstand von höchstens δ zu einer ganzen Zahl.

Dieses Problem scheint mehr Ähnlichkeit mit Frage 3 als mit Frage 2 zu haben, da dasselbe δ für alle a funktionieren soll. Nach der Lösung werden wir aber sehen, dass uns die Antwort bei der Untersuchung von Frage 2 helfen wird. Machen Sie sich den Unterschied des Problems zu Frage 3 klar!

Untersuchung

▷ Machen wir uns mit dem Problem vertraut. Die Aussage ist etwas   Gefühl
kompliziert: ... kleinste ... jede ... mindestens ... höchstens.   bekommen
Hinterfragen Sie jedes dieser Worte, um zu verstehen, was gesucht
ist. Sehen Sie sich einige Beispiele für a und N an und finden Sie
jeweils das bestmögliche δ.

▷ Was ist die Antwort für $N = 1$? Für welche δ gilt, dass jedes a einen   Spezialfall
Abstand von höchstens δ zu einer ganzen Zahl hat?

Für $\delta = 1/2$ stimmt dies offenbar, und für kleinere δ stimmt das
nicht (da z. B. $a = 1/2$ sein könnte). Die Antwort für $N = 1$ lautet
also $\delta = 1/2$.

▷ Wie steht's mit $N = 2$? Hierbei haben wir die Zahlen a und $2a$
zu betrachten. Spielen Sie ein wenig damit herum, probieren Sie
verschiedene a, versuchen Sie, den ungünstigsten Fall zu konstruieren.

▷ Es ist Zeit, eine geeignete Notation einzuführen. Für $x \in \mathbb{R}$, $x \geq 0$ sei $\mathrm{frac}(x)$ der Nachkommateil von x.[10] Hier ist eine exakte Definition.

Definition

> Für $x \in \mathbb{R}$, $x \geq 0$ sei $\lfloor x \rfloor$ (**Gaußklammer** von x) die größte ganze Zahl, die kleiner oder gleich x ist, und $\mathrm{frac}(x) = x - \lfloor x \rfloor$.

Beispiele: $\lfloor 3{,}1 \rfloor = 3$ und $\mathrm{frac}(3{,}1) = 0{,}1$. $\lfloor 5{,}9 \rfloor = 5$ und $\mathrm{frac}(5{,}9) = 0{,}9$. $\lfloor 3 \rfloor = 3$ und $\mathrm{frac}(3) = 0$.
Es ist immer $0 \leq \mathrm{frac}(x) < 1$.

▷ Der Abstand einer reellen Zahl zur nächsten ganzen Zahl hängt nur von ihren Nachkommastellen ab. Daher betrachten wir die Zahlen $\mathrm{frac}(a), \mathrm{frac}(2a)$. Vielleicht haben Sie beobachtet, dass δ nicht kleiner als $1/3$ gewählt werden kann (für $a = 1/3$ oder $a = 2/3$). Versuchen wir also zu zeigen, dass für $N = 2$ die richtige Antwort $\delta = 1/3$ ist.

Vermutung

▷ Wir wollen zeigen: Für jedes a liegt mindestens eine der Zahlen $\mathrm{frac}(a), \mathrm{frac}(2a)$ in einem der beiden äußeren (fetten) Intervalle in Abbildung 9.2. Dabei zählen wir die Endpunkte $1/3$ bzw. $2/3$ zum jeweiligen Intervall.

Skizze

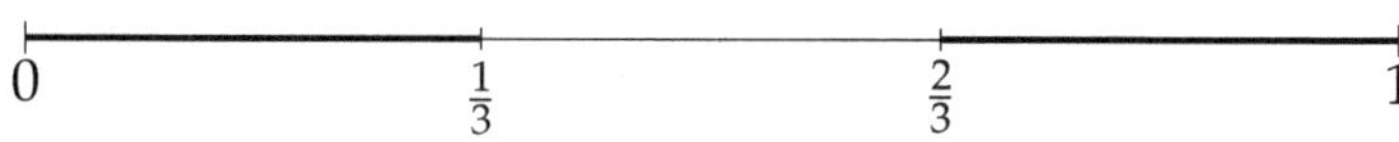

Abb. 9.2 Drei Drittel für $\mathrm{frac}(a), \mathrm{frac}(2a)$

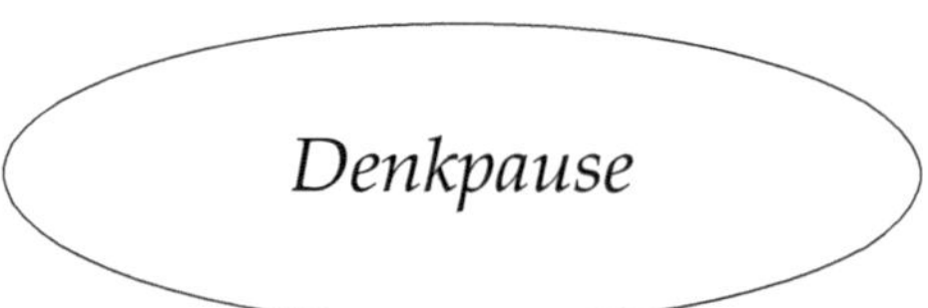

*Widerspruchs-
beweis*

▷ Was wäre, wenn das nicht stimmte? Dann müssten $\mathrm{frac}(a), \mathrm{frac}(2a)$ beide im mittleren Drittel liegen, ihr Abstand voneinander wäre also höchstens $1/3$.[11]

---

[10] Statt $\mathrm{frac}(x)$ ist auch die Bezeichnung $\{x\}$ üblich. Um Verwechslungen mit der Menge $\{x\}$ zu vermeiden, verwenden wir $\mathrm{frac}(x)$, für „fractional part".
[11] Er wäre sogar kleiner als $1/3$, doch das spielt im Folgenden keine Rolle.

▷ Aber wenn $\mathrm{frac}(2a)$ und $\mathrm{frac}(a)$ höchstens den Abstand $1/3$ haben, dann sollte $2a - a = a$ höchstens den Abstand $1/3$ zu einer ganzen Zahl haben, und damit läge $\mathrm{frac}(a)$ doch in einem der äußeren Intervalle, Widerspruch!

▷ Hier ist noch eine kleine Nebenüberlegung nötig: Ist der Abstand von $b - a$ zur nächsten ganzen Zahl immer höchstens $|\mathrm{frac}(b) - \mathrm{frac}(a)|$ (in unserem Fall war $b = 2a$)? Das sieht vernünftig aus, wir verschieben aber die Details auf später und sehen uns erst den allgemeinen Fall an.

Versuchen Sie, das Argument auf beliebige N zu verallgemeinern! Was könnte das optimale δ sein? Wie kann man das beweisen? Wenn Sie noch nicht bereit für den allgemeinen Fall sind, betrachten Sie zunächst $N = 3$.

▷ Für $N = 3$ teilen wir das Intervall $[0,1]$ in vier Viertel. Wenn keine der drei Zahlen $\mathrm{frac}(a)$, $\mathrm{frac}(2a)$, $\mathrm{frac}(3a)$ in einem der äußeren Viertel liegt, müssen sie alle in den zwei übrigen Vierteln liegen, und daher müssen zwei von ihnen im selben Viertel liegen (Schubfachprinzip). Damit wäre ihr Abstand höchstens $1/4$, und wir erhalten einen Widerspruch wie vorher. Also stimmt die Behauptung für $\delta = 1/4$. Mit einem kleineren δ stimmt sie nicht, da für $a = 1/4$ jede der Zahlen $1/4$, $2/4$, $3/4$ einen Abstand $\geq 1/4$ zur nächsten ganzen Zahl hat.

▷ Für $N = 1$ erhalten wir $\delta = 1/2$, für $N = 2$ ist $\delta = 1/3$ und für $N = 3$ ist $\delta = 1/4$. Das legt die Vermutung nahe, dass allgemein das bestmögliche δ gleich $1/N{+}1$ ist.

Lösung zu Problem 9.4

Behauptung: Die kleinste Zahl δ, für die die Aussage von Problem 9.4 richtig ist, ist $\delta = \frac{1}{N+1}$.
Zum Beweis benötigen wir folgendes Lemma.

Lemma

> Seien $x, y \in \mathbb{R}$, $x, y \geq 0$. Aus $|\mathrm{frac}(x) - \mathrm{frac}(y)| \leq \delta$ folgt, dass
> $x - y$ höchstens den Abstand δ von einer ganzen Zahl hat.

Beweis.
Schreibe $x = \lfloor x \rfloor + \mathrm{frac}(x)$, $y = \lfloor y \rfloor + \mathrm{frac}(y)$. Dann ist

$$x - y = (\lfloor x \rfloor - \lfloor y \rfloor) + (\mathrm{frac}(x) - \mathrm{frac}(y)).$$

Die erste Klammer rechts ist eine ganze Zahl, die zweite hat nach
Annahme einen Betrag $\leq \delta$. Damit folgt die Behauptung.   q. e. d.

Wir beweisen nun die Behauptung zu Problem 9.4.

Beweis.
Für $a = \frac{1}{N+1}$ erhält man die Zahlen $\frac{1}{N+1}, \ldots, \frac{N}{N+1}$. Jede davon ist
mindestens $\frac{1}{N+1}$ von der nächsten ganzen Zahl entfernt. Daher muss
$\delta \geq \frac{1}{N+1}$ gelten.

Sei nun $\delta = \frac{1}{N+1}$. Sei $a > 0$ beliebig. Wir zeigen, dass mindestens
eine der Zahlen $a, 2a, \ldots, Na$ einen Abstand von höchstens δ zu einer
ganzen Zahl hat. Betrachte die $N + 1$ Intervalle[12]

$$I_0 = [0, \delta], \ I_1 = [\delta, 2\delta], \ \ldots, \ I_N = [N\delta, 1].$$

Jedes Intervall hat die Länge δ, auch das letzte, da $1 = (N + 1)\delta$.
Angenommen, keine der Zahlen na, $n = 1, 2, \ldots, N$ hätte einen Abstand von höchstens δ zu einer ganzen Zahl. Dann läge keine der
Zahlen $\mathrm{frac}(na)$ in I_0 oder in I_N. Daher lägen alle diese N Zahlen
in den restlichen $N - 1$ Intervallen. Also (Schubfachprinzip) lägen
mindestens zwei davon, sagen wir $\mathrm{frac}(ka)$ und $\mathrm{frac}(la)$ mit $k > l$,
im selben Intervall, also wäre $|\mathrm{frac}(ka) - \mathrm{frac}(la)| \leq \delta$. Nach dem
Lemma hätte dann $ka - la$ höchstens den Abstand δ von einer ganzen
Zahl. Wegen $k, l \in \{1, \ldots, N\}$ und $k > l$ gilt $k - l \in \{1, \ldots, N - 1\}$,
also ist $ka - la = (k - l)a$ eine der Zahlen $a, 2a, \ldots, Na$, daher wäre
dies ein Widerspruch zur Annahme. Daher war die Annahme falsch
und die Behauptung ist gezeigt.   q. e. d.

---

[12]Es ist irrelevant, dass sich einige der Intervalle in ihren Endpunkten
überschneiden. Wichtig ist, dass ihre Vereinigung das Intervall $[0, 1)$, also die Menge
der möglichen Werte von $\mathrm{frac}(a)$, enthält.

Beweisanalyse: Um zu zeigen, dass $\delta = \frac{1}{N+1}$ die Aussage des Problems erfüllt, führten wir einen **Widerspruchsbeweis:** Die Annahme des Gegenteils führte auf einen Widerspruch. Das Schubfachprinzip war anwendbar, da man aus zwei Zahlen im selben „Schubfach" eine neue Zahl (ihre Differenz) bilden konnte, die den Widerspruch herbeiführte.

Um zu zeigen, dass die Aussage für kleinere δ nicht gilt, reichte es, ein Beispiel a anzugeben, für das sie nicht gilt (das Gegenteil einer „für alle"-Aussage ist eine „existiert"-Aussage).

Kommen wir nun auf Frage 2 auf Seite 198 zurück: Gegeben a, gibt es bestimmte Werte von n und zugehörigem m, für die $\left|a - \frac{m}{n}\right| < \varepsilon$ mit besonders kleinem ε gilt? Wir wissen schon, dass $\varepsilon = \frac{1}{2n}$ immer geht, aber wir hätten gerne viel kleinere ε, so wie es im Beispiel π und $\frac{22}{7}$ der Fall war. Um dies anzugehen, formulieren wir die Lösung von Problem 9.4 um: Sei $a > 0$.

Zu jedem $N \in \mathbb{N}$ gibt es $n \in \mathbb{N}$, $n \leq N$ und $m \in \mathbb{N}_0$, für die

$$|na - m| \leq \frac{1}{N+1} \tag{9.1}$$

gilt.[13] Wir teilen dies durch n und erhalten $\left|a - \frac{m}{n}\right| \leq \frac{1}{n(N+1)}$. Für großes N ist dies schon sehr viel besser als der Fehler $\frac{1}{2n}$. Für Frage 2 wollen wir aber den Approximationsfehler nur mittels des Nenners n ausdrücken. Das ist einfach: Aus $n \leq N$ folgt $\frac{1}{N+1} \leq \frac{1}{n+1}$, und wir erhalten

$$\left|a - \frac{m}{n}\right| \leq \frac{1}{n(n+1)} \ . \tag{9.2}$$

Leider beantwortet das immer noch nicht unsere Frage 2, denn wir wissen bisher nur, dass es *ein* n (und ein zugehöriges m) gibt mit dieser Eigenschaft. Es könnte zum Beispiel $n = 2$ sein, das gibt keine gute Approximation! Wenn wir jedoch (9.1) geschickter verwenden, erhalten wir ein besseres Resultat:

Sei $a > 0$ irrational. Dann gibt es unendlich viele Brüche $\frac{m}{n}$, für die Ungleichung (9.2) gilt.

Satz

---

[13]Dies ist als **Dirichletscher Approximationssatz** bekannt.

Beweis.

Wir zeigen, dass es zu jeder endlichen Menge von Brüchen einen weiteren Bruch gibt, der nicht in der Menge liegt und der die Ungleichung (9.2) erfüllt. Starten wir mit der leeren Menge, erhalten wir dadurch beliebig viele Brüche, die die Ungleichung erfüllen. Also kann es davon nicht nur endlich viele geben.

Sei also M eine endliche Menge von Brüchen. Für jeden dieser Brüche $\frac{m}{n}$ betrachte die Zahl $|na - m|$. Sie ist positiv, da a irrational ist. Also erhalten wir endlich viele positive Zahlen; sei δ_0 die kleinste darunter. Nun wählen wir eine natürliche Zahl N mit $\frac{1}{N+1} < \delta_0$ und bestimmen dann $n' \leq N$ und m' so, dass $|n'a - m'| \leq \frac{1}{N+1}$ gilt. Dies geht nach (9.1). Zum einen folgt daraus $|n'a - m'| < \delta_0$ und damit $\frac{m'}{n'} \notin M$ nach der Definition von δ_0. Zum anderen können wir durch n' dividieren, und indem wir $n' \leq N$ verwenden, erhalten wir $\left| a - \frac{m'}{n'} \right| \leq \frac{1}{n'(n'+1)}$, was zu zeigen war.　　　　　　　　　　q. e. d.

> *Beweisanalyse*: Dies war ein **direkter Beweis**. Bei der Konstruktion immer weiterer approximierender Brüche war als Formulierungshilfe das **Extremalprinzip** nützlich („sei δ_0 die kleinste"), das wir in Kapitel 10 genauer untersuchen werden.

Was sagt uns der Satz? Zunächst kann es für jedes $n \geq 2$ höchstens ein m geben, für das die Abschätzung (9.2) gilt (warum?). Mit dem Satz folgt, dass die Abschätzung für unendlich viele n gilt, und daher können wir zu beliebigem $\varepsilon > 0$ ein derartiges n finden, das zusätzlich $\frac{1}{n(n+1)} < \varepsilon$ erfüllt, und dafür gilt Approx(a, n, ε).

Das ist aber bei weitem nicht alles: Die Abschätzung (9.2) ist viel besser als die Approximation durch Abschneiden der Dezimaldarstellung: Schneidet man nach der k-ten Nachkommastelle ab, hat der approximierende Bruch die Form $\frac{m}{10^k}$, und der Fehler ist mindestens $\frac{1}{10^{k+1}}$, wenn die $(k+1)$-te Stelle nicht zufällig eine Null ist. Hier ist also $n = 10^k$, und der Fehler ist von der Größenordnung $\frac{1}{10n}$. Für $k > 1$ ist dies wesentlich größer als der Fehler $\frac{1}{n(n+1)}$ in (9.2): im ersten Fall wächst der Nenner linear mit n, im zweiten Fall quadratisch.

Weitere Bemerkungen zum Approximationsproblem

❏ Die Aussage des Satzes von Seite 203 stimmt auch für rationales a, ist dann aber uninteressant: Schreibe $a = \frac{p}{q}$ und wähle $m = kp$,

$n = kq$ für $k = 1, 2, \ldots$. Jedoch ist auch für rationale Zahlen a die Frage, ob man sie durch Brüche mit kleinen Nennern gut approximieren kann, interessant. Hierfür sind die sogenannten **Kettenbrüche** nützlich, mit deren Hilfe man auch ein effektives Verfahren erhält, die besonders guten Approximationen des Satzes zu bestimmen. Mehr dazu erfahren Sie in (Aigner, 2012).

❏ Die Lösung von Problem 9.4 und die Aussage des Satzes gelten für alle $a > 0$. Für bestimmte Zahlen a kann es viel bessere Approximationen geben. Z. B. kann man für manche a das $\frac{1}{n(n+1)}$ in (9.2) durch $\frac{1}{n^3}$ ersetzen, was für große n eine bessere Approximation bedeutet. Andererseits kann man zeigen, dass das z. B. für den Goldenen Schnitt, $a = \frac{1+\sqrt{5}}{2}$, nicht geht, er sich also nur schlecht rational approximieren lässt.

Diesen Fragenkreis nennt man **diophantische Approximation.** Diese ist wiederum wichtig bei der Untersuchung dynamischer Systeme. Z. B. wurde schon Poincaré um 1900 bei der Untersuchung der Planetenbahnen auf solche Fragen geführt.

❏ **Das Lochproblem:** Die Aussage von Problem 9.4 hat weitere interessante Konsequenzen. Betrachten wir folgende Situation, siehe Abbildung 9.3. Ein Männchen marschiere auf einer Kreisbahn der Länge 1 mit konstanter Schrittweite a. In der Kreisbahn sei ein Loch der Länge $\varepsilon > 0$. Dann gilt: Falls a irrational ist, wird das Männchen irgendwann ins Loch fallen – egal, wie klein ε ist und wo er losgeht.[14]

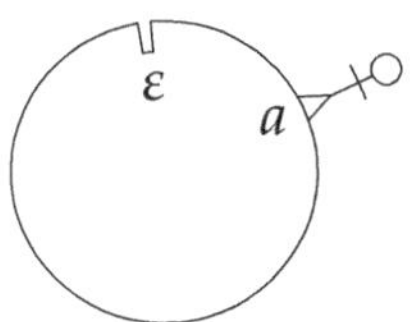

Abb. 9.3 Falls a irrational ist, fällt das Männchen irgendwann ins Loch

Beweis.
Markiere den Startpunkt mit 0 und miss Längen von 0 anfangend in Gehrichtung. Da die Kreisbahn die Länge 1 hat, sind die Schritte

---

[14]Wir nehmen an, dass die Füße unendlich dünn sind.

bei den Punkten $\mathrm{frac}(a), \mathrm{frac}(2a), \mathrm{frac}(3a), \ldots$. Wähle $N \in \mathbb{N}$ mit $\frac{1}{N} < \varepsilon$. Nach Problem 9.4 gibt es ein $n \leq N$, so dass $\mathrm{frac}(na) < \frac{1}{N}$ oder $\mathrm{frac}(na) > 1 - \frac{1}{N}$. Wir betrachten den ersten Fall, der andere lässt sich ähnlich behandeln. Setze $b = \mathrm{frac}(na)$. Da a irrational ist, ist $b > 0$. Nach n Schritten hat sich das Männchen also von 0 zu b bewegt. Nach weiteren n Schritten ist es dann beim Punkt $2b$, nach weiteren n bei $3b$ etc. Wegen $|b| < \frac{1}{N} < \varepsilon$ liegt eine dieser Zahlen $b, 2b, \ldots$ im Loch.   q. e. d.

In der mathematischen Fachsprache formuliert, haben wir bewiesen: Sei a irrational. Dann gibt es zu jedem Intervall $[x, y] \subset [0,1]$ mit $x < y$ ein $k \in \mathbb{N}$ mit $\mathrm{frac}(ka) \in [x, y]$. Man drückt dies auch so aus:

Satz

> Sei a irrational. Dann ist die Menge der Zahlen $\mathrm{frac}(ka), k \in \mathbb{N}$, dicht in $[0,1]$.

Man überzeugt sich leicht, dass dies für rationale Zahlen a nicht stimmt.

Die Folge $\mathrm{frac}(ka), k = 1,2,3,\ldots$, ist ein sehr einfaches Beispiel eines *ergodischen dynamischen Systems*.

Eine hübsche Anwendung auf Potenzen ganzer Zahlen finden Sie in Aufgabe A 9.15.

9.4 Ordnung im Chaos: Das Schubfachprinzip in der Graphentheorie

Problem 9.5

Zeigen Sie: Unter beliebigen 6 Personen gibt es 3, die sich gegenseitig kennen, oder 3, die sich gegenseitig nicht kennen.

Es ist nützlich, dies durch einen Graphen darzustellen. Die Ecken des Graphen sind die Personen. Wir verbinden je zwei Ecken durch eine Kante. Dabei färben wir eine Kante rot (durchgängig gezeichnet), wenn sich die Personen kennen, sonst grün (gestrichelt gezeichnet).

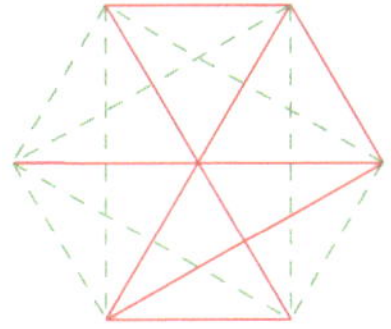

Abb. 9.4 Ein Graph, dessen Kanten mit zwei Farben gefärbt sind

Abbildung 9.4 zeigt ein Beispiel. Wir wollen dann zeigen: Es gibt mindestens ein einfarbiges Dreieck, *egal wie man die Kanten gefärbt hat*.

Probieren Sie ein wenig. Sehen Sie sich die von einer Ecke ausgehenden Kanten an. Was können Sie über diese aussagen?

Lösung zu Problem 9.5

Wir lösen das in die Graphensprache umformulierte Problem. Betrachte eine beliebige Ecke E. Von ihr gehen 5 Kanten aus. Nach dem Schubfachprinzip haben davon mindestens drei dieselbe Farbe, sagen wir Rot. Betrachte nun die jeweils anderen Endpunkte dieser Kanten sowie die zwischen diesen Endpunkten verlaufenden Kanten. Falls eine davon rot ist, erhält man zusammen mit E ein rotes Dreieck, sind aber alle grün, bilden sie ein grünes Dreieck.

Ist 6 die kleinste Anzahl von Ecken (Personen), für die dies stimmt? Ja, denn man könnte z. B. die Außenseiten eines konvexen Fünfecks rot färben und seine Diagonalen grün, dann gibt es kein einfarbiges Dreieck.

Verallgemeinern wir die Frage: Stimmt es, dass man bei ausreichend vielen Personen sicher sein kann, dass es sogar 4 unter ihnen gibt, die sich alle gegenseitig kennen oder alle gegenseitig nicht kennen? In der Sprache der Graphen wäre dies eine Gruppe von vier Ecken, deren sämtliche 6 Verbindungen dieselbe Farbe haben. Man nennt dies ein vollständiges einfarbiges Viereck.

Folgende Zwischenstufe ist etwas leichter: Färben wir alle Kanten zwischen 10 Ecken rot oder grün, so gibt es ein rotes Dreieck oder ein grünes vollständiges Viereck. Zeigen Sie dies!

Ist die Zahl 10 dabei kleinstmöglich? Es stellt sich heraus, dass dies auch für 9 Ecken gilt, es ist aber etwas schwieriger zu zeigen. Die Zahl 9 ist minimal, d. h. bei 8 Ecken stimmt das nicht für jede Färbung der Kanten. Man schreibt dafür $R(3,4) = 9$ und nennt dies eine **Ramsey-Zahl**. Analog ist also $R(3,3) = 6$. Die höheren Ramsey-Zahlen genau zu bestimmen, ist schwierig, z. B. ist $R(5,5)$ unbekannt.

Als weitere Verallgemeinerung kann man mehr als zwei Farben zulassen. Allgemein lässt sich zeigen: Seien $k, a_1, \ldots, a_k \in \mathbb{N}$. Dann gibt es eine Zahl R, so dass für jede Färbung aller Kanten zwischen R Punkten mit den Farben $1, 2, \ldots, k$ mindestens ein vollständiges a_1-Eck der Farbe 1 oder ein vollständiges a_2-Eck der Farbe 2 oder ... oder ein vollständiges a_k-Eck der Farbe k existiert. Mit anderen Worten:

Wenn das Chaos nur groß genug ist, findet man darin auch wieder Ordnung!

9.5 Werkzeugkasten

Das Schubfachprinzip ist ein Werkzeug, an das Sie immer denken sollten, wenn Sie einen **Existenzbeweis** führen möchten. Suchen Sie Objekte mit bestimmten Eigenschaften, so entsprechen die Objekte meist den Kugeln, die Eigenschaften den Schubfächern. Nicht immer ist es offensichtlich, ob und wie das Schubfachprinzip anwendbar ist. Sie sollten **gezielt nach Kugeln und Schubfächern suchen**. Bei Problemen mit ganzen Zahlen sind **Reste** oft gute Kandidaten für Schubfächer.

Das Schubfachprinzip liefert die Existenz *mehrerer* Objekte mit bestimmten Eigenschaften. Es kann aber auch in Situationen nützlich sein, wo nur *ein* Objekt gesucht ist, z. B. wenn man aus zwei Objekten durch algebraische Operationen (Subtraktion, Quotient etc) ein neues erhalten kann (Probleme 9.3 und 9.4).

Aufgaben

A 9.1   Wie viele Kinder müssen mindestens in einer Klasse sein, `1`
damit man sicher sein kann, dass es mindestens drei gibt, die im
gleichen Monat Geburtstag haben?

A 9.2   `1`

a) In einer Schublade befinden sich fünf Paare grüne und fünf Paare
rote Socken. Linke und rechte Socken sind nicht zu unterscheiden.
Wie viele Socken muss man (ohne Zurücklegen) ziehen, damit
man in jedem Fall ein passendes Paar hat?

b) In einem Schrank befinden sich zehn verschiedene Paare Schuhe.
Wie viele Schuhe muss man blind aus dem Schrank nehmen (ohne
Zurücklegen), bis man in jedem Fall ein passendes Paar hat? Wie
viele müssen gezogen werden, sollten je fünf Paare vom gleichen
Modell sein?

A 9.3   Zeigen Sie: Geht man nur lange genug auf einem begrenzten `1-2`
Schneefeld spazieren, tritt man irgendwann in die eigenen Fußstapfen
(zumindest teilweise). Welche Größen müssen Sie kennen, um zu
wissen, nach wie vielen Schritten das spätestens passiert?

A 9.4   Zeigen Sie mit dem Schubfachprinzip: Seien ein Dreieck und `1-2`
eine Gerade gegeben. Dann schneidet die Gerade höchstens zwei
Seiten des Dreiecks.

A 9.5   Zeigen Sie: Man kann ein gleichseitiges Dreieck nicht mit zwei `2-3`
kleineren gleichseitigen Dreiecken überdecken.

A 9.6   In Abbildung 9.4 gibt es sogar drei einfarbige Dreiecke. Ist `2-3`
dies immer der Fall, oder gibt es zumindest immer zwei?

A 9.7   Sei $a \in \mathbb{N}$ und sei $x \in \mathbb{Z}$ eine nicht durch sieben teilbare Zahl. `2`
Gibt es unter den Zahlen $a, a + x, a + 2x, \ldots, a + 6x$ dann immer eine
durch sieben teilbare?

A 9.8   Sei $n \in \mathbb{N}$ und $a_1, \ldots, a_n \in \mathbb{N}$. Zeigen Sie, dass Indizes j und `2-3`
k mit $j \leq k$ existieren, so dass $a_j + \ldots + a_k$ durch n teilbar ist.

A 9.9   Zeigen Sie: Unter 52 *verschiedenen* Zahlen aus der Menge `2-3`
$\{0, \ldots, 99\}$ gibt es zwei, deren Summe 100 ist.

3 A 9.10 Zeigen Sie, dass es unter beliebigen 52 natürlichen Zahlen zwei gibt, deren Summe oder Differenz ein Vielfaches von 100 ist. (Beachten Sie, dass 0 auch ein Vielfaches von 100 ist.)

2-3 A 9.11 Ein **Gitterpunkt** in der Ebene ist ein Punkt mit ganzzahligen Koordinaten. Wir stellen uns vor, in jedem Gitterpunkt (außer dem Nullpunkt) stehe ein Baum, siehe Abbildung 9.5. Wir blicken vom Nullpunkt aus in eine beliebige Richtung. Zeigen Sie:

a) Haben alle Bäume die Dicke null (also ‚Striche in der Landschaft‘), so sieht man einen Baum in den Blickrichtungen rationaler Steigung und keinen Baum in Blickrichtungen irrationaler Steigung.[15]

b) Hat jeder Baum die Dicke $\varepsilon > 0$, so sehen wir in jeder Richtung einen Baum. d. h. jeder von Null ausgehende Strahl trifft mindestens einen Baum – egal, wie klein ε ist.

c) Geben Sie bei b) eine obere Schranke an, wie weit man, abhängig von ε, in jeder Richtung höchstens sehen kann.

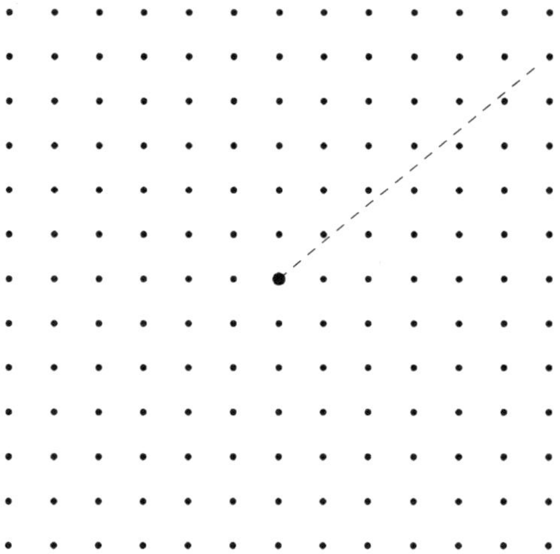

Abb. 9.5 Bäume versperren die Sicht

---

[15]Die Steigung eines von Null ausgehenden Strahls ist definiert als b/a, wenn (a, b) ein beliebiger Punkt auf dem Strahl – außer dem Nullpunkt – ist. Für senkrechte Strahlen ist die Steigung ∞, was für die Zwecke dieser Aufgabe als rational gelten soll.

A 9.12 Welches ist die größte Zahl an Gitterpunkten, die man so
wählen kann, dass folgendes gilt: die Mittelpunkte aller Verbindungsstrecken zwischen je zweien der Punkte ist *kein* Gitterpunkt?

A 9.13 Seien $a, b \in \mathbb{N}$ teilerfremd, d. h. die einzige natürliche Zahl
c, die a und b teilt, ist $c = 1$. Zeigen Sie, dass es $n, m \in \mathbb{N}$ gibt mit
$an - bm = 1$.

A 9.14 Zeigen Sie: Es gibt eine Fibonacci-Zahl, die durch 1000
teilbar ist.

A 9.15 Zeigen Sie, dass es eine Potenz von 2 gibt, deren Dezimaldarstellung mit 999999 anfängt. Zeigen Sie auch, dass dies für die
Potenzen einer beliebigen Zahl n gilt, die selbst keine Potenz von
10 ist.

A 9.16 Sei $n \in \mathbb{N}$. Wie viele Zahlen muss man mindestens aus der
Menge $\{1, 2, \ldots, 2n\}$ auswählen, um sicher zu sein, dass es unter
ihnen zwei gibt, von denen eine die andere teilt?

A 9.17 Zeigen Sie: Es seien 101 paarweise verschiedene Zahlen in
einer Reihe hingeschrieben (das kann ganz ungeordnet sein). Dann
kann man 90 dieser Zahlen so wegstreichen, dass die restlichen 11
entweder monoton wachsend oder monoton fallend angeordnet sind.

A 9.18 Untersuchen Sie folgende zahlentheoretische Variante von
Problem 9.4: Seien $n, N \in \mathbb{N}$. Finde eine möglichst kleine Zahl $d \in \mathbb{N}_0$,
abhängig von n und N, für die Folgendes gilt: Für jede natürliche
Zahl a weicht mindestens eine der Zahlen $a, 2a, \ldots, Na$ um höchstens
d von einer durch n teilbaren Zahl ab.

10 Das Extremalprinzip

> *Da aber die Gestalt des ganzen*
> *Universums höchst vollkommen ist,*
> *entworfen vom weisesten Schöpfer,*
> *so geschieht in der Welt nichts,*
> *ohne dass sich irgendwie*
> *eine Maximums- oder Minimumsregel zeigt.*
> *(Leonhard Euler)*

Extreme faszinieren. Wer ist am kleinsten, größten, schnellsten, stärksten? Alltagsmetaphern (der Weg des geringsten Widerstands, etwas auf die Spitze treiben usw.) belegen, wie tief die Idee des Extremen in uns verankert ist. Auch der wissenschaftliche Blick auf die Welt offenbart vielerorts Extreme: Die Seifenblase versucht, ihre Oberfläche möglichst klein zu machen, und nimmt deshalb Kugelform an. Chemische Reaktionen streben einen Zustand minimaler Energie an. Die Liste ließe sich beliebig verlängern.

Die Seifenblase zeigt noch etwas: Extreme Formen haben oft besondere Eigenschaften, sind zum Beispiel sehr regelmäßig oder symmetrisch. Indem wir dies rückwärts lesen, finden wir eine Problemlösestrategie: Suchst du ein Objekt mit speziellen Eigenschaften, versuche, es durch eine extreme Eigenschaft zu charakterisieren. Damit werden Extreme zu einem Mittel, um besondere Objekte zu finden oder zumindest ihre Existenz zu beweisen. Auch bei anderen Problemen kann es nützlich sein, nach extremen Fällen Ausschau zu halten, das gibt Ansatzpunkte, strukturiert die Gedanken. Für alle diese Formen des Extremalprinzips finden Sie in diesem Kapitel Beispiele. Nebenbei lernen Sie zwei fundamentale Ungleichungen und Interessantes zu Spiegeln und Billardtischen kennen.

Das Extremalprinzip ist eine Idee sehr großer Tragweite. Sie werden ihr immer wieder begegnen, wenn Sie sich mit Mathematik befassen. Halten Sie die Augen offen!

10.1 Das allgemeine Extremalprinzip

Allgemeines Extremalprinzip

Wo etwas extremal (größtmöglich, kleinstmöglich usw.) wird, entstehen besondere Strukturen.

Zum Beispiel ist der kürzeste Weg zwischen zwei Punkten eine gerade Strecke (Struktur: keine Kurven), der Körper mit der kleinsten Oberfläche bei gegebenem Volumen ist die Kugel (Struktur: vollkommene Symmetrie), und die schönen, regelmäßigen Kristalle entstehen, weil sie die Molekülanordnungen mit niedrigster Energie sind.

Wir sehen uns einige Beispiele genauer an.

Rechtecke, Abstandsquadrate und eine wichtige Ungleichung

Problem 10.1

Welches Rechteck mit Umfang 20 cm hat die größte Fläche?

Untersuchung und Lösung

▷ Wir bezeichnen die Seitenlängen mit a und b. Der Umfang ist dann $2a + 2b$. Es soll also $2(a + b) = 20$, d. h. $a + b = 10$ sein. Die Fläche ist ab. Sehen wir uns ein paar Beispiele an. Da a, b gleichberechtigt sind, können wir $a \leq b$ annehmen, siehe Tabelle 10.1.

a	b	ab
1	9	9
2	8	16
3	7	21
4	6	24
5	5	25

Tab. 10.1 Einige Rechteckflächen

Die Tabelle legt die Vermutung nahe, dass der Flächeninhalt für $a = b = 5$ am größten ist. Die Tabelle ist aber kein Beweis, da a, b nicht ganzzahlig sein müssen. Wie können wir die Vermutung beweisen?

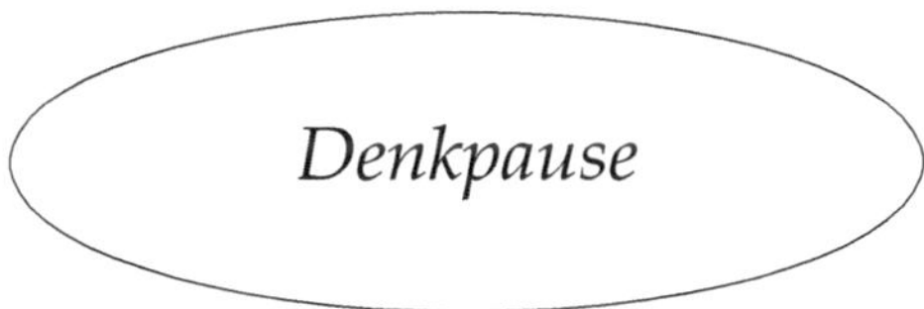

▷ Sehen wir auf das Ziel: Die Zahl 5 spielt eine besondere Rolle. *Ziel* Wenn a kleiner als 5 ist, muss b um genauso viel größer sein. Für *analysieren* beliebige a, b mit $a + b = 10$ können wir also $a = 5 - x$, $b = 5 + x$ schreiben. Dann ist

$$ab = (5 - x)(5 + x) = 5^2 - x^2 = 25 - x^2$$

nach der dritten binomischen Formel. Dies ist offenbar immer kleiner oder gleich 25, und es ist gleich 25 genau dann, wenn $x = 0$, also $a = b = 5$ ist. Das gesuchte Rechteck ist also ein Quadrat mit Seitenlänge 5 cm.

Dies ist ein Beispiel für das Extremalprinzip: Das extreme Rechteck ist das Quadrat, ein besonders regelmäßiges Rechteck.

Problem 10.2

Für welche Zahl a zwischen 0 und 2 ist die Summe der Quadrate der Abstände von a zu 0 und von a zu 2 am kleinsten?

Lösung

Die Abstände sind a und $2 - a$. Nach der Erfahrung mit dem vorigen *Ähnliches* Problem sehen wir uns die Abweichung von der Mitte an, das heißt, *Problem* wir schreiben $a = 1 - x$, dann ist $2 - a = 1 + x$ und daher

$$a^2 + (2 - a)^2 = (1 - x)^2 + (1 + x)^2 =$$
$$1 - 2x + x^2 + 1 + 2x + x^2 = 2 + 2x^2.$$

Dies ist offenbar für $x = 0$ kleinstmöglich, also für $a = 1$.

Wiederum gilt das Extremalprinzip: Die kleinste Quadratsumme ergibt sich in der symmetrischen Situation, wo a in der Mitte zwischen 0 und 2 liegt.

Ein analoges Ergebnis erhält man für mehr als einen Punkt im Intervall, siehe Aufgabe A 10.22. Dies ist ein einfaches, eindimensionales Modell für einen Kristall: Die Summe der Abstandsquadrate entspricht der Energie, und der Zustand minimaler Energie ist die regelmäßige Anordnung.

Den Kern dieser beiden Probleme kann man als Ungleichung formulieren.

Satz

> **Ungleichung vom geometrischen, arithmetischen und quadratischen Mittel**
>
> Seien $a, b \geq 0$. Dann gilt
>
> $$\sqrt{ab} \leq \frac{a + b}{2} \leq \sqrt{\frac{a^2 + b^2}{2}}.$$
>
> Bei beiden Ungleichheitszeichen gilt Gleichheit genau dann, wenn $a = b$ ist.

Man nennt $\sqrt{ab}$ das **geometrische**, $\frac{a+b}{2}$ das **arithmetische** und $\sqrt{\frac{a^2+b^2}{2}}$ das **quadratische Mittel** von a und b. Zur Bedeutung dieser Mittelwerte siehe Aufgabe A 10.4. Für mehr als zwei Zahlen gilt eine analoge Aussage, siehe Aufgabe A 10.20.

Beweis.
Sei $c = \frac{a+b}{2}$ und $x = \frac{b-a}{2}$. Dann ist $a = c - x$, $b = c + x$, also $ab = c^2 - x^2$ und $a^2 + b^2 = 2c^2 + 2x^2$, also $ab \leq c^2 \leq \frac{a^2+b^2}{2}$. Nun ziehe die Wurzel. Gleichheit gilt genau dann, wenn $x = 0$, also $a = b$ ist.

$$\text{q.e.d.}$$

Machen Sie sich klar, dass diese Ungleichung sofort auf die Lösung der Probleme 10.1 und 10.2 führt.

Kürzeste Wege und kürzeste Umwege

Jeder weiß, dass die kürzeste Verbindung zweier Punkte eine gerade Strecke ist. Das ist gar nicht so einfach zu beweisen, aber es sei hier als bekannt vorausgesetzt. Ein Spezialfall davon ist folgende wichtige Ungleichung:[1]

> **Dreiecksungleichung** In einem Dreieck ist jede Seite kürzer als die Summe der beiden anderen Seitenlängen.

In folgendem Problem ist ein kürzester Umweg gesucht.

Problem 10.3

Gegeben seien eine Gerade g und zwei Punkte A, B, die auf einer Seite von g liegen. Wie bestimmt man einen Punkt C auf g, für den die Summe der Abstände von A nach C und von C nach B minimal wird? Siehe Abbildung 10.1.

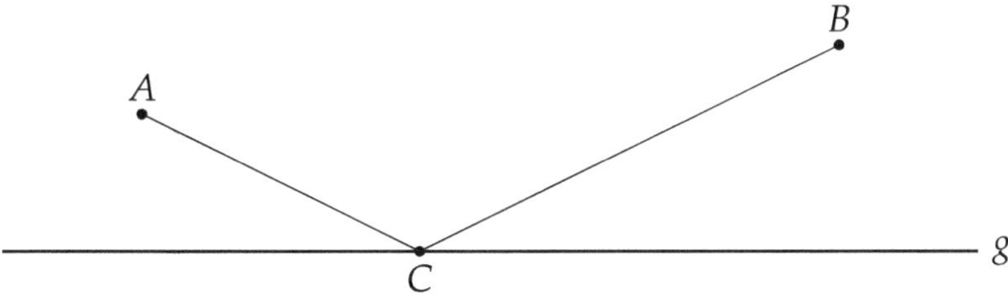

Abb. 10.1 Das Problem der kürzesten Strecke mit Umweg über die Gerade g

Folgende Lösung ist so hübsch wie genial. Diese sollten Sie im Repertoire haben!

Lösung

Man spiegele B an der Geraden g. Der Spiegelpunkt heiße B'. Nun zeichne man die gerade Strecke von A nach B'. Sie schneidet g in einem Punkt C.
Wie geht es weiter? Machen Sie eine Skizze.

---

[1]Siehe Aufgabe A 10.8 für einen rechnerischen Beweis der Dreiecksungleichung.

Sei D ein beliebiger anderer Punkt auf g. Siehe Abbildung 10.2. Da B und B' Spiegelpunkte sind, haben sie denselben Abstand zu C. Daher ist der Weg von A über C nach B genauso lang wie der Weg von A über C nach B'.

Analog ist der Weg von A über D nach B genauso lang wie der Weg von A über D nach B'.

Nach Konstruktion von C ist der Weg von A über C nach B' eine gerade Strecke, und nach der Dreiecksungleichung ist er kürzer als der Weg über D. Also ist der Weg von A über C nach B kürzer als der Weg über D.

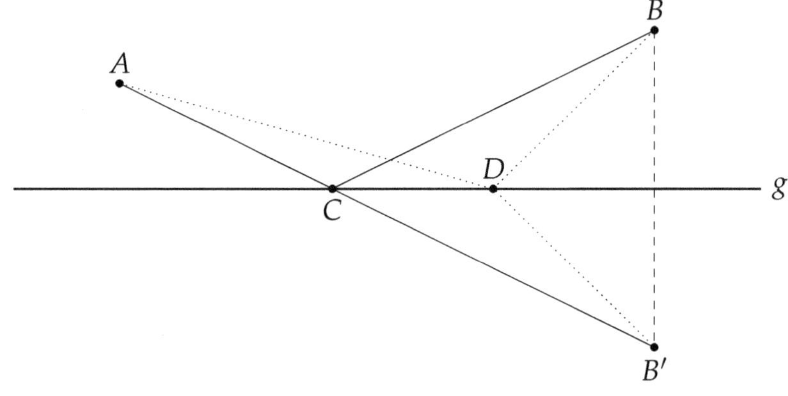

Abb. 10.2 Die Lösung

Die Lösung hat folgende interessante Konsequenz:

> Die Gerade g und die Punkte A, B seien wie in Problem 10.3, und C sei der optimale Punkt auf g.
>
> Dann sind die beiden Winkel, die g mit den Strecken $\overline{CA}$ und mit $\overline{CB}$ bildet, gleich: In Abbildung 10.3 ist $\alpha = \beta$.

Dies ist wieder ein Beispiel des allgemeinen Extremalprinzips.

Beweis.

Dies folgt sofort aus der Konstruktion des optimalen Punktes: Es gilt $\alpha = \beta'$, weil dies die Gegenwinkel am Schnitt der beiden Geraden g und AB' sind, und es gilt $\beta' = \beta$, weil B' der Spiegelpunkt von B ist. Also folgt $\alpha = \beta$.   q. e. d.

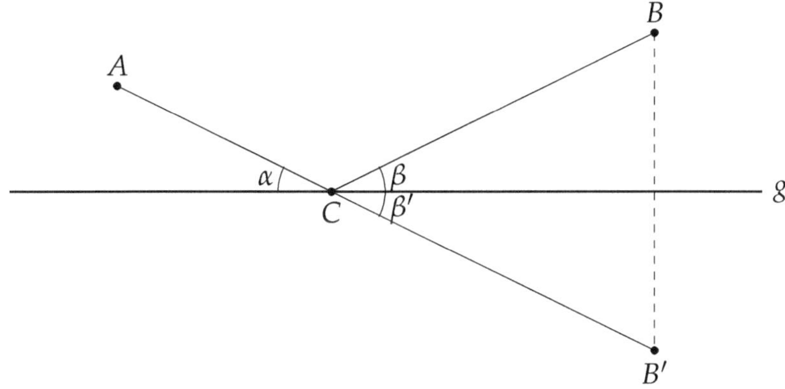

Abb. 10.3 Gleiche Winkel

Bemerkung

Man nennt α den **Einfallswinkel** und β den **Ausfallswinkel.** Also gilt für den kürzesten Weg das **Reflexionsgesetz:** Einfallswinkel = Ausfallswinkel. Das ist für Billardspieler interessant: Möchte man eine Kugel von A nach B über die Bande g spielen, so stelle man sich B an g gespiegelt vor und ziele von A aus in Richtung B'.[2]

In Abschnitt 10.4 finden Sie weitere Überlegungen zu diesem Thema.

Andere Extrema

Extreme Konfiguationen müssen nicht immer symmetrisch sein: Das Rechteck vom Umfang 20 cm mit der *kleinsten* Fläche ist einfach ein 10 cm langer Strich (ein „entartetes" Rechteck), die Summe der Abstandsquadrate von a zu 0 und von a zu 2 wird am *größten*, wenn $a = 0$ oder $a = 2$ ist. In beiden Fällen wird das Extremum am Rand des Bereichs der Möglichkeiten angenommen – wenn man dies als besondere Eigenschaft ansieht, ist das allgemeine Extremalprinzip doch wieder erfüllt.

---

[2]Bei realen Billardtischen ist aber zu berücksichtigen, dass die Kugeln nicht punktförmig sind. Daher sollte man an einer Geraden spiegeln, die auf dem Tisch parallel zur Bande im Abstand eines Kugelradius' liegt. Weiterhin ist zu berücksichtigen, dass die Bande eingedellt wird und dadurch die Kugel die Bande in steilerem Winkel verlässt als sie sie trifft – um so mehr, je schneller sie ist.

10.2 Das Extremalprinzip als Problemlösestrategie, I

Indem wir das allgemeine Extremalprinzip rückwärts lesen, erhalten wir eine Problemlösestrategie:

Extremalprinzip als Problemlösestrategie

Suchst du ein Objekt mit besonderen Eigenschaften, versuche, es durch eine extremale Eigenschaft zu charakterisieren: Am größten, am kleinsten, am einfachsten, am nächsten an dem, was gesucht ist usw.

Extrema können also als Mittel für **Existenzbeweise** dienen – im Gegensatz zum Schubfachprinzip, vgl. Kapitel 9, sind diese Existenzbeweise meist **konstruktiver** Natur.

Wir sehen uns zunächst ein Beispiel an, lesen daran die typische Beweisstruktur für solche Beweise ab und lösen dann ein schwierigeres Problem mit dieser Idee.

Ein Problem über Turniere

Problem 10.4

In einem Turnier spielt jeder gegen jeden ein Mal. Dabei gibt es kein Unentschieden. Am Schluss des Turniers fertigt jeder Spieler eine Liste an, auf der sowohl diejenigen Spieler stehen, gegen die er gewonnen hat, als auch die, gegen die diese gewonnen haben.

Zeigen Sie, dass es einen Spieler gibt, auf dessen Liste alle anderen Spieler stehen.

Untersuchung und Lösung

▷ Um das Problem zu verstehen, sehen wir uns ein Beispiel an. Man kann einen Turnierablauf übersichtlich durch einen Graphen darstellen: Die Ecken sind die Spieler, die Kanten symbolisieren die Spiele; jede Kante ist mit einem Pfeil dekoriert, der vom Gewinner zum Verlierer zeigt.[3]

---

[3]Man nennt dies einen **gerichteten Graphen:** einen Graphen, bei dem jede Kante mit einer Richtung versehen ist.

Abbildung 10.4 zeigt ein Beispiel. Spieler a hat gegen b und d gewonnen und Spieler b hat gegen c gewonnen, daher stehen auf a's Liste die Spieler b, c und d. Spieler a erfüllt damit die Bedingung der Aufgabe. Dass d auch gegen c und b gegen d gewonnen hat, ist für a's Liste irrelevant – ob auf der Liste Namen doppelt auftreten, ist nicht gefragt.

Auf d's Liste stehen nur c und a, Spieler d erfüllt also nicht die Bedingung der Aufgabe. Das ist ebenfalls irrelevant, da nur gezeigt werden soll, dass es *mindestens einen* Spieler mit einer vollständigen Liste gibt. Spieler b erfüllt auch die Bedingung der Aufgabe.

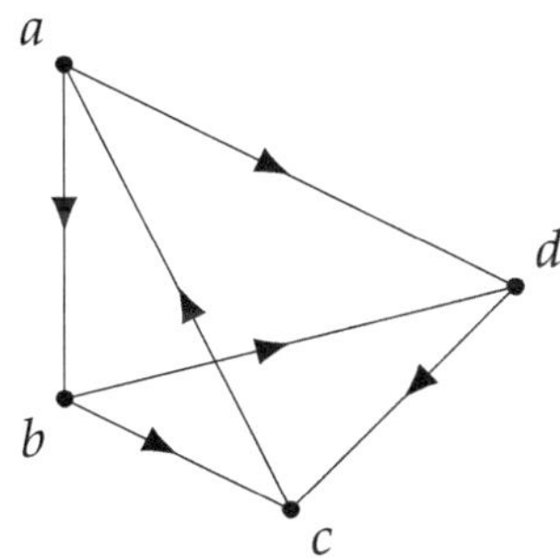

Abb. 10.4 Ein Turnier mit 4 Spielern

▷ Wie könnten wir die Existenz eines Spielers mit vollständiger Liste zeigen, für einen *beliebigen* Turnierverlauf? Das Problem besteht darin, dass wir nichts über den Ablauf des Turniers wissen. Zusätzlich erscheint die Aufgabe schon wegen der komplizierten Beschreibung (sowohl diejenigen Spieler ...als auch die ...) unzugänglich.

▷ Können wir die Bedingung, die der gesuchte Spieler erfüllen soll, *Vereinfachen* durch eine einfachere ersetzen?

Ein Spieler, der oft gewonnen hat, hat wahrscheinlich gute Chancen, eine lange Liste zu haben.

Versuchen wir also Folgendes:

▷ *Ein Ansatz:* Sei A ein Spieler, der die meisten Spiele gewonnen hat.[4] Können wir dann folgern, dass auf der Liste von A alle anderen

---

[4]Warum sagen wir „ein" Spieler, warum nicht „der" Spieler? Weil „der" suggerieren würde, dass es genau einen solchen Spieler gibt; es können aber mehrere Spieler

Spieler stehen?

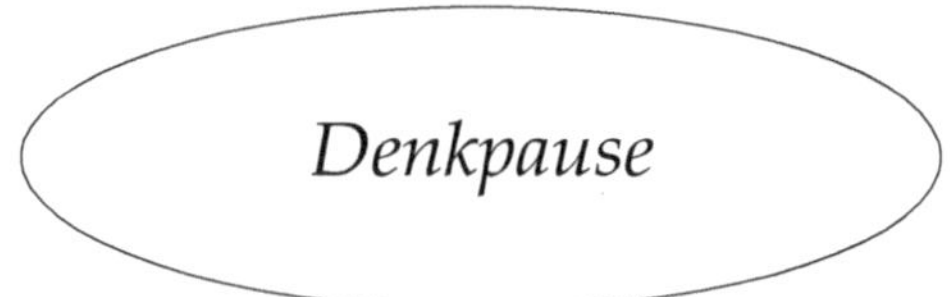

Angenommen, Spieler B steht nicht auf A's Liste. Dann hat B gegen A gewonnen. Außerdem hat B gegen alle Spieler gewonnen, gegen die A gewonnen hat, denn hätte er gegen einen von diesen verloren, so stünde B ja auf A's Liste. Also hat B gegen alle Spieler gewonnen, gegen die A gewonnen hat, und zusätzlich gegen A. Daher hat B mehr Spiele gewonnen als A. Dies steht im Widerspruch zur Annahme, dass A am meisten Spiele gewonnen hat.

Daher war die Annahme, dass ein Spieler B nicht auf A's Liste steht, falsch, und daher stehen auf A's Liste alle anderen Spieler.

Schema für das Extremalprinzip

Die Lösung von Problem 10.4 zeigt die typische Struktur eines Beweises mit Hilfe des Extremalprinzips:

Problem: Gegeben ist eine Menge M von Objekten und die Beschreibung einer Eigenschaft $\mathcal{E}$, die diese Objekte haben können. Gesucht ist ein Beweis, dass es ein Objekt in M gibt, das die Eigenschaft $\mathcal{E}$ hat.

Vorüberlegung: Wir suchen eine Größe, deren Maximierung auf die Eigenschaft $\mathcal{E}$ schließen lässt. Eine *Größe* ist dabei eine Vorschrift, die jedem Objekt in M eine Zahl zuordnet, also eine Abbildung $G : M \to \mathbb{R}$.

Existenzbeweis:

1. Sei $A \in M$ ein Objekt, für das $G(A)$ maximal (größtmöglich) ist, d. h. $G(A) \geq G(B)$ für alle $B \in M$.

2. Wir behaupten, dass A die Eigenschaft $\mathcal{E}$ hat.

---

die gleiche maximale Anzahl Spiele gewonnen haben. Z. B. haben in Abbildung 10.4 Spieler a und b beide zwei Spiele gewonnen.

3. Zum Beweis nehmen wir an, dass A nicht die Eigenschaft $\mathcal{E}$ hat.
   *Mit Hilfe dieser Information über A konstruieren wir ein Objekt B, für
   das $G(B) > G(A)$ ist.* Dies ist ein Widerspruch zur Maximalität
   von $G(A)$. Daher muss A die Eigenschaft $\mathcal{E}$ haben.

Wir haben das Vorgehen mit dem Maximieren einer Größe beschrieben. Natürlich kann es sinnvoll sein, stattdessen eine Größe zu minimieren.

Beispiel

In Problem 10.4 war M die Menge der Spieler, $\mathcal{E}$ war die Eigenschaft eines Spielers, dass auf seiner Liste alle anderen Spieler stehen, und $G(A)$ war die Anzahl der Spiele, die A gewonnen hat.

Die Wahl der Größe G steht uns frei: **Erlaubt ist, was funktioniert,** d. h., wofür Schritt 3 – insbesondere die dort nötige Konstruktion – durchgeführt werden kann. Solange wir das Problem untersuchen, kann folgendes passieren: Wir glauben, eine gewisse Größe G würde funktionieren, müssen aber dann feststellen, dass wir Schritt 3 damit nicht durchführen können. Dann könnten wir nach einer anderen Größe suchen – oder auch nach einer ganz anderen Beweisstrategie als dem Extremalprinzip, z. B. Induktion oder anderen Ideen.

Das Suchen einer geeigneten Größe G ist ein **kreativer Prozess** und kann viele Anläufe erfordern.

Hat man eine Größe G gefunden, für die der Beweis durchführbar ist, so erhält man gleich ein **konstruktives Verfahren** für das Finden eines Objekts mit der Eigenschaft $\mathcal{E}$: Man starte mit einem beliebigen Objekt A. Hat es die Eigenschaft $\mathcal{E}$, sind wir fertig. Wenn nicht, konstruieren wir ein Objekt B mit $G(B) > G(A)$. Hat B die Eigenschaft $\mathcal{E}$, sind wir fertig, sonst konstruieren wir C mit $G(C) > G(B)$ usw.

Bei der Argumentation verwenden wir, meist ohne darüber nachzudenken, folgende einfache Tatsachen:

1. Jede *endliche* Menge reeller Zahlen hat ein größtes und ein kleinstes Element.

2. Jede Menge *positiver ganzer* Zahlen hat ein kleinstes Element.

Ein kleinstes Element heißt auch **Minimum,** ein größtes **Maximum.**

Bemerkung

Die zweite Eigenschaft gilt auch für unendliche Mengen natürlicher Zahlen, aber nicht immer für unendliche Mengen positiver *reeller* Zahlen. Z. B. hat die Menge $\{x \in \mathbb{R} : x > 0\}$ kein kleinstes Element.
Weitere Überlegungen hierzu finden Sie in Abschnitt 10.4 nach Problem 10.8.

Das Problem der Farmen und Brunnen

Wir betrachten nun ein Problem, bei dem anfangs nicht klar ist, was eine geeignete zu maximierende/minimierende Größe ist.

Problem 10.5

In der Ebene seien 2n Punkte gegeben: n Farmen und n Brunnen. Wir nehmen an, dass keine drei der Punkte auf einer Geraden liegen. Kann man die Brunnen den Farmen so zuordnen, dass jeder Brunnen zu genau einer Farm gehört und dass sich die geraden Wege von den Farmen zu ihren Brunnen nicht kreuzen?

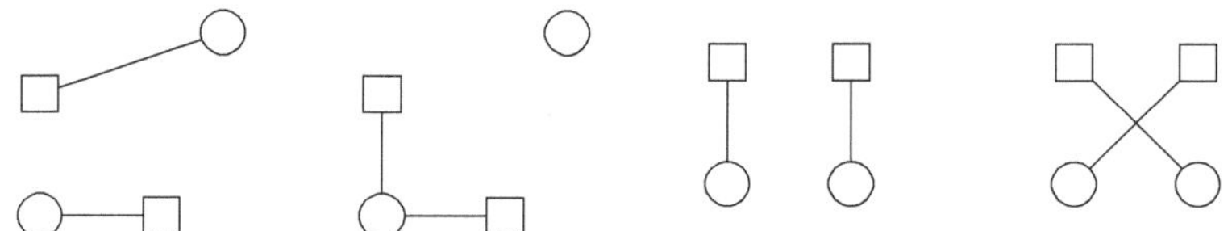

Abb. 10.5 Die erste und dritte Zuordnung von Brunnen zu Farmen sind zulässig, die anderen beiden nicht. Farmen sind Quadrate und Brunnen sind Kreise. Zuordnungen sind Striche.

Untersuchung

▷ Nennen wir eine Zuordnung von Brunnen zu den Farmen *zulässig,* wenn sie die Bedingungen der Aufgabe erfüllt, wenn sie also *bijektiv* und *kreuzungsfrei* ist. Abbildung 10.5 zeigt einige Beispiele mit $n = 2$. Diese sind täuschend einfach. Bei vielen Farmen und Brunnen kann die Sache schon sehr unübersichtlich werden! Aber wenn Sie einige weitere Beispiele versuchen, werden Sie merken, dass eine zulässige Zuordnung anscheinend immer möglich ist. Dies führt uns zu der

Vermutung: Es gibt immer eine zulässige Zuordnung.   Vermutung

▷ Wie können wir das zeigen? Die Sache ist sehr unübersichtlich, da es viele Möglichkeiten für die Positionen der Farmen und Brunnen gibt. Als erste Idee könnten wir uns in die Lage eines Farmers versetzen:

Erster Ansatz: Ordne jeder Farm den ihr am nächsten liegenden Brunnen zu.

Sind die Farmen und Brunnen wie im linken Bild angeordnet, bekommen beide Farmen denselben Brunnen (zweites Bild), d. h., die Zuordnung ist nicht bijektiv.

So einfach geht's also nicht. Es war wohl doch zu kurzsichtig, nur die individuelle Sicht jedes Farmers als Grundlage zu nehmen. Wir sollten die Gesamtkonfiguration im Auge behalten.

▷ Versuchen wir, das Extremalprinzip anzuwenden. Was ist gesucht?   Beweis
Unter allen bijektiven Zuordnungen suchen wir eine, die kreu-   planen
zungsfrei ist.[5] Es liegt nahe, Folgendes zu versuchen:

Zweiter Ansatz: Betrachte eine bijektive Zuordnung, bei der die Anzahl der Kreuzungen minimal ist.[6]

Dies erscheint Erfolg versprechend, da für eine Lösung des Problems sicherlich die Anzahl der Kreuzungen minimal, nämlich Null ist.

▷ Wir wollen beweisen: Eine bijektive Zuordnung A mit minimaler   Ziel
Kreuzungszahl ist kreuzungsfrei. Dazu nehmen wir an, A hätte   analysieren
eine Kreuzung. Dann gäbe es zwei Farmen und zwei Brunnen, die wie in Abbildung 10.6 (durchgezogene Linien) einander zugeordnet sind (sowie weitere Farmen und Brunnen, die nicht gezeichnet sind). Wir möchten daraus eine andere bijektive Zuordnung B mit weniger Kreuzungen konstruieren. Wie kann das funktionieren?

▷ Wir wollen die Kreuzung S auflösen. Das Einfachste ist, die durchgezogenen durch die gestrichelten Linien zu ersetzen und alle

---

[5]Im allgemeinen Beweisschema des vorigen Abschnitts ist also M die Menge der bijektiven Zuordnungen und $\mathcal{E}$ ist die Eigenschaft, keine Kreuzungen zu haben.
[6]D. h. $G(A) =$ Anzahl der in A vorkommenden Kreuzungen.

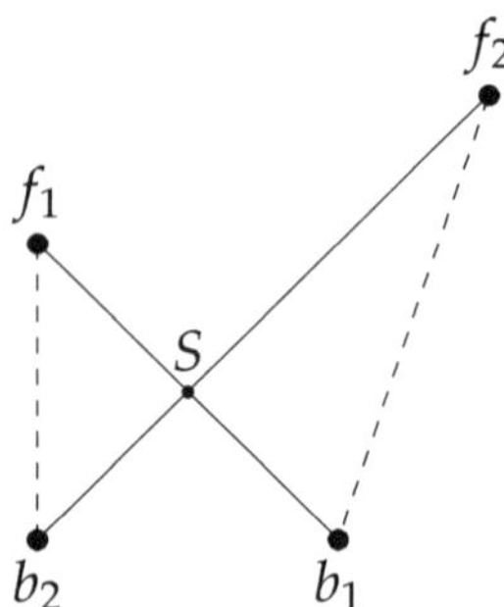

Abb. 10.6 Eine einfache Idee, um die Anzahl der Kreuzungen zu verringern. Der Deutlichkeit halber sind hier Farmen und Brunnen als Punkte gezeichnet.

anderen Linien (d. h. Paare Farm – Brunnen) unverändert zu lassen. Diese Zuordnung nennen wir B. Hat dann B auf jeden Fall weniger Kreuzungen als A?

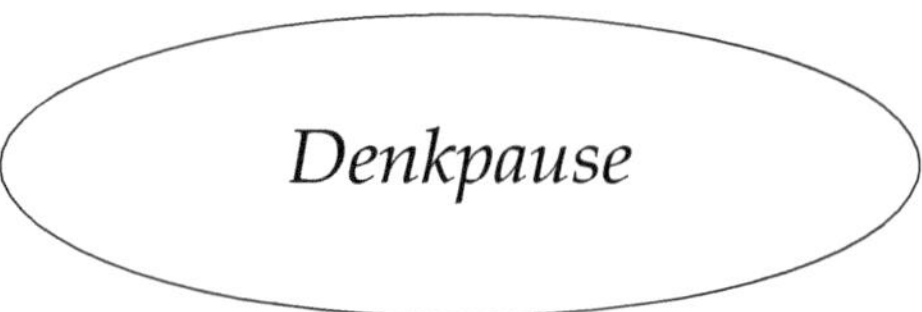

▷ Das linke Bild in Abbildung 10.7 zeigt, dass dieses Verfahren nicht unbedingt funktioniert. In diesem Beispiel würde sich zwar die Kreuzung S auflösen, aber die neue Kreuzung T käme hinzu. B hat also genauso viele Kreuzungen wie A. Schlimmer noch: Das Beispiel lässt sich leicht so ergänzen, dass B sogar mehr Kreuzungen als A hat.

▷ Offenbar war unsere Konstruktion einer neuen Zuordnung B aus A zu einfach. Das rechte Bild in Abbildung 10.7 zeigt, wie man in diesem Beispiel eine kreuzungsfreie Zuordnung erhalten kann. Können wir dies als allgemeine Konstruktion formulieren? Wir suchen also eine Vorschrift, die aus den durchgezogenen Linien (Zuordnung A) die gestrichelten (Zuordnung B) macht, und die auch allgemein, nicht nur in diesem Beispiel, die Kreuzungszahl verringert.

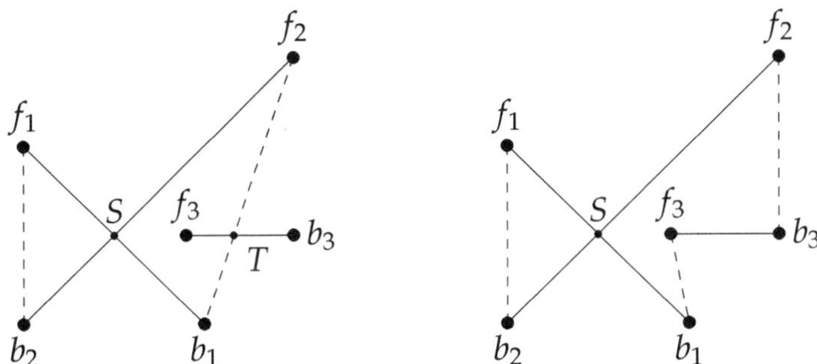

Abb. 10.7 Ein Problem beim zweiten Ansatz und eine Lösung für das Beispiel

Zum Beispiel sollte die Konstruktion auch funktionieren, wenn es weitere Farmen im Dreieck Sb_1f_2 (oder auch im Dreieck Sb_2f_1) gibt und A diese Farmen Brunnen außerhalb des Dreiecks zuordnet.

▷ Die Komplexität der Situation nimmt dramatisch zu. Es ist unklar, wie wir hier weiterkommen.[7]

Versuchen wir also eine ganz andere Strategie. Im zweiten Ansatz hatten wir die Anzahl der Kreuzungen minimiert, das führte nicht zum Ziel. Gibt es andere Größen, deren Minimierung zum Ziel führen könnte?

Wir könnten versuchen, Elemente des ersten und zweiten Ansatzes zu vereinen: Wir betrachten die Entfernungen der Farmen zu ihren Brunnen, aber nicht jede einzeln, sondern alle gemeinsam, mit Blick auf die Gesamtkonfiguration. Da es keinen Sinn macht, mehrere Zahlen gleichzeitig zu minimieren, sollten wir aus all diesen Entfernungen eine einzelne Zahl machen.

Am einfachsten ist es, die Summe der Entfernungen aller Farmen zu ihren Brunnen zu betrachten. Dies führt tatsächlich zum Ziel.

Lösung zu Problem 10.5

Es gibt immer eine solche Zuordnung.

Beweis: Unter allen bijektiven Zuordnungen von Brunnen zu Farmen betrachte eine, bei der die *Summe der Abstände der Farmen zu ihren*

---

[7]Wenn Sie einen Weg finden, diesen Ansatz zu Ende zu führen, schreiben Sie mir – D.G.

Brunnen am kleinsten ist. Nennen wir diese Zuordnung A. Wir zeigen, dass A kreuzungsfrei ist und damit die Bedingung der Aufgabe erfüllt.

Angenommen, das wäre nicht der Fall. Dann gäbe es zwei Farmen f_1, f_2 und zwei zugeordnete Brunnen b_1, b_2 derart, dass die Strecke $\overline{f_1 b_1}$ die Strecke $\overline{f_2 b_2}$ schneidet. Sei S der Schnittpunkt. Wir haben also eine Situation wie in Abbildung 10.6, wobei weitere Farmen und Brunnen nicht gezeichnet sind. Bei der Skizze verwenden wir, dass keine drei Punkte auf einer Geraden liegen.

> *Behauptung:* Sei B die Zuordnung, die der Farm f_1 den Brunnen
> b_2 und der Farm f_2 den Brunnen b_1 zuordnet und allen anderen
> Farmen dieselben Brunnen wie A zuordnet. Dann hat B kleinere
> Abstandssumme als A.

Dies widerspräche der Minimalität von A. Daher ist A zulässig.

Es bleibt die Behauptung zu beweisen. Da alle anderen Zuordnungen gleich bleiben, genügt es zu zeigen, dass die beiden gestrichelten Linien zusammen kürzer sind als die beiden durchgezogenen zusammen. Dies folgt direkt aus der Dreiecksungleichung, angewendet auf die Dreiecke $b_2 S f_1$ und $b_1 f_2 S$: Es bezeichne $\ell(\overline{PQ})$ die Länge der Strecke von Punkt P zu Punkt Q. Die Dreiecksungleichung ergibt

$$\ell(\overline{f_1 b_2}) < \ell(\overline{f_1 S}) + \ell(\overline{S b_2}), \quad \ell(\overline{f_2 b_1}) < \ell(\overline{f_2 S}) + \ell(\overline{S b_1}).$$

Wir addieren die beiden Ungleichungen und verwenden $\ell(\overline{f_1 b_1}) = \ell(\overline{f_1 S}) + \ell(\overline{S b_1})$, $\ell(\overline{f_2 b_2}) = \ell(\overline{f_2 S}) + \ell(\overline{S b_2})$:

$$\ell(\overline{f_1 b_2}) + \ell(\overline{f_2 b_1}) < \ell(\overline{f_1 S}) + \ell(\overline{S b_2}) + \ell(\overline{f_2 S}) + \ell(\overline{S b_1})$$
$$= \ell(\overline{f_1 b_1}) + \ell(\overline{f_2 b_2}).$$

Das ist genau die Behauptung.

Rückschau zu Problem 10.5

☐ Die Idee, die sehr naheliegende Größe $G(A) =$ (Anzahl der Kreuzungen der Zuordnung A) zu minimieren, hat nicht zu einem Beweis geführt. Dies mag paradox erscheinen, da wir ja wissen, dass bei der gesuchten Zuordnung diese Anzahl wirklich minimal ist. Dass eine kreuzungsfreie Zuordnung existiert, wissen wir aber zu diesem Zeitpunkt noch nicht – es ist nur eine Vermutung. Es hätte sich ja auch herausstellen können, dass (für eine bestimmte Anordnung der Farmen und Brunnen) die kleinstmögliche Kreuzungszahl größer als Null ist.

❏ Wesentlich ist, im zentralen Beweisschritt – der Konstruktion einer Zuordnung B aus einer Zuordnung A, für die $G(B) < G(A)$ gilt – eine Konstruktion anzugeben, die für *alle* A funktioniert, die nicht kreuzungsfrei sind. Nur so wird das Argument zu einem vollständigen Beweis. Beispiele können dabei helfen, eine Idee zu bekommen, aber sie reichen nicht aus.

Diese allgemeine Konstruktion ist uns für $G(A) =$ (Anzahl der Kreuzungen der Zuordnung A) nicht gelungen.

❏ Dagegen führte die Wahl $G(A) =$ (Abstandssumme für A) schnell zum Ziel. Bei der Konstruktion einer Zuordnung B mit kleinerer Abstandssumme hätten zwar im Prinzip auch neue Kreuzungen dazukommen können, aber das war dort irrelevant, da für den Beweis nur die Abstandssumme zählte. Machen Sie sich das klar! Vielleicht hilft Ihnen dabei der unten erklärte algorithmische Standpunkt.

❏ Generell kann man sagen, dass es in geometrischen Problemen meist sinnvoll ist, nach *geometrischen* Größen zu suchen, die zu maximieren/minimieren sind. Also solchen, die mit Längen, Abständen, Flächeninhalten etc. zu tun haben. Natürlich ist auch dies bloß ein Heurismus und kein allgemeingültiges Rezept.

Betrachten wir das Problem der Farmen und Brunnen aus **algorithmischer Sicht**: Wir möchten einen Algorithmus (d.h. ein Verfahren) angeben, wie man eine zulässige Zuordnung findet. Wir versuchen folgendes Verfahren:

1. Wähle irgendeine bijektive Zuordnung. Falls sie kreuzungsfrei ist, sind wir fertig. Sonst gehe zu Schritt 2.

2. Wähle eine Kreuzung und löse diese wie in Abbildung 10.6 auf.

3. Wiederhole Schritt 2 so lange, bis eine kreuzungsfreie Zuordnung entsteht.

Es ist nun keineswegs offensichtlich, dass dieses Verfahren jemals zum Ende kommt. Wie wir gesehen hatten, können beim Auflösen einer Kreuzung mehrere neue Kreuzungen hinzukommen. Es wäre möglich, dass das Verfahren in eine Schleife führt, d.h. dass man irgendwann wieder bei einer Zuordnung ankommt, die schon früher betrachtet wurde. Dann würde sich diese Schleife endlos wiederholen.

Wir können aber beweisen, dass das Verfahren irgendwann endet, es also solche Schleifen nicht geben kann. Wie?

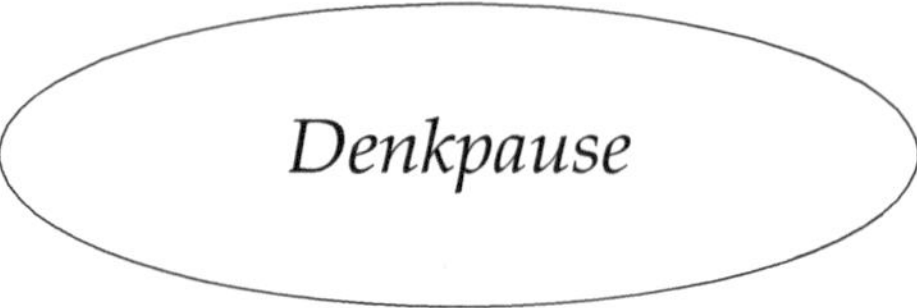

Die Lösung von Problem 10.5 weist den Weg: Wir hatten gezeigt, dass die Gesamtsumme der Abstände der Farmen zu den ihnen zugeordneten Brunnen jedesmal kleiner wird, wenn wir Schritt 2 des Verfahrens durchführen. Da es nur endlich viele mögliche Zuordnungen gibt, gibt es nur endlich viele mögliche Gesamtsummen. Daher sind wir irgendwann bei der kleinstmöglichen Gesamtsumme angelangt (oder schon vorher kreuzungsfrei). Dann endet das Verfahren, wie unser Beweis zeigte.

10.3 Das Extremalprinzip als Problemlösestrategie, II

Wir haben das Extremalprinzip als Hilfsmittel für Existenzbeweise kennengelernt. Es ist aber auch als allgemeiner Leitgedanke nützlich.

Extremalprinzip als Problemlösestrategie, II

In einer unübersichtlichen Situation betrachte Objekte mit einer extremen Eigenschaft.

Manchmal handelt es sich um wenig mehr als um eine Formulierungshilfe: Beispiele hierfür haben wir bei den Beweisen der Sätze über die Division mit Rest (Seite 178) und rationale Approximation (Seite 203) gesehen.

Wir betrachten einige Beispiele, bei denen das Extremalprinzip als Leitgedanke nützlich ist.

Ein Problem über Mittelwerte

Problem 10.6

Entlang eines Kreises seien 1000 Zahlen angeordnet. Jede ist der Mittelwert ihrer beiden Nachbarn. Zeige, dass alle Zahlen gleich sind.

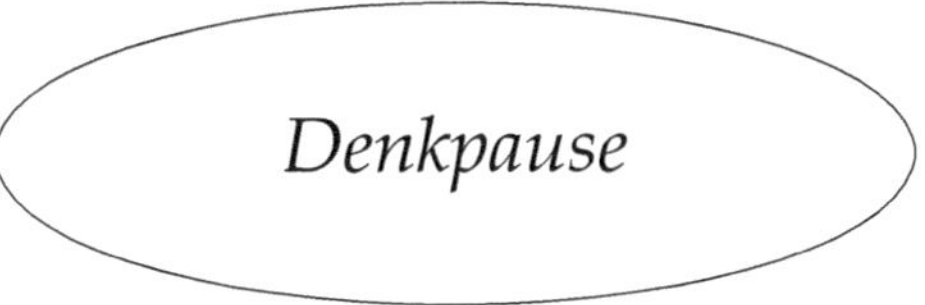

Untersuchung und Lösung

▷ *Erster Zugang:* Betrachten wir eine der Zahlen. Da sie der Mittelwert ihrer Nachbarn ist, gibt es zwei Möglichkeiten:

1. Sie ist gleich ihren Nachbarn, oder

2. ein Nachbar ist größer, einer kleiner.

Falls der zweite Fall zutrifft, betrachten wir den größeren Nachbarn. Wieder wegen der Mittelwerteigenschaft muss der darauffolgende nächste Nachbar noch größer sein. Indem man so fortfährt, sieht man, dass die Zahlen immer weiter anwachsen, wenn man in einer Richtung um den Kreis läuft. Dies ergibt einen Widerspruch, wenn man wieder bei der ersten Zahl ankommt, da diese nicht größer als sie selbst sein kann.

Daher muss der erste Fall zutreffen. Da wir am Anfang eine beliebige der Zahlen betrachtet haben, haben wir bewiesen, dass jede Zahl gleich ihren Nachbarn ist. Damit müssen alle Zahlen gleich sein.

Diese Formulierung in Worten ist etwas kompliziert, das Argument ließe sich aber mit etwas Notation leicht klar aufschreiben. Kürzer geht es mit folgendem Argument:

▷ *Zweiter Zugang:* Unter den 1000 Zahlen muss es eine kleinste (Extremalprinzip!) geben, nennen wir sie x. Da diese gleich dem Mittelwert ihrer Nachbarn ist, müssen diese gleich x sein, denn sonst wäre ein Nachbar größer als x und einer kleiner als x, im

Widerspruch zur Minimalität von x. Also sind beide Nachbarn gleich x und damit ebenfalls minimal. Mit demselben Argument sind die Nachbarn beider Nachbarn ebenfalls gleich x, dann deren Nachbarn usw. Da man so nach und nach jede der Zahlen erreicht, folgt, dass alle Zahlen gleich x sind.

Die beiden Lösungen sind sehr ähnlich, es scheint fast, als wäre die zweite eine Umformulierung der ersten. Das ist nicht so: Die zweite Lösung, mit dem Extremalprinzip, lässt sich auf eine zweidimensionale Version des Problems übertragen, die erste nicht. Siehe Aufgabe A 10.14.

Unendlicher Abstieg

Der unendliche Abstieg ist eine Argumentationsmethode, die eng mit der Idee des Extremalprinzips verwandt ist. Wir betrachten ein Beispiel.

Problem 10.7

Kann das Dreifache einer Quadratzahl gleich der Summe zweier Quadratzahlen sein?

Untersuchung

Notation einführen

▷ Als Gleichung geschrieben lautet die Frage: Gibt es natürliche Zahlen a, b, c mit

$$3a^2 = b^2 + c^2 \,?$$

Versuchen Sie, eine Lösung zu finden, indem Sie einige Zahlen durchprobieren.

Ähnliches Problem

▷ Haben Sie ein ähnliches Problem schon einmal gesehen?

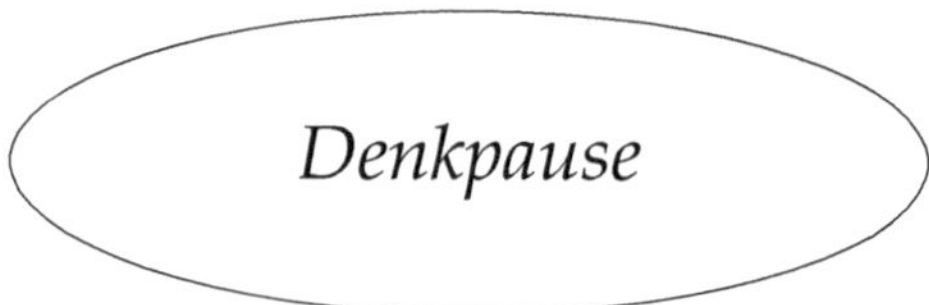

▷ Vielleicht erinnert es Sie an den Beweis, dass $\sqrt{2}$ irrational ist, siehe Abschnitt 7.2. Hierfür hatten wir gezeigt, dass die Gleichung $2q^2 = p^2$ keine Lösung in natürlichen Zahlen hat.

Wir wissen noch nicht, ob unser Problem eine Lösung hat oder nicht. Falls wir ähnlich argumentieren können wie bei $\sqrt{2}$, könnten wir vielleicht zeigen, dass es keine Lösung hat. Versuchen wir das also!

▷ Wie waren wir bei der Gleichung $2q^2 = p^2$ vorgegangen? Wir hatten zunächst gezeigt, dass p gerade ist, weil $2q^2$ und damit p^2 gerade ist.

Es liegt nahe, in unserem Problem nicht Teilbarkeit durch 2, sondern Teilbarkeit durch 3 zu untersuchen.

▷ Nehmen wir also an, wir hätten eine Lösung von $3a^2 = b^2 + c^2$. Dann ist $b^2 + c^2$ durch 3 teilbar. Leider können wir daraus nicht direkt schließen, dass b oder c durch 3 teilbar ist. Wie soll's also weitergehen?

▷ Die Verallgemeinerung von gerade/ungerade sind die Reste modulo 3, siehe Kapitel 8. Sehen wir uns die möglichen Reste modulo 3 von b und b^2 an. Es gibt drei Fälle:

$$b \equiv 0 \quad \mathrm{mod}\ 3 \Rightarrow b^2 \equiv 0^2 = 0 \quad \mathrm{mod}\ 3$$
$$b \equiv 1 \quad \mathrm{mod}\ 3 \Rightarrow b^2 \equiv 1^2 = 1 \quad \mathrm{mod}\ 3$$
$$b \equiv 2 \quad \mathrm{mod}\ 3 \Rightarrow b^2 \equiv 2^2 = 4 \equiv 1 \quad \mathrm{mod}\ 3$$

Wir sehen, dass für b^2 nur die Reste 0 und 1 möglich sind (vgl. Aufgabe A 8.10). Sehen Sie, wie wir jetzt weiterkommen?

▷ Aus demselben Grund sind für c^2 nur die Reste 0 und 1 möglich. Also kann $b^2 + c^2$ nur dann den Rest 0 mod 3 haben, wenn sowohl b^2 also auch c^2 den Rest 0 haben.

▷ Fassen wir zusammen: Aus $3a^2 = b^2 + c^2$ können wir folgern, dass $b^2 + c^2 \equiv 0 \quad \mathrm{mod}\ 3$ ist und daraus, dass $b \equiv c \equiv 0 \quad \mathrm{mod}\ 3$ ist. Also können wir $b = 3B$, $c = 3C$ für gewisse natürliche Zahlen B, C schreiben.

▷ Setzen wir dies ein, erhalten wir $3a^2 = 9B^2 + 9C^2$, also $a^2 = 3B^2 + 3C^2 = 3(B^2 + C^2)$. Also ist $a^2 \equiv 0 \mod 3$, nach der Fallunterscheidung oben also $a \equiv 0 \mod 3$. Damit können wir $a = 3A$ schreiben, und einsetzen ergibt $9A^2 = 3(B^2 + C^2)$, also

$$3A^2 = B^2 + C^2$$

▷ Was haben wir davon? Dies ist dieselbe Gleichung wie die, mit der wir anfingen. Aber A ist kleiner als a (wegen $a = 3A$), und ähnlich für B, C. Dies führt schnell auf einen Widerspruch, siehe unten.

Lösung zu Problem 10.7

Es gibt keine solchen Quadratzahlen.

Beweis: Angenommen, es gäbe natürliche Zahlen a, b, c, die die Gleichung $3a^2 = b^2 + c^2$ erfüllen. Dann ist $b^2 + c^2$ durch 3 teilbar, und nach dem Argument oben folgt daraus, dass b und c durch 3 teilbar sind, d.h. $b = 3B$, $c = 3C$ mit $B, C \in \mathbb{N}$. Dann folgt wie oben, dass a durch 3 teilbar ist, also $a = 3A$ mit $A \in \mathbb{N}$. Also erhalten wir $3A^2 = B^2 + C^2$.

Wir haben gezeigt: Wenn $3a^2 = b^2 + c^2$ gilt, so sind a, b, c durch 3 teilbar und $A = \frac{a}{3}, B = \frac{b}{3}, C = \frac{c}{3}$ sind eine Lösung derselben Gleichung. Nach demselben Argument müssten dann A, B, C durch 3 teilbar sein usw. Man würde so eine Folge immer kleinerer Lösungen erhalten. Da alle Lösungen natürliche Zahlen sein sollen, ist dies unmöglich.

> *Beweisanalyse:* Dies war ein **indirekter Beweis.** Der Kern des Arguments war die Betrachtung der möglichen Reste modulo 3 von Quadratzahlen. Die Argumentation, wie wir zu einem Widerspruch gelangt sind, nennt man **unendlicher Abstieg.**
>
> Wir hätten auch so argumentieren können: Angenommen, es gibt eine Lösung a, b, c. Unter allen Lösungen betrachten wir eine mit kleinstmöglichem a **(Extremalprinzip).** Dann konstruieren wir A, B, C wie angegeben. Wegen $A = \frac{a}{3} < a$ haben wir eine Lösung mit einem kleineren Wert für a erhalten. Dies ist ein Widerspruch zur Annahme, dass a minimal ist. Daher kann es keine Lösung geben.

10.4 Weiterführende Bemerkungen: Optimierung, Spiegel und Billard

Extrema (also Maxima oder Minima) begegnen uns in der Mathematik in zwei Arten von Zusammenhängen:

1. Bestimmung von Extrema als eigenes Ziel: Oft von Anwendungen motiviert, möchte man bestimmen, wie etwas möglichst schnell, billig, groß, klein usw. zu machen ist.

2. Verwendung von Extrema als Mittel zu anderen Zwecken, z. B. für Existenzbeweise. Einige Beispiele dafür haben Sie in diesem Kapitel kennengelernt.

Es folgen einige weitere Beispiele zu jedem dieser Themen und eine eingehendere Diskussion von kürzesten Wegen und Umwegen. Wenn Sie dabei einige der erwähnten Begriffe und Theorien nicht kennen, lesen Sie trotzdem weiter – Sie werden ihnen begegnen, wenn Sie sich weiter mit Mathematik befassen, und sie dann in den großen Zusammenhang des Extremalprinzips einordnen können.

In den Büchern (Nahin, 2004) und (Hildebrandt und Tromba, 1996) werden viele dieser Themen und ihre Geschichte ausführlich diskutiert.

Probleme, in denen Extrema bestimmt werden sollen (Optimierungsprobleme)

Hier sind einige Beispiele aus verschiedenen Bereichen des Lebens und aus der Mathematik.

☐ Ein Ingenieur möchte eine Brücke so konstruieren, dass sie möglichst stabil und trotzdem möglichst leicht oder möglichst billig ist.[8]

☐ Eine Firma möchte ihre Ressourcen (Personal, Produktionsmittel) so einsetzen, dass sie ihren Gewinn maximiert.

☐ Einige Punkte in der Ebene seien gegeben. Gesucht ist eine Kurve, die möglichst „einfach" ist und trotzdem den Punkten möglichst nahe kommt. Ein typisches Beispiel dieses Problemkreises ist

---

[8]Von ästhetischen Rahmenbedingungen ganz zu schweigen.

das kleinste-Quadrate Problem der **linearen Regression** in der Statistik. Hierbei sind Zahlen $x_1 < x_2 < \cdots < x_n$ und Werte $y_1, y_2, \ldots, y_n$ gegeben und man sucht Zahlen a, b, so dass die lineare Funktion $f(x) = ax + b$ Funktionswerte bei den x_i hat, die im quadratischen Mittel möglichst nah bei den y_i sind, d.h. für die die Summe der Fehlerquadrate $(y_1 - f(x_1))^2 + \cdots + (y_n - f(x_n))^2$ möglichst klein ist.

- Das **isoperimetrische Problem** ist die Frage, welche unter allen ebenen Figuren gleichen Flächeninhalts den kleinsten Umfang hat oder welcher unter allen Körpern gleichen Volumens die kleinste Oberfläche hat. Die Antworten sind Kreis bzw. Kugel.[9] Dies streng zu beweisen, ist nicht leicht. Ein verwandtes Problem ist, die kleinste Fläche zu bestimmen, die in eine gegebene geschlossene räumliche Kurve eingespannt ist. [10]

- Wie muss eine Bahn von einem erhöhten Punkt A zu einem Punkt B auf dem Boden geformt sein, damit eine auf ihr rollende Kugel möglichst kurze Zeit von A nach B braucht? Dabei soll B nicht direkt unterhalb von A liegen. Ihre erste Vermutung ist vielleicht: eine gerade Linie (denn sie ist die kürzeste Verbindung). Aber: Die Kugel wird schneller am Ziel sein, wenn sie am Anfang steil nach unten rollt und dann flacher weiterrollt – obwohl die Laufstrecke so länger ist. Denn so bekommt sie am Anfang eine höhere Geschwindigkeit. Wie steil sollte es abwärts gehen? Um die beste Bahn zu bestimmen, braucht man Kenntnisse zu Differentialgleichungen. Die resultierende Kurve nennt man **Brachistochrone**. Je nach Lage von A und B geht die Bahn am Ende sogar wieder aufwärts! Diese Art von Extremalproblem, wo eine Kurve statt einer Zahl gesucht ist, nennt man **Variationsproblem.**

- Das **Problem des Handelsreisenden:** Sie möchten eine Rundtour durch n Städte machen. Die Städte sind vorgegeben, die Reihenfol-

---

[9]Ein äquivalentes Problem ist, unter allen ebenen Figuren gleichen Umfangs diejenige mit größter Fläche zu bestimmen, und ähnlich für Körper. Vergleiche Problem 10.1.

[10]Stellen Sie sich die Kurve als aus Draht gebogen vor. Tauchen Sie diesen in Seifenlauge. Wenn Sie ihn wieder herausziehen, sehen Sie eine Seifenhaut, die genau so eine minimiale Fläche bildet.

ge aber nicht. Wie müssen Sie reisen, um insgesamt eine möglichst kleine Strecke zurückzulegen?[11]

⊐ Das Problem des **optimalen Massentransports:** Sie haben einen Haufen Sand und ein Loch, in das Sie den Sand befördern möchten. Das Loch sei groß genug, dass der Sand hineinpasst. Das Bewegen von Sand erfordert Arbeit. Das Problem besteht darin, eine Vorschrift anzugeben, an welche Stelle im Loch jedes einzelne Sandkorn befördert werden soll, um den Arbeitsaufwand so gering wie möglich zu halten. Wie das geht, ist nicht offensichtlich, da das Loch nicht genauso geformt sein wird wie der Sandhaufen.

⊐ Das Problem der **dichtesten Kugelpackung:** Wie packt man eine große Anzahl von gleichen Kugeln so, dass möglichst wenig Zwischenräume bleiben? Die (naheliegende) beste Packmethode wurde bereits 1611 von KEPLER gefunden, dass es nicht besser geht, konnte aber erst 1998 bewiesen werden.

Beispiele für das Extremalprinzip in verschiedenen Bereichen der Mathematik

Das Extremalprinzip als Beweismethode oder Leitgedanke durchzieht alle Bereiche der Mathematik. Einige Beispiele, z. B. aus der Zahlentheorie, haben Sie bereits kennengelernt. Hier sind stichwortartig weitere Beispiele. In Klammern sind die Gebiete der Mathematik angegeben; einige davon können Sie im frühen Bachelor-Studium kennenlernen, einige begegnen Ihnen erst in einem Masterstudium der Mathematik.

⊐ Das Supremumsaxiom für die reellen Zahlen (Analysis)

⊐ Beweis des Mittelwertsatzes mit Hilfe des Satzes vom Maximum und Minimum (Analysis)

⊐ Beweis der Existenz von Eigenwerten symmetrischer Matrizen mittels Maximierung oder Minimierung der zugeordneten quadratischen Form über die Einheitskugel (Lineare Algebra, Funktionalanalysis, partielle Differentialgleichungen)

---

[11]Es ist kein Verfahren bekannt, das dieses Problem allgemein für Größenordnungen von $n = 100$ in annehmbarer Zeit lösen kann!

- Das Lemma von ZORN als Hilfsmittel zum Beweis der Existenz von Basen für Vektorräume, des Satzes von HAHN-BANACH und vieler anderer Sätze (Lineare Algebra, Funktionalanalysis etc.)

- Der erste vollständige Beweis des Fundamentalsatzes der Algebra (jedes Polynom hat eine komplexe Nullstelle), 1814 von Jean-Robert ARGAND veröffentlicht, verwendet das Extremalprinzip (komplexe Analysis)

- Das Maximumsprinzip für harmonische Funktionen, mit dessen Hilfe man unter anderem die Eindeutigkeit der Lösung des Dirichlet-Problems beweisen kann (Analysis, partielle Differentialgleichungen)

- Beweis der Existenz orthogonaler Projektionen im HILBERTraum mittels Abstandsminimierung; dies ist der Keim für die Existenztheorie von Lösungen partieller Differentialgleichungen mit der HILBERTraum-Methode (Funktionalanalysis, partielle Differentialgleichungen)

- In der Variationsrechnung wird das Extremalprinzip systematisch zur Lösung von Differentialgleichungen eingesetzt

- Untersuchung der Topologie eines Raumes mit Hilfe der MORSE-Theorie (Topologie)

Halten Sie die Augen offen, Sie finden bestimmt noch weitere Beispiele!

Ein weiteres schönes Beispiel ist der **Regenbogen:** Warum gibt es Regenbögen, warum sind sie kreisbogenförmig, und wie kann man ihren Ort vorausberechnen? Auch dies ist die Lösung eines Extremalproblems (siehe (Nahin, 2004)).

Ableitungen; ein neuer Blick auf kürzeste (Um-)Wege, Licht, Billard etc.

Eine wichtige Technik zum Lösen von Extremalproblemen lernt man in der Oberstufe in der Schule kennen: Um die Extrema einer Funktion zu bestimmen, setzt man ihre Ableitung gleich Null.[12] Auf diese

---

[12]Wir nehmen hier immer an, dass die Funktion differenzierbar ist.

Weise erhält man zumindest die Extrema im Innern des Definitionsbereichs, die Randpunkte muss man getrennt untersuchen. Die Nullstellen der Ableitung können außer (lokalen) Extrema auch Sattelpunkte der Funktion sein, daher muss man für jede Nullstelle noch untersuchen, ob man tatsächlich ein Extremum oder einen Sattelpunkt hat.

Mit dieser Technik kann man die Probleme 10.1 und 10.2 lösen und einen Beweis für die Ungleichung vom geometrischen, arithmetischen und quadratischen Mittel (Seite 216) geben. Die angegebenen elementaren Lösungen sind aber für die Einfachheit dieser Probleme angemessener.

Der Zusammenhang von Extrema und Ableitungen gibt uns zumindest eine Ahnung davon, warum das allgemeine Extremalprinzip gilt: Ist $x \mapsto f(x)$ eine Funktion und x_{extr} ein Extremum von f im Innern des Definitionsbereichs, so gilt $f'(x_{\text{extr}}) = 0$. Der Punkt x_{extr} hat damit die besondere Struktur, diese Gleichung zu erfüllen.

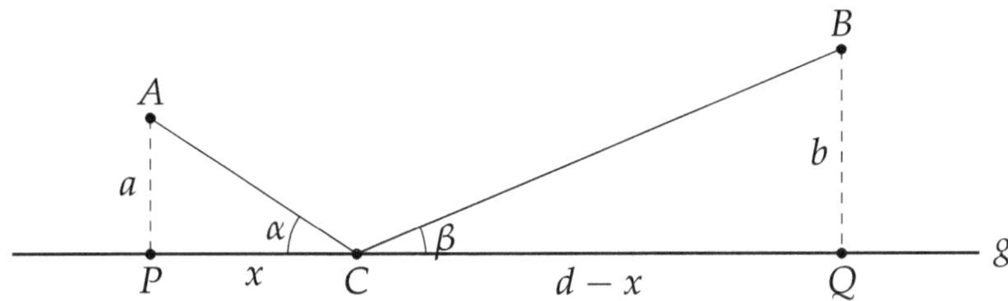

Abb. 10.8 Bezeichnungen für die analytische Lösung von Problem 10.3; C ist im Bild nicht das Minimum

Ein schönes Beispiel hierfür ist folgende alternative Lösung von Problem 10.3: Mit Bezeichnungen wie in Abbildung 10.8 (wobei d der Abstand von P zu Q ist) ist der Punkt C, also die Zahl x, so zu finden, dass $f(x) = \ell(\overline{AC}) + \ell(\overline{CB})$ minimal ist[13]. Nach Pythagoras ist $f(x) = \sqrt{a^2 + x^2} + \sqrt{b^2 + (d - x)^2}$, und nach kurzer Rechnung findet man für die Ableitung

$$f'(x) = \cos \alpha - \cos \beta. \tag{10.1}$$

Bei einem Minimum $x_{\min}$ von f muss $f'(x_{\min}) = 0$ sein (der Definitionsbereich von f ist ganz $\mathbb{R}$, also ist jeder Punkt ein innerer Punkt), also $\cos \alpha = \cos \beta$, also $\alpha = \beta$ (weil $\alpha, \beta \in (0, \pi)$).

---

[13] $\ell(\overline{AC})$ bezeichnet den Abstand der Punkte A und C.

Die besondere Struktur des kürzesten Weges besteht also darin, dass bei C gilt: Einfallswinkel = Ausfallswinkel. Dies ist ein neuer Beweis des Satzes auf Seite 218, der die Konstruktion von C mit Hilfe des Spiegelpunktes B' (vgl. Abbildung 10.3) nicht verwendet.

Der Vorteil des neuen Beweises liegt darin, dass dieses Argument auch in anderen Situationen anwendbar ist, wo die Spiegelungskonstruktion nicht funktioniert. Zum Beispiel können wir die Gerade g durch eine gekrümmte Kurve ersetzen, dann kann man auf ganz ähnliche Weise zeigen:

Satz

> Sei c eine Kurve und seien A, B zwei Punkte, die auf einer Seite der Kurve liegen, siehe Abbildung 10.9. Sei C ein innerer Punkt auf c, für den die Summe der Abstände $\ell(\overline{AC}) + \ell(\overline{BC})$ extremal ist. Dann gilt $\alpha = \beta$, d. h. Einfallswinkel = Ausfallswinkel bei C.

Umgekehrt gilt, dass bei jedem Punkt C, für den Einfallswinkel = Ausfallswinkel ist, die Funktion $f(C) = \ell(\overline{AC}) + \ell(\overline{BC})$ im Punkt C **stationär** ist, d. h. ein lokales Maximum oder Minimum oder einen Sattelpunkt hat.

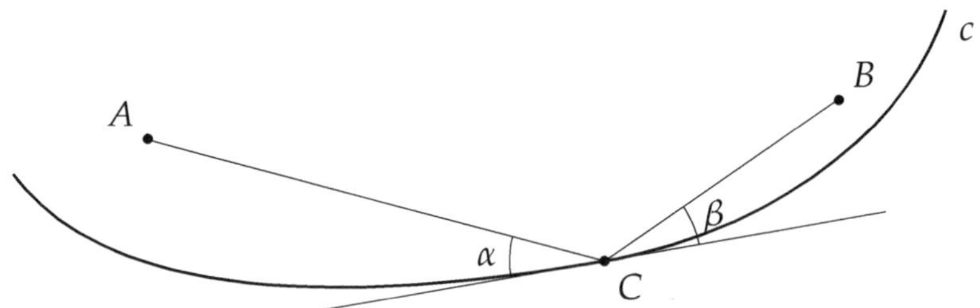

Abb. 10.9 Reflexion an einem gebogenen Spiegel; α, β sind die Winkel zur Tangente an die Kurve c im Punkt C

Stellen wir uns c als Spiegel vor, dann bedeutet $\alpha = \beta$, dass ein Lichtstrahl, der von A kommt, nach B reflektiert wird. Wir können dann den Satz so formulieren:

Wege größter oder kleinster Länge sind Lichtwege.

Die Umkehrung ist bekannt als **Prinzip von Fermat:**[14] Das Licht nimmt diejenigen Wege zwischen zwei Punkten, deren Länge bei kleinen Variationen des Weges stationär ist. [15]

Aus einem anderen Blickwinkel betrachtet, hat der Satz oben eine weitere interessante Konsequenz: Betrachten wir folgendes Problem.

Problem 10.8

Sei c eine Kurve und seien A, B zwei Punkte, die auf derselben Seite von c liegen. Muss es dann einen Punkt C geben, für den die Winkel α und β gleich sind?

Wir wollen also eine Billardkugel von A nach B über die Bande c stoßen. Geht das?

Lösung

(unvollständig) Wähle den Punkt C so, dass $\ell(\overline{AC}) + \ell(\overline{CB})$ minimal ist. Nach Satz 10.4 gilt dann $\alpha = \beta$. Es gibt also einen solchen Punkt C.   !

Dies ist ein hübsches Beispiel für das Extremalprinzip als Hilfsmittel in Existenzbeweisen. Aufgabe A 10.25 gibt eine interessante Variation dieses Problems.

Warum ist die Lösung unvollständig? Wir müssen die Existenz von C, also eines Minimums von f, zeigen! Denn die Menge der möglichen Werte von f ist weder endlich noch eine Menge natürlicher Zahlen, also ist es nicht offensichtlich, dass sie ein Minimum besitzt. Wie vervollständigen wir den Beweis?

1. Der *Satz vom (Maximum und) Minimum* der Analysis sagt, dass jede stetige Funktion auf einem beschränkten abgeschlossenen Intervall

---

[14]Pierre de FERMAT, 17. Jahrhundert. Das Prinzip wurde im 18. und 19. Jahrhundert von EULER, LAGRANGE, MAUPERTUIS und HAMILTON zum ‚Prinzip der kleinsten Wirkung' verallgemeinert, das jegliche physikalische Vorgänge in ähnlicher Weise zu beschreiben versucht.

[15]Dies ist die Version für homogene Medien, in denen das Licht konstante Geschwindigkeit hat. Ersetzt man die Länge des Weges durch die Laufzeit des Lichts, so gilt dies auch für inhomogene Medien. Wendet man dies auf den Übergang zwischen zwei Medien an, erhält man das Brechungsgesetz.

ein Minimum (und ein Maximum) besitzt. Indem wir die Kurve parametrisieren, können wir f als Funktion auf einem Intervall auffassen. Dieses ist beschränkt und abgeschlossen, wenn wir die Endpunkte als Teil von c betrachten. Die Stetigkeit von f lässt sich leicht mit der Dreiecksungleichung zeigen. Also hat f ein Minimum.

2. Um den Satz oben anwenden zu können, müssen wir noch zeigen, dass das Minimum im Innern der Kurve angenommen wird. Dies ist in der Tat nicht klar und auch nicht unbedingt richtig, wenn wir z. B. für c ein Intervall auf der x-Achse nehmen und A, B beide oben links von c liegen. Die Antwort auf das Problem ist also nur dann Ja, wenn wir sicherstellen können, dass das Minimum an einem inneren Punkt von c angenommen wird.

Dies ist zum Beispiel dann der Fall, wenn c eine geschlossene Kurve, zum Beispiel eine Ellipse, ist.

In vielen Situationen, in denen man das Extremalprinzip anwenden möchte, hängt die Funktion f nicht nur von einer, sondern von mehreren Variablen ab. Dann macht es keinen Sinn, von abgeschlossenen Intervallen zu sprechen, hier kommt der Begriff der **kompakten Menge** ins Spiel. Mehr zu diesem zentralen Begriff der Mathematik lernen Sie in Büchern oder Vorlesungen über Analysis und über Topologie.

10.5 Werkzeugkasten

Aus dem allgemeinen Extremalprinzip, einer allgemeinen wissenschaftlichen Idee, konnten wir das Extremalprinzip als Problemlösestrategie gewinnen. In seiner ersten Form dient es als Mittel für Existenzbeweise: **Versuche, das gesuchte Objekt durch eine extremale Eigenschaft zu charakterisieren.** Oft ist es nicht offensichtlich, welches eine geeignete extremale Eigenschaft ist, und eine **gezielte Suche** und mehrere Versuche sind nötig. Dabei sind Ihrer **Kreativität keine Grenzen gesetzt** (solange Sie damit korrekt argumentieren natürlich). In seiner allgemeinen Form sagt das Extremalprinzip, dass es sich bei jeder Art von unübersichtlichem Problem lohnt, nach Extremen Ausschau zu halten. Eine Spielart dieser Idee ist die Methode des **unendlichen Abstiegs,** mit der man manchmal zeigen kann, dass Probleme keine Lösungen in natürlichen Zahlen haben.

Aufgaben

A 10.1 Nehmen Sie eine beliebige natürliche Zahl größer als zwei, ziehen Sie die Quadratwurzel und runden ab, vom Ergebnis ziehen Sie wieder die Quadratwurzel und runden ab usw. Zeigen Sie, dass irgendwann 2 oder 3 herauskommt. Was hat Ihre Lösung mit dem Extremalprinzip zu tun?

A 10.2 Das Produkt zweier positiver reeller Zahlen sei 20. Wie groß muss ihre Summe mindestens sein? Wie groß kann sie höchstens sein?

A 10.3 Ersetzen Sie in Problem 10.2 die Abstandsquadrate durch die Kehrwerte der Abstände und lösen Sie dieses Problem.

A 10.4 Seien $0 < a \leq b$ gegeben.

a) Ein Auto fährt eine Stunde lang mit der Geschwindigkeit a (Kilometern pro Stunde), dann eine Stunde lang mit der Geschwindigkeit b. Was ist seine Durchschnittsgeschwindigkeit? (Durchschnittsgeschwindigkeit = Gesamtstrecke / Gesamtzeit)

b) Ein Auto fährt 100 km mit der Geschwindigkeit a, dann weitere 100 km mit der Geschwindigkeit b. Was ist seine Durchschnittsgeschwindigkeit?

c) Beweisen Sie die **Ungleichung vom harmonischen und geometrischen Mittel**, $\frac{2}{\frac{1}{a}+\frac{1}{b}} \leq \sqrt{ab}$. Folgern Sie die Ungleichung $\frac{2}{\frac{1}{a}+\frac{1}{b}} \leq \frac{a+b}{2}$ und begründen Sie sie auch ohne Rechnung mit Hilfe von a) und b).

d) Finden Sie einen realen Kontext, in dem das geometrische Mittel $\sqrt{ab}$ eine Rolle spielt.

A 10.5 In Problem 10.4 hatten wir einen Spieler betrachtet, der am häufigsten gewonnen hat, und dies führte zur Lösung. Stattdessen hätten wir auch einen Spieler mit der längsten Liste betrachten können. Können Sie damit das Problem lösen?

A 10.6 Funktioniert das in der Lösung von Problem 10.5 angegebene Argument auch, wenn Sie $G(A) =$ (der größte der Abstände der Farmen zu ihren Brunnen) statt der Summe der Abstände verwenden?

A 10.7 Eine der grundlegenden Tatsachen der Analysis ist, dass $\mathbb{Q}$ eine **dichte** Teilmenge von $\mathbb{R}$ ist. Das bedeutet: Sind $a < b$ beliebige reelle Zahlen, so gibt es eine rationale Zahl r mit $a < r < b$. Beweisen Sie dies.

A 10.8 Beweisen Sie die Dreiecksungleichung (Seite 217) mittels Koordinaten in der Ebene, z. B. wie folgt: Wir können annehmen, dass eine Ecke des Dreiecks der Nullpunkt ist und eine Ecke auf der positiven x-Achse liegt. Also $A = (0,0)$, $B = (b,0)$ mit $b > 0$. Die dritte Ecke sei $C = (x,y)$, $y \neq 0$. Die Seitenlängen sind dann $\ell(\overline{AB}) = b$, $\ell(\overline{AC}) = \sqrt{x^2 + y^2}$ und $\ell(\overline{BC}) = \sqrt{(x - b)^2 + y^2}$ (nach Pythagoras). Beweisen Sie die Ungleichung $\sqrt{(x - b)^2 + y^2} < \sqrt{x^2 + y^2} + b$.

A 10.9 Zeigen Sie, dass jede Triangulierung eines regelmäßigen n-Ecks (vgl. Problem 2.4) ein Randdreieck besitzt, d. h. ein Dreieck, dessen Ecken aufeinanderfolgende Ecken des n-Ecks sind.

A 10.10 Kann das Fünffache einer Quadratzahl die Summe zweier Quadratzahlen sein? Wie verhält es sich mit dem Siebenfachen?

A 10.11 Zeigen Sie, dass es keine vier natürliche Zahlen a, b, α, β gibt, für die $a^2 + b^2 = 3(\alpha^2 + \beta^2)$ gilt.

A 10.12 Zeigen Sie: Die Gleichung $4x^4 + 2y^4 = z^4$ hat keine ganzzahlige Lösung außer $x = y = z = 0$.

A 10.13 Gibt es eine Quadratzahl, die genau in der Mitte zwischen zwei anderen Quadratzahlen liegt?

A 10.14

a) An jedem ganzzahligen Punkt $n \in \mathbb{Z}$ der Zahlengerade stehe eine beliebige natürliche Zahl. Angenommen, jede Zahl ist der Mittelwert ihrer beiden Nachbarn. Was folgt daraus für die Zahlen?

b) An jedem Gitterpunkt der Ebene (d. h. an jedem Punkt mit ganzzahligen Koordinaten) stehe eine natürliche Zahl. Angenommen, jede Zahl ist der Mittelwert ihrer vier Nachbarn. Was folgt daraus für die Zahlen?

c) Was lässt sich folgern, wenn man bei a) an jedes n eine positive reelle Zahl statt einer natürlichen Zahl schreibt?

A 10.15 Gegeben sei ein Graph. Eine Färbung der Ecken mit den Farben Weiß und Schwarz heiße *desegregiert*, wenn jede weiße Ecke mindestens genauso viele schwarze Nachbarn hat wie weiße, und umgekehrt.

Zeigen Sie, dass es eine desegregierte Färbung der Ecken gibt.

A 10.16 In einer Personengruppe kenne jede Person maximal drei andere Personen. Zeigen Sie, dass es möglich ist, die Gruppe so in zwei kleinere Gruppen aufzuteilen, dass in jeder dieser Kleingruppen jede Person maximal eine weitere in ihrer Kleingruppe kennt.

A 10.17 Betrachten Sie ein konvexes Polygon mit einem beliebigen Punkt P im Inneren. Zeigen Sie, dass es eine Seite des Polygons gibt, so dass das Lot vom Punkt P auf diese Seite im Inneren der Seite liegt. Siehe Abbildung 10.10.

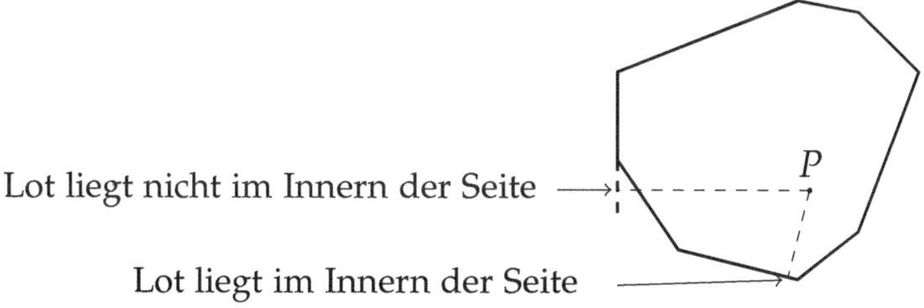

Abb. 10.10 Zu Aufgabe A 10.17

A 10.18 Entlang einer kreisförmigen Strecke stehen mehrere Benzinfässer, die unterschiedlich gefüllt sind. Die Gesamtmenge des Benzins in allen Fässern reicht aus, um mit einem Auto einmal die Strecke zu umrunden.

Sie haben einen leeren Tank und dürfen sich ein Fass aussuchen, wo Sie Ihre Fahrt beginnen. Können Sie das Fass so aussuchen, dass Sie einmal die ganze Strecke umrunden können, ohne liegenzubleiben?

A 10.19 In einer Gruppe von 100 Personen kenne jede Person mindestens 50 andere Personen. Zeigen Sie, dass es möglich ist, die 100 Personen so um einen Tisch anzuordnen, dass jeder zwischen zwei Bekannten sitzt.

3-4 A 10.20 Die allgemeine Ungleichung vom geometrischen, arithmetischen und quadratischen Mittel lautet: Sei $n \in \mathbb{N}$ und $a_1, \ldots, a_n \geq 0$. Dann gilt

$$\sqrt[n]{a_1 \cdot \ldots \cdot a_n} \leq \frac{a_1 + \cdots + a_n}{n} \leq \sqrt{\frac{a_1^2 + \cdots + a_n^2}{n}},$$

und für beide Ungleichheitszeichen gilt Gleichheit genau dann, wenn $a_1 = \cdots = a_n$.

Beweisen Sie dies!

2 A 10.21 Unter allen in einen Halbkreis einbeschriebenen Trapezen, welches hat die größte Fläche?

3 A 10.22 Sei $n \in \mathbb{N}$. Wir betrachten Zahlen $0 = x_0 < x_1 < \cdots < x_n = 1$. Für welche Werte der x_i wird die Summe $(x_1 - x_0)^2 + (x_2 - x_1)^2 + \cdots + (x_n - x_{n-1})^2$ am kleinsten?

3-4 A 10.23 Zeigen Sie, dass das gleichseitige Dreieck unter allen Dreiecken gegebenen Umfangs die größte Fläche hat.

4 A 10.24 In der Ebene seien endlich viele Punkte gegeben, die nicht alle auf einer Geraden liegen. Gibt es dann immer eine Gerade, die durch genau zwei dieser Punkte läuft?

4 A 10.25 Gegeben sei ein konvexer Billardtisch ohne Ecken, sowie $n \in \mathbb{N}$, $n \geq 2$. Zeigen Sie, dass man n Punkte auf dem Rand des Tisches so finden kann, dass eine Billardkugel[16], die von einem der Punkte zum nächsten gestoßen wird, den Rand nacheinander in diesen Punkten trifft und dann immer wieder dieselbe Bahn durchläuft. Abbildung 10.11 zeigt ein Beispiel für einen elliptischen Billardtisch.

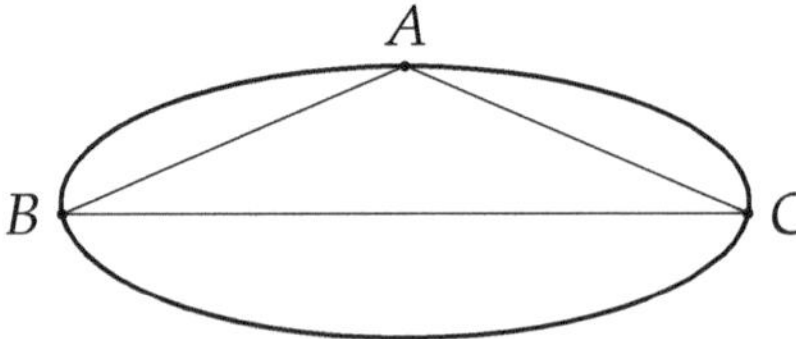

Abb. 10.11 Eine ewige Billardkugelbahn auf einem elliptischen Tisch, $n = 3$ (B und C liegen ein wenig unterhalb der Mitte)

---

[16]Sie dürfen der Einfachheit halber annehmen, dass die Kugel punktförmig ist – die Aussage stimmt aber auch für „reale" Kugeln, falls deren Radius nicht zu groß ist (kleiner als der kleinste Krümmungsradius des Randes).

11 Das Invarianzprinzip

„Wo sich Dinge ändern, achte auf das, was gleich bleibt!" Was wie eine Weltanschauung anmutet, ist eine der fundamentalen Ideen, die die ganze Mathematik durchziehen, und ein sehr patentes Problemlösewerkzeug.

Viele komplexe Prozesse setzen sich aus einfachen Schritten zusammen: Die Möglichkeiten für einen Zug im Schachspiel sind überschaubar, doch eine ganze Partie ist äußerst komplex. Gehen Sie in einer Stadt spazieren, so ist jeder Ihrer Schritte unproblematisch, nach einiger Zeit können Sie sich aber verlaufen. Ein physikalisches System ändert sich momentan nur wenig, über einen längeren Zeitraum aber kann es seinen Zustand vollständig und unvorhersehbar ändern.

Das Invarianzprinzip hilft Ihnen, trotz dieser Komplexität Informationen über solche Prozesse zu gewinnen. Sie lernen es in diesem Kapitel anhand zahlreicher Beispiele kennen. Dabei erfahren Sie Interessantes über das berühmte 15er-Puzzle und über das Solitaire-Spiel und lernen nebenbei einiges über Permutationen und ihre Signatur, grundlegende Konzepte der Mathematik.

11.1 Das Invarianzprinzip, Beispiele

Die folgenden Beispiele zeigen Ihnen, was das Invarianzprinzip[1] ist und wie es eingesetzt werden kann.

Problem 11.1

Zwei Jogger A und B laufen auf einer geraden Strecke. B startet einen Meter vor A. Beide laufen gleich schnell.

Zeigen Sie, dass A niemals B einholen kann.

Lösung

Da A und B gleich schnell laufen, bleibt der Abstand von A zu B konstant. Da er am Anfang positiv war, bleibt er positiv.

---

[1]Invariant = unveränderlich (aus dem Lateinischen)

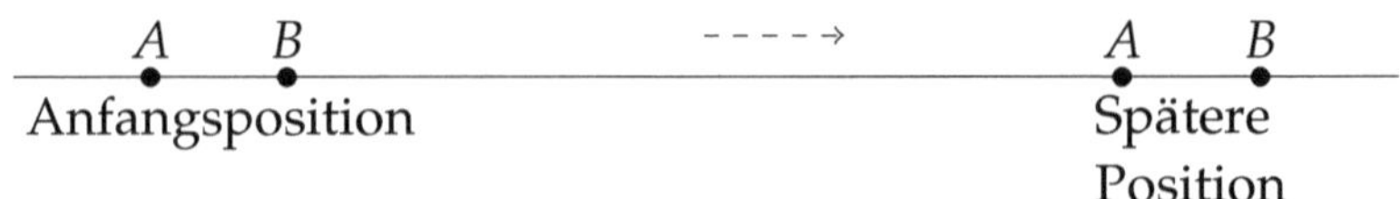

Problem 11.2

Auf einem Feld aus 6×6 Quadraten liegt eine Münze in der linken unteren Ecke. Ein Zug bestehe darin, sie von einem Feld in eines der schräg angrenzenden Felder zu verschieben.

Zeigen Sie, dass man die Münze niemals in die rechte untere Ecke bringen kann, egal wie oft man zieht.

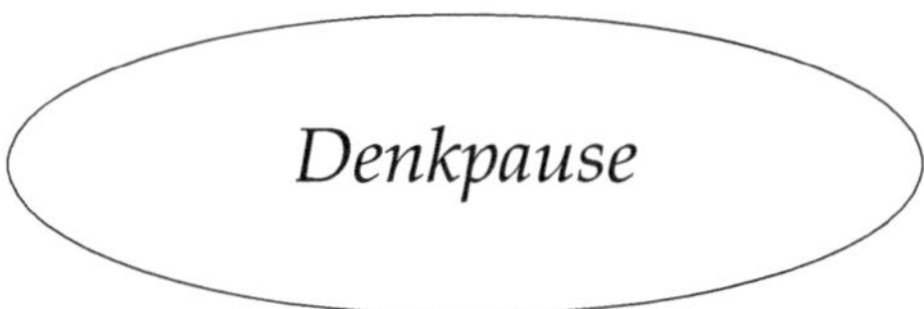

Lösung

Färbe das Feld wie ein Schachbrett schwarz-weiß. Das linke untere Feld ist schwarz. Bei jedem Zug bleibt die Farbe des Feldes, auf der die Münze liegt, gleich. Also kann die Münze nie auf ein weißes Feld gelangen. Die rechte untere Ecke ist aber weiß. Die Münze bewegt sich wie ein (lahmer) Läufer im Schach.

Was haben die beiden Probleme gemeinsam? Etwas bleibt gleich (in jedem Moment bzw. bei jedem Zug), daher muss es auch nach beliebig langer Zeit/beliebig vielen Zügen noch gleich sein. Dies ist das Invarianzprinzip. Kurz:

Invarianzprinzip

Wo sich etwas mehrfach ändert, beobachte, was gleich bleibt!

Die Beispiele zeigen, dass das Invarianzprinzip dabei hilft, **Unmöglichkeitsbeweise** zu führen: B kann A nicht einholen, die Münze kann nicht in die rechte untere Ecke kommen.

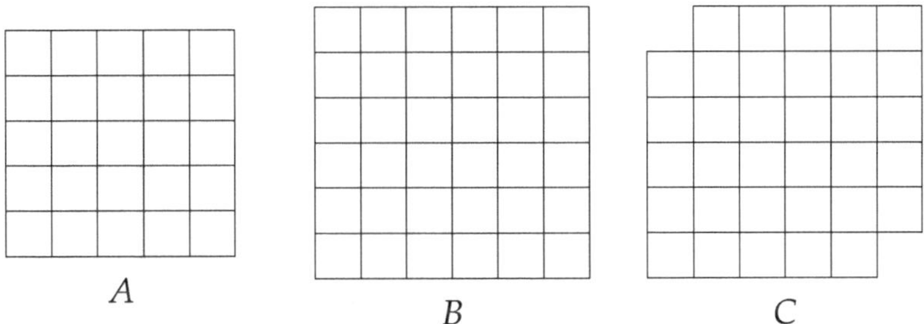

Abb. 11.1 Figuren für Pflasterungen

Problem 11.3

Kann man ein 5 × 5-Quadrat mit Dominosteinen pflastern? Kann man ein 6 × 6-Quadrat mit Dominosteinen pflastern?

Die Quadrate sind in Abbildung 11.1 *A* und *B* gezeigt. Ein Dominostein ist hierbei ein 2 × 1-Rechteck, und **pflastern** bedeutet lückenlos und überschneidungsfrei bedecken, wobei ein Dominostein immer zwei angrenzende Felder überdecken soll.

Lösung

Jeder Dominostein bedeckt 2 Felder. Daher muss jede mit Dominosteinen gepflasterte Fläche eine gerade Zahl an Feldern haben. Das 5 × 5-Quadrat hat 25 Felder, kann also nicht gepflastert werden.

Um zu zeigen, dass das 6 × 6-Quadrat gepflastert werden kann, geben wir ein Beispiel an, siehe Abbildung 11.2.

> **Vorsicht:** Für den Beweis, dass das 6 × 6-Quadrat gepflastert werden kann, reicht es *nicht* zu sagen, dass es eine gerade Zahl an Feldern hat. Zum Beispiel hat die Figur ⊥ eine gerade Zahl an Feldern, kann aber offenbar nicht mit Dominosteinen gepflastert werden.

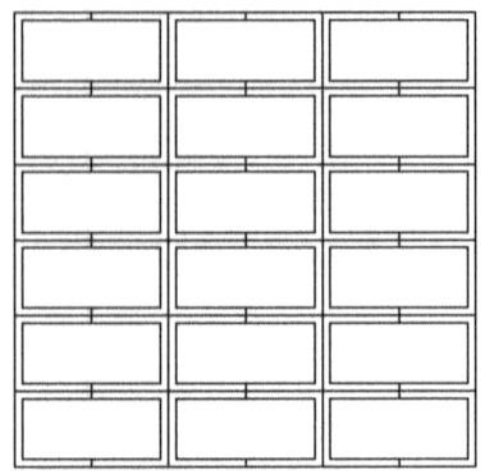

Abb. 11.2 Beispiel einer Domino-Pflasterung

Im Unmöglichkeitsbeweis für das 5×5 Quadrat steckte wieder das Invarianzprinzip: Wir stellen uns vor, dass wir die Dominosteine nach und nach auf das Feld legen, ein Stein pro Zug. Was bei jedem Zug gleich bleibt, ist die Parität der Zahl der bedeckten Felder: Am Anfang ist diese Zahl 0, also gerade, daher ist sie immer gerade, kann also nie 25 werden.

Die **Parität** einer ganzen Zahl ist ihre Eigenschaft, gerade oder ungerade zu sein. Sie ist häufig ein guter Kandidat für eine Invariante, reicht aber manchmal nicht aus, wie folgendes Beispiel zeigt:

Problem 11.4

Kann die Figur in Abbildung 11.1 C mit Dominosteinen gepflastert werden?

Untersuchung und Lösung

▷ Die Figur hat $36 - 2 = 34$ Felder, also eine gerade Zahl. Es könnte also eine Pflasterung geben, sicher sein können wir aber nicht. Jedenfalls können wir das Paritätsargument nicht verwenden, um die Unmöglichkeit zu zeigen. Versuchen Sie, eine Pflasterung zu finden!

Vermutung ▷ Haben Sie keine Pflasterung gefunden? Dann stellen wir die *Vermutung* auf: Es geht nicht.

▷ Wie könnten wir die Vermutung beweisen?

Denkpause

Wir könnten versuchen, alle Möglichkeiten systematisch durchzuprobieren – doch das scheint hoffnungslos, zu groß und unübersichtlich ist die Menge der möglichen Muster.

▷ Daher sollten wir eine neue Invariante suchen: Etwas, das beim Dazulegen eines Dominosteins gleich bleibt. Damit die Invariante uns beim Unmöglichkeitsbeweis nutzt, muss sie für die leere Figur und für die (hypothetisch) vollständig gepflasterte Figur verschiedene Werte haben.

Die Parität der Anzahl bedeckter Felder ist zwar eine Invariante, erfüllt aber diese Bedingung nicht, da 0 und 34 beide gerade sind.

▷ Eine Idee: Erinnern wir uns an das Schachbrettmuster. Färben wir die Felder wie ein Schachbrett. Ein Dominostein bedeckt immer ein weißes und ein schwarzes Feld, *egal wo er liegt*. Daher hat jeder mit Dominosteinen gepflasterte Bereich gleich viele weiße wie schwarze Felder.

▷ Die beiden Eckquadrate, die entfernt wurden, haben beide dieselbe Farbe (sagen wir Weiß). Daher hat die Figur mehr schwarze als weiße Felder und kann deshalb nicht mit Dominosteinen gepflastert werden.

Rückschau zu Problem 11.4

Die wesentliche Idee war, das Schachbrettmuster einzuführen. Dieses war in der Aufgabenstellung nicht gegeben. Es kann oft nützlich sein, **eine zusätzliche Struktur einzuführen**. Dies hatte uns bereits in Problem 11.2 geholfen.

Zusammenfassung zu Pflasterungen:　Um zu entscheiden, ob die Figuren *A*, *B*, *C* in Abbildung 11.1 mit Dominosteinen gepflastert werden können, haben wir so argumentiert:

☐ Mit Hilfe der Invariante ‚Parität' konnten wir beweisen, dass Figur *A* keine Pflasterung besitzt.

☐ Für die Figuren *B* und *C* können wir mit dem Paritätsargument nicht die Unmöglichkeit der Pflasterung beweisen. Daher ist wieder alles offen: Wir wissen nicht, ob eine Pflasterung existiert.

❏ Für Figur B existiert eine Pflasterung. Am einfachsten beweisen wir das, indem wir eine Pflasterung angeben.

❏ Für Figur C existiert keine Pflasterung. Dies konnten wir mit Hilfe einer weiteren Invariante (Differenz der Anzahlen der weißen und schwarzen bedeckten Felder beim Schachbrettmuster) beweisen.

11.2 Schema für das Invarianzprinzip

Wir können die Anwendung des Invarianzprinzips nun etwas genauer beschreiben:

Problem: Gegeben sei ein Problem, in dem ein **Prozess** eine Rolle spielt. Der Prozess durchlaufe in einzelnen **Schritten** mehrere **Zustände.** Siehe Tabelle 11.1. Ziel ist es, zu verstehen, welche Zustände aus einem Anfangszustand erreicht werden können. Es ist bekannt, welche Schritte von jedem Zustand aus möglich sind. Meist ist ein einzelner Schritt sehr einfach, nach mehreren Schritten wird es aber unübersichtlich.[2]

Eine **Invariante** des Prozesses ist eine Vorschrift, die jedem möglichen Zustand eine Zahl (oder ein Symbol, eine Farbe, ein Wort o. Ä.) zuordnet, und deren Wert bei jedem Schritt gleich bleibt.

	Jogger	Münze auf Quadrat	Dominopflasterungen
Prozess	laufen	Münze herumschieben	Figur pflastern
Schritt	–	Münze um ein Feld verschieben	einen Dominostein hinzulegen
Zustand	Positionen der Jogger	Position der Münze	Pflasterung einer Teilfigur
Invariante	Abstand der Jogger	Farbe des Feldes der Münze	Parität der Anzahl bedeckter Felder bzw. Differenz weiße/schwarze bedeckte Felder

Tab. 11.1 Die Probleme 11.1–11.4

[2]Der Prozess im Jogger-Problem 11.1 ist kontinuierlich und hat keine einzelnen Schritte. Die Frage und Vorgehensweise ist aber analog. Siehe auch Abschnitt 11.4.

Vorüberlegung: Nach Vertrautwerden mit dem Problem kommen wir zu einer *Vermutung*, welche Zustände erreicht werden können und welche nicht.

Existenzbeweis für erreichbare Zustände: Um für einen Zustand zu zeigen, dass er erreicht werden kann, geben wir am einfachsten eine konkrete Folge von Schritten an, die zu diesem Zustand führen.

Nichtexistenzbeweis für nicht erreichbare Zustände: Um für einen Zustand zu zeigen, dass er nicht erreicht werden kann, suchen wir eine Invariante des Prozesses, die für den Anfangszustand und den betrachteten Zustand verschiedene Werte hat.

Wie immer kann es passieren, dass eine erste Vermutung korrigiert werden muss oder dass eine Invariante, die man anzuwenden versucht, nicht zum Ziel führt. Und wie immer heißt es dann: Dran bleiben, nicht aufgeben!

Wie beim Extremalprinzip (siehe das Schema auf Seite 222) gilt beim Suchen einer Invariante: **Erlaubt ist, was funktioniert.** Das Finden einer Invariante kann einige **Kreativität** erfordern.

Wir können die Problemstellung und das Invarianzprinzip so formalisieren:[3]

Gegeben ist eine Menge M von Zuständen und eine Menge $S \subset M \times M$ möglicher Schritte.
(Interpretation: $(a, b) \in S$ bedeutet, dass man in einem Schritt von Zustand a nach Zustand b gelangen kann.)

Wir sagen, dass ein Zustand $b \in M$ von einem Zustand $a \in M$ **erreichbar** ist, wenn es einen Prozessablauf gibt, der mit a startet und mit b endet. Dabei ist ein **Prozessablauf** eine Folge $a, x_1, x_2, \ldots, x_n, b$ von Elementen aus M, für die $(a, x_1), (x_1, x_2), \ldots, (x_n, b) \in S$ gilt. Hierbei ist $n \in \mathbb{N}$ beliebig.

---

[3]Diese Formalisierung ist für das Verständnis der weiteren Ausführungen nicht notwendig. Sie dient der Präzisierung der Begriffe, ist aber wenig hilfreich dabei, gute Ideen für das Finden geeigneter Invarianten zu bekommen – dafür ist ein intuitives Verständnis des Invarianzprinzips wichtiger, das Sie am ehesten durch die Beispiele bekommen. Umgekehrt können Sie daraus erkennen, dass Sie hinter formalen Definitionen, wie Sie sie in vielen Mathematik-Büchern finden, immer den Sinn suchen sollten.

Eine **Invariante** ist eine Abbildung $I : M \to T$ in eine beliebige Menge T, für die gilt: Für alle Schritte $(a, b) \in S$ ist $I(a) = I(b)$.

Invarianzprinzip: Ist I eine Invariante und sind $a, b \in M$ mit $I(a) \neq I(b)$, so ist b von a aus nicht erreichbar.

Beispiel

In Problem 11.2 ist M die Menge der Felder des Bretts, S ist die Menge der aller Paare (a, b) mit $a, b \in M$, für die die Felder a, b schräg (über eine Ecke) aneinander angrenzen, $T = \{\text{schwarz}, \text{weiß}\}$ und $I(a)$ ist die Farbe des Feldes a bei der Schachbrettfärbung, für jedes $a \in M$.

11.3 Weitere Beispiele: Zahlenspiele, Permutationen, Puzzles und Solitaire

Oft formulieren wir Prozesse als Spiele. Die Zustände sind dann die möglichen Spielstände, die Schritte sind die in einem Spielstand möglichen Züge.

Problem 11.5

Sei n eine ungerade natürliche Zahl. Wir spielen folgendes Spiel: Wir schreiben die Zahlen 1, 2, ..., 2n hin. In jedem Zug wählen wir zwei der noch vorhandenen Zahlen aus und ersetzen sie durch ihre Differenz. Dies wiederholen wir so lange, bis nur noch eine Zahl übrig bleibt.

Kann die übrig bleibende Zahl Null sein?

Untersuchung

Beispiel   ▷ Sehen wir uns ein Beispiel mit $n = 3$ an. Die beiden für den nächsten Zug ausgewählten Zahlen sind mit einem Punkt markiert:

$$\dot{1}\ 2\ 3\ 4\ 5\ \dot{6}$$
$$2\ 3\ 4\ \dot{5}\ \dot{5}$$
$$\dot{2}\ \dot{3}\ 4\ 0$$
$$\dot{1}\ \dot{4}\ 0$$
$$\dot{3}\ \dot{0}$$
$$\dot{3}$$

In diesem Fall bleibt 3 übrig. Wir hätten auch anders vorgehen können, z. B. hätten wir im ersten Schritt statt 1 und 6 die Zahlen 1 und 2 wählen können usw. Spielen Sie weitere Möglichkeiten durch; Sie werden nie Null herausbekommen. Daher formulieren wir die *Vermutung*: Zumindest für $n = 3$ kann die übrigbleibende Zahl niemals Null sein.   *Vermutung*

▷ Wie könnten wir das beweisen? Sicherlich nicht, indem wir alle Möglichkeiten durchprobieren. Dafür gibt es zu viele.

▷ Die Aufgabe hat genau die Struktur, bei der wir an das Invari-   *Invariante* anzprinzip denken sollten: Wir haben einen Prozess (das Spiel),   *suchen* bestehend aus einzelnen Schritten (den Zügen), und wir wollen zeigen, dass ein bestimmtes Ergebnis unmöglich ist. Daher sollten wir nach einer Invariante suchen.

▷ Was sind die Zustände? Es sind endliche Zahlenfolgen: die Zeilen im Beispiel oben. Wir suchen also eine Vorschrift, die beliebigen solchen Zahlenfolgen eine Zahl (oder Farbe oder ...) zuordnet und die bei jedem Zug gleich bleibt – *egal welchen Zug wir machen*.

▷ Eines der einfachsten Dinge, die man mit endlichen Zahlenfolgen machen kann, ist, alle Zahlen zu addieren. Probieren wir das im Beispiel oben:

Zahlenfolge	Summe
$\dot{1}$ 2 3 4 5 $\dot{6}$	21
2 3 4 $\dot{5}$ $\dot{5}$	19
$\dot{2}$ $\dot{3}$ 4 0	9
$\dot{1}$ $\dot{4}$ 0	5
$\dot{3}$ $\dot{0}$	3
$\dot{3}$	3

Was fällt auf? Die Summe ist immer ungerade. Das bringt uns auf eine Idee:

Vermutung: Die Parität der Summe der vorhandenen Zahlen ist   *Vermutung* eine Invariante.

Wenn wir dies zeigen könnten, wären wir im Fall $n = 3$ fertig, da die Summe am Anfang 21 ist und daher am Ende nicht Null sein kann. Danach bleibt noch zu untersuchen, ob die Summe $1 + 2 + \cdots + 2n$ immer ungerade ist, wenn n ungerade ist. Dies ist unten ausgeführt.

Lösung zu Problem 11.5

Die übrig bleibende Zahl kann nicht Null sein. Um dies zu zeigen, beweisen wir folgende Aussagen:

1. Die Summe $1 + 2 + \cdots + 2n$ ist ungerade.

2. Die Parität der Summe der noch vorhandenen Zahlen bleibt bei jedem Zug gleich.

Aus 1. und 2. folgt dann, dass die am Ende übrig bleibende Zahl ungerade sein muss, also nicht Null sein kann.

Beweis von 1.: Es ist

$$1 + 2 + \cdots + 2n = \frac{2n(2n+1)}{2} = n(2n+1).$$

Nach Voraussetzung ist n ungerade. Da $2n + 1$ ebenfalls ungerade ist, ist $n(2n + 1)$ ungerade.

Beweis von 2.: Zu einem Zeitpunkt während des Spiels seien noch die Zahlen $a_1, \ldots, a_k, x, y$ übrig, wobei mit x, y die Zahlen bezeichnet sind, die man für den nächsten Zug ausgewählt hat. Dabei darf $k \in \mathbb{N}_0$ auch gleich Null sein. Wir können o. B. d. A.[4] annehmen, dass $x > y$ ist. Dann bleiben nach dem nächsten Zug die Zahlen $a_1, \ldots, a_k, x - y$ übrig.
Es ist also

$$a_1 + \cdots + a_k + x + y \equiv a_1 + \cdots + a_k + x - y \quad \bmod 2$$

---

[4]Ohne Beschränkung der Allgemeinheit.

zu zeigen (diese Kongruenznotation wird in Kapitel 8 erklärt). Dies folgt sofort daraus, dass die Differenz der linken und rechten Seite $2y$, also durch 2 teilbar ist.

Rückschau zu Problem 11.5

Die Aufgabenstellung (Züge etc.) und unsere Vermutung der Unmöglichkeit legten nahe, das Invarianzprinzip zu verwenden. Aber es war nicht offensichtlich, was als Invariante funktionieren würde. Die Idee, die Summe der Zahlen eines Spielstandes zu betrachten, führte schnell zum Ziel. Parität war, wie so oft, von Nutzen.

Die Signatur einer Permutation und ein Problem über Schiebepuzzles

Eine **Permutation** ist eine Anordnung der Zahlen $1, 2, \ldots, n$. Für $n = 3$ gibt es zum Beispiel die Permutationen $123, 132, 213, 231, 312, 321$. Wir sind Permutationen bereits in Kapitel 5 begegnet, als wir deren Anzahl $n!$ bestimmt hatten.

Das folgende Problem weist Ihnen den Weg zum Begriff der Signatur einer Permutation, einer der fundamentalen Invarianten der Mathematik.

Problem 11.6

Schreiben Sie die Zahlen $1, 2, \ldots, n$ in beliebiger Reihenfolge auf. Ein Zug bestehe im Vertauschen zweier benachbarter Zahlen. Kann nach einer ungeraden Anzahl von Zügen wieder dieselbe Reihenfolge wie am Anfang herauskommen?

Untersuchung

▷ Wir haben es wieder mit einem Prozess zu tun: Die Zustände sind die Permutationen, die Züge die Vertauschungen benachbarter Zahlen.

▷ Probieren Sie ein paar Beispiele. Sie werden bemerken, dass Sie die Anfangsreihenfolge immer nur nach einer geraden Anzahl Zügen erreichen können. Wir *vermuten*, dass dies immer so ist. Wie könnten wir das allgemein beweisen?

▷ Es ist nicht klar, wie hier das Invarianzprinzip helfen sollte. Aber wenn man jeder Permutation eine Zahl so zuordnen könnte, dass diese Zahl *bei jedem Zug ihre Parität ändert*, würde daraus sofort unsere Vermutung folgen.

▷ Was passiert beim Vertauschen zweier benachbarter Zahlen? Zwei Zahlen, die vorher in der richtigen Reihenfolge standen, stehen nun in verkehrter Reihenfolge, und umgekehrt.

▷ Idee: Dies legt nahe, die Anzahl der **Verstellungen** einer Permutation zu betrachten. Wir nennen die Zahlen an den Positionen $i < j$ verstellt, wenn die linke (an der Position i) größer ist als die rechte. Beispiel: Wie viele Verstellungen hat die Permutation 3412? Wir betrachten alle Paare zweier Zahlen, am besten systematisch: 34 nicht verstellt, 31 verstellt, 32 verstellt, 41 verstellt, 42 verstellt, 12 nicht verstellt. Also 4 Verstellungen.

▷ Wie ändert sich die Anzahl an Verstellungen, wenn wir in einer Permutation zwei benachbarte Zahlen vertauschen? Wie schon gesagt, die beiden vertauschten Zahlen waren entweder nicht verstellt, dann sind sie es nach dem Tausch, oder sie waren vorher verstellt, dann sind sie es nach dem Tausch nicht mehr. Die Position jeder dieser beiden Zahlen zu jeder der übrigen Zahlen ändert sich nicht, ebenso die Position von beliebigen zwei der übrigen Zahlen.

Also ändert sich die Anzahl der Verstellungen um eins, wenn wir zwei benachbarte Zahlen vertauschen. Insbesondere wechselt diese Anzahl mit jedem Zug die Parität. Hier ein Beispiel. Die Signatur ist die Parität der Anzahl der Verstellungen.

Permutation	Anzahl Verstellungen	Signatur
2 1 3	1	u
2 3 1	2	g
3 2 1	3	u
3 1 2	2	g
1 3 2	1	u
1 2 3	0	g
2 1 3	1	u

Abb. 11.3 Beispiel zu Problem 11.6; u = ungerade, g = gerade

▷ Am Anfang und am Ende haben wir dieselbe Anordnung, also dieselbe Anzahl an Verstellungen. Damit muss die Parität gerade oft gewechselt haben, das heißt, es wurde eine gerade Anzahl von Zügen ausgeführt.

Wir stellen die wichtigsten Definitionen zusammen und schreiben die Lösung geordnet auf.

> **Definition**
>
> Eine Anordnung der Zahlen $1, 2, \ldots, n$ heißt auch **Permutation** von $1, \ldots, n$. Wir schreiben sie als[5] $(a_1, a_2, \ldots, a_n)$. Eine **Verstellung** ist ein Paar von Zahlen $i, j \in \{1, \ldots, n\}$ mit
>
> $$i < j \quad \text{und} \quad a_i > a_j.$$
>
> Die **Signatur** der Permutation $(a_1, \ldots, a_n)$ ist die Parität der Anzahl ihrer Verstellungen. Man spricht von einer geraden bzw. ungeraden Permutation, je nachdem, ob die Signatur gerade bzw. ungerade ist.

Man bezeichnet Permutationen oft mit kleinen griechischen Buchstaben, z. B. π (pi) oder σ (sigma).

Lösung zu Problem 11.6

Wir beweisen zunächst folgendes Lemma.

> **Lemma**
>
> Eine Permutation ändert beim Vertauschen benachbarter Zahlen ihre Signatur.

Beweis.
Sei eine beliebige Permutation $\pi = (a_1, \ldots, a_n)$ gegeben. Sei $1 \leq k < n$ und $\sigma = (a_1, \ldots, a_{k+1}, a_k, \ldots, a_n)$ die durch Vertauschen von a_k und a_{k+1} resultierende Permutation. Wir zeigen, dass die Anzahl der Verstellungen von σ um 1 größer oder kleiner ist als die Anzahl der Verstellungen von π. Daraus folgt dann die Behauptung des Lemmas.

---

[5]Man kann eine Permutation $(a_1, \ldots, a_n)$ auch als bijektive Abbildung $\{1, \ldots, n\} \to \{1, \ldots, n\}$, $n \mapsto a_n$ auffassen. Z. B. entspricht die Permutation $(2,1,3)$ der Abbildung $1 \mapsto 2, 2 \mapsto 1, 3 \mapsto 3$.

Dazu betrachten wir verschiedene Möglichkeiten für eine Verstellung zwischen Positionen $i < j$ von π:

- Liegen i und j beide nicht in $\{k, k+1\}$, so stehen an den Positionen i, j in σ dieselben Zahlen wie in π. Also haben σ und π dieselbe Anzahl solcher Verstellungen.

- Jede Verstellung mit $i = k$ und $j > k+1$ in π wird zu einer Verstellung mit $i = k+1$ und demselben $j > k+1$ für σ, da a_k in σ an der Position $k+1$ steht. Analog wird aus jeder Verstellung mit $i = k+1$ und $j > k+1$ in π eine Verstellung mit $i = k$ und $j > k+1$ in σ.

  Also haben σ und π dieselbe Anzahl von Verstellungen mit $i \in \{k, k+1\}$ und $j > k+1$.

- Analog sieht man, dass σ und π dieselbe Anzahl von Verstellungen mit $i < k$ und $j \in \{k, k+1\}$ haben.

- Es bleibt noch der Fall $i = k$, $j = k+1$. Sind die Zahlen an den Positionen $k, k+1$ in π verstellt (also $a_k > a_{k+1}$), so sind sie in σ nicht mehr verstellt. Sind sie in π nicht verstellt, so sind sie in σ verstellt.

Insgesamt folgt, dass die Anzahl der Verstellungen von σ von der von π um 1 abweicht. q. e. d.

Die Lösung von Problem 11.6 lautet nun: Da die Signatur bei jedem Zug wechselt und am Anfang und am Ende der Zugfolge gleich ist (da dann dieselbe Permutation vorliegt), muss die Anzahl der Züge gerade sein.

Bemerkung

Die Signatur ist keine Invariante, sondern eine **Halb-Invariante** für den Prozess dieses Problems: etwas, das sich in jedem Zug in einfacher Weise ändert (hier: Hin- und Herwechseln zwischen gerade und ungerade) und dessen Änderung auch nach vielen Zügen noch leicht vorherzusagen ist. Das reichte für die Lösung des Problems aus.

Hier sind zwei weitere wichtige Eigenschaften der Signatur. Der Beweis sei Ihnen als Übung überlassen (Aufgabe A 11.6).

Eigenschaften der Signatur

a) Verschiebt man eine Zahl in einer Permutation so nach rechts oder links, dass k Zahlen übersprungen werden, so ändert sich die Signatur, wenn k ungerade ist, sonst ändert sie sich nicht.

b) Vertauscht man zwei *beliebige* Zahlen in einer Permutation, so ändert sich ihre Signatur.

Beispiel zu a): 31254 ist ungerade, und schiebt man die 1 um zwei Positionen nach rechts, erhält man 32514, das ist ebenfalls ungerade. Teil b) verallgemeinert das Lemma auf Seite 259.

Hier ist eine hübsche Anwendung der Signatur:

Problem 11.7

Betrachten Sie ein Schiebepuzzle mit drei Spalten und drei Zeilen. Darauf liegen acht quadratische Steine, wobei das rechte untere Feld frei bleibt. Diese acht Steine sind zeilenweise durchnumeriert. Ein legaler Zug besteht aus dem Verschieben eines an das freie Feld angrenzenden Steins auf das freie Feld. Siehe Abbildung 11.4.

Jemand nimmt die Steine $\boxed{7}$ *und* $\boxed{8}$ *aus dem Feld und legt sie vertauscht wieder zurück. Kann man von dieser Position mittels legaler Züge wieder in den Ursprungszustand gelangen?*

Man nennt dieses Puzzle das **8er-Puzzle**. Versuchen Sie es!

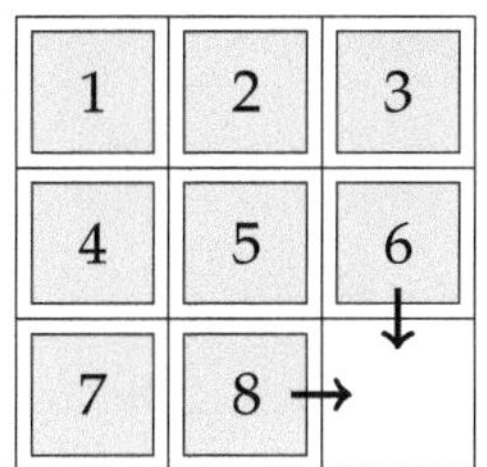
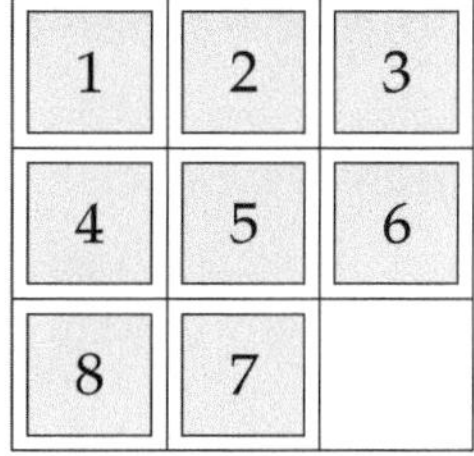

Abb. 11.4 Links: Ursprungszustand des 8er-Puzzles mit den beiden in dieser Position möglichen Zügen; rechts: Steine 7 und 8 wurden vertauscht

Lösung

Die Zustände sind alle möglichen Stellungen des Puzzles. Indem wir die Steine Zeile für Zeile ablesen und dabei das leere Feld ignorieren, können wir jeder Stellung eine Permutation der Zahlen $1, 2, \ldots, 8$ zuordnen. Der Ausgangsstellung entspricht die Permutation 12345678, der Stellung rechts in Abbildung 11.4 die Permutation 12345687.

Wird bei einem Zug ein Stein horizontal verschoben, ändert sich die zugeordnete Permutation nicht. Betrachten wir, was passiert, wenn ein Stein vertikal verschoben wird: Sei m die Zahl, die auf diesem Stein steht. Dann überspringt in der zugeordneten Permutation die Zahl m genau zwei Zahlen nach links (Verschiebung nach oben) oder rechts (Verschiebung nach unten). Nach dem Satz auf Seite 261 ändert sich dabei die Signatur nicht.

Daher ist die Signatur eine Invariante des Spiels. Da die Permutationen 12345678 und 12345687 unterschiedliche Signaturen haben, kann man von der einen Stellung nicht in die andere gelangen. !

Das analoge Problem für ein 4×4-Puzzle (das sogenannte 15er-Puzzle, siehe Aufgabe A 11.9) hat eine interessante Geschichte. Es wird berichtet, dass im Jahr 1880 eine wahre 15er-Puzzle-Epidemie erst die USA, dann Europa erfasste, nachdem ein Preis von 1000 Dollar für das Finden einer Zugkombination von der verstellten in die Ausgangsposition ausgesetzt worden war.

Kugeln dreier Farben und Solitaire

Problem 11.8

Sie haben eine Kiste mit 4 roten, 5 grünen und 6 blauen Kugeln. In jedem Zug dürfen Sie zwei verschiedenfarbige Kugeln herausnehmen und durch eine Kugel der dritten Farbe ersetzen.[6] Es wird so lange gespielt, bis kein Zug mehr möglich ist.

---

[6] Sie haben ausreichend zusätzliche Kugeln jeder Farbe neben der Kiste liegen.

Angenommen, es bleibt am Schluss nur eine Kugel übrig. Kann man vorhersagen, welche Farbe sie hat?

Kann bei anfangs 4 roten, 6 grünen und 8 blauen am Schluss genau eine Kugel übrig bleiben?

Probieren Sie es aus. Verfolgen Sie die Anzahlen an roten, grünen und blauen Kugeln in einem Spielverlauf. Was beobachten Sie? Was können Sie daraus schließen?

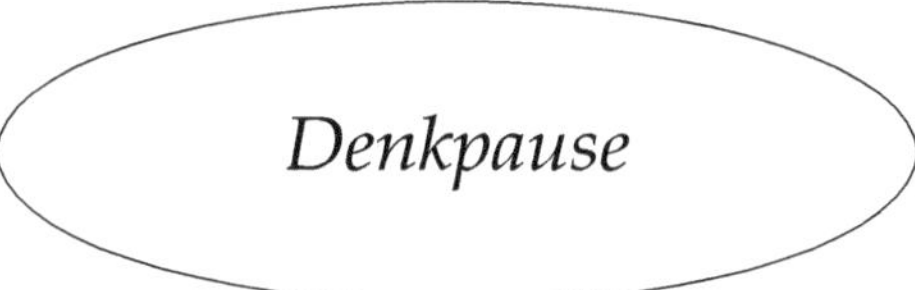

Untersuchung und Lösung

▷ Wir bezeichnen die Anzahlen roter, grüner und blauer Kugeln mit r, g, b. Beobachten wir, wie sich r, g in einem Zug ändern: Ziehen wir rot - grün, so werden sie zu $r - 1, g - 1$; ziehen wir rot - blau, so werden sie zu $r - 1, g + 1$; und ziehen wir grün - blau, so werden sie zu $r + 1, g - 1$. Finden Sie eine Größe oder Eigenschaft, die sich in keinem dieser Fälle ändert?

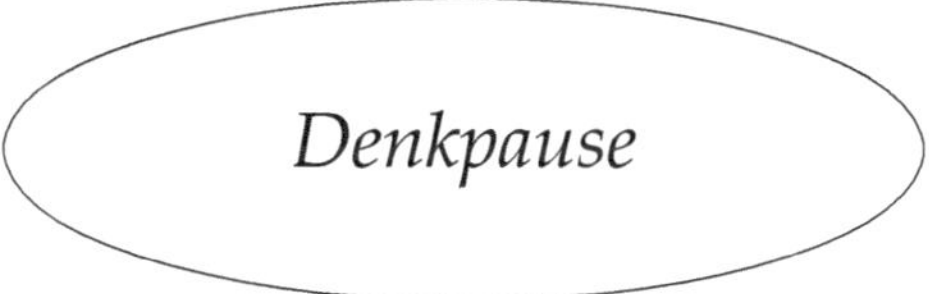

▷ Falls r, g vor dem Zug dieselbe Parität haben, so haben sie auch nach dem Zug dieselbe Parität. Und hatten sie vorher verschiedene Parität, dann auch nachher. Mit anderen Worten, die Parität ihrer Differenz bleibt gleich, *egal welchen Zug wir ausführen.*

▷ Wegen der Symmetrie gilt dasselbe für r, b und für b, g: Was gleich bleibt, ist die Eigenschaft, ob die beiden Zahlen dieselbe oder verschiedene Parität haben.

▷ Angenommen, es bleibt am Ende nur eine rote Kugel übrig. Dann sind r, g, b am Ende gleich $1, 0, 0$, also hat r andere Parität als g und b. Daher muss r auch schon am Anfang andere Parität als g und b gehabt haben.

Falls am Ende nur eine grüne oder blaue Kugel übrigbleibt, muss entsprechend g bzw. b am Anfang eine andere Parität als die anderen beiden Zahlen gehabt haben.

▷ Die die Werte von r, g, b am Anfang $4, 5, 6$ sind und nur 5 eine andere Parität als die beiden anderen Zahlen hat, muss die übrigbleibende Kugel grün sein.

▷ Im Fall $4, 6, 8$ sind anfangs alle Paritäten gleich, also müssen sie es auch nach beliebig vielen Zügen sein. Daher kann niemals genau eine Kugel übrig bleiben.

Bemerkungen

❏ Wir haben nicht gezeigt, dass man im Fall $4, 5, 6$ so ziehen kann, dass am Schluss nur eine Kugel übrig bleibt (die dann, wie wir wissen, automatisch grün wäre) – das war auch nicht gefragt. Dass dies geht, kann man durch Ausprobieren leicht feststellen. Automatisch ist das nicht: Stellt man sich ungeschickt an, kann man in eine Sackgasse laufen, z. B. wenn man zuerst grün - blau zieht – dann bleiben $5, 4, 5$ – und dann fünfmal hintereinander rot - blau – dann bleiben $0, 9, 0$, und das Spiel ist zu Ende.

❏ Die Lösung ergibt sofort eine *notwendige Bedingung* dafür, dass man so ziehen kann, dass am Schluss eine Kugel übrig bleibt: Die Anfangszahlen dürfen nicht alle gerade und nicht alle ungerade sein. Ist diese Bedingung auch hinreichend? (Nein, siehe die vorige Bemerkung und Aufgabe A 11.19).

❏ Der besondere Reiz dieser Aufgabe liegt darin, dass man mit ihrer Hilfe überraschende Einsichten über das bekannte **Solitaire**-Spiel erhalten kann, zum Beispiel: Wer es schafft, einen Stein übrig zu lassen, wird es auch schaffen, dass dieser in der Mitte steht. Siehe Aufgabe A 11.23.

11.4 Weiterführende Bemerkungen: Knoten, Erhaltungsgrößen und der Sinn von Unmöglichkeitsbeweisen

Invarianten kontinuierlicher Prozesse

Der Prozess im Jogger-Problem 11.1 besteht nicht aus diskreten Schritten, sondern ist kontinuierlich: Der Zustand ändert sich fortwährend. Dies ist am besten mit Mitteln der Analysis zu beschreiben. Das Invarianzprinzip besteht hier in folgendem Satz der Analysis:

> Ist die Ableitung einer Funktion überall gleich Null, so ist die Funktion konstant.

Genauer: Ist die Funktion $f : [a, b] \to \mathbb{R}$ überall differenzierbar und gilt $f'(x) = 0$ für alle $x \in [a, b]$, so ist f konstant, insbesondere ist $f(a) = f(b)$. Anschaulich gesprochen: Ändert sich f nirgends „im Kleinen" (d. h. der Graph hat überall eine horizontale Tangente), so ändert sie sich auch nicht „im Großen" (d. h. von a bis b).

Im Jogger-Beispiel ist $f(x) = B(x) - A(x)$ der Abstand der Läufer, wobei x die Zeit und $A(x)$, $B(x)$ die Orte der beiden Läufer (gemessen auf der Zahlengeraden) zum Zeitpunkt x bezeichnen. Die Geschwindigkeiten der Läufer zum Zeitpunkt x sind die Ableitungen $A'(x)$, $B'(x)$, und da diese gleich sind, gilt $f'(x) = B'(x) - A'(x) = 0$ für alle x, also ist f konstant.

Dieses kontinuierliche Invarianzprinzip liegt den Eindeutigkeitsbeweisen für Lösungen von Differentialgleichungen zugrunde.

Beispiele für das Invarianzprinzip in verschiedenen Bereichen der Mathematik

Die Idee der Invariante durchzieht alle Gebiete der Mathematik. Hier sind einige Beispiele.

Wie schon beim Extremalprinzip in Kapitel 10 gilt: Wenn Sie einige der im Folgenden erwähnten Begriffe und Theorien nicht kennen, lesen Sie trotzdem weiter – Sie werden ihnen begegnen, wenn Sie sich weiter mit Mathematik befassen, und sie dann in den großen Zusammenhang des Invarianzprinzips einordnen können.

☐ In Abschnitt 4.5 haben Sie bereits die EULER-**Charakteristik** kennengelernt. Dies ist eine Invariante topologischer Räume (das sind

z. B. Flächen im Raum, etwa Kugel, Torus etc.). Die Prozesse, unter denen die EULER-Charakteristik invariant ist, sind Deformationen (Verformungen) dieser Räume. Dies sind kontinuierliche Prozesse.

❏ Für eine ebene Kurve, die geschlossen ist (d. h. deren Anfangs- und Endpunkt zusammenfallen), sich aber selbst schneiden darf, und für einen Punkt P, der nicht auf der Kurve liegt, kann man die **Windungszahl** betrachten. Sie gibt an, wie oft diese Kurve um P „herumläuft". Die Windungszahl ist eine Invariante solcher Kurven unter Deformationen, wobei die Kurve während einer Deformation niemals über P gezogen werden darf. Es ist nicht einfach, diese anschauliche Beschreibung der Windungszahl in eine exakte Definition zu fassen und ihre Invarianz zu zeigen. Sie lernen sie in der Funktionentheorie oder der Topologie kennen. Die Windungszahl hat vielfältige Anwendungen. Zum Beispiel ist mit ihrer Hilfe ein sehr eleganter Beweis des Fundamentalsatzes der Algebra (jedes Polynom hat eine komplexe Nullstelle) möglich.

❏ Eine sehr hübsche und wichtige Anwendung von Invarianten ist die Untersuchung von **Knoten.** Das Seil links in Abbildung 11.5 kann offenbar „entknotet" werden, das zweite (der sogenannte Kleeblattknoten) nicht (ohne es zu zerschneiden natürlich) – das sagt uns jedenfalls unsere Erfahrung. Aber können wir sicher sein, haben wir alle Möglichkeiten probiert?[7] Und wie steht's mit dem dritten und vierten Seil? Wie kann man allgemein entscheiden, ob ein vorgelegtes geschlossenes Seil entknotet werden kann oder nicht?[8] Kann man beweisen, dass die drei rechten Knoten nicht entknotet werden können, egal wie viele Zwischenschritte man macht?

All dies ist Thema der **Knotentheorie,** einer spannenden moder- nen mathematischen Disziplin, die z. B. in der Untersuchung der DNA, die unsere genetische Information enthält, Anwendungen

---

[7] Erinnern Sie sich an Problem 4.5!

[8] Etwas präziser ausgedrückt: Ein **Knoten** ist eine geschlossene Kurve im Raum, die sich selbst nicht schneidet. Zwei Knoten heißen **äquivalent**, wenn man den einen in den anderen deformieren kann, wobei auch während der Deformation keine Selbstschnitte auftreten dürfen. Ein Knoten kann entknotet werden (man sagt auch, er ist **trivial**), wenn man ihn in den „Unknoten", d. h. einen einfachen Kreis, deformieren kann.

 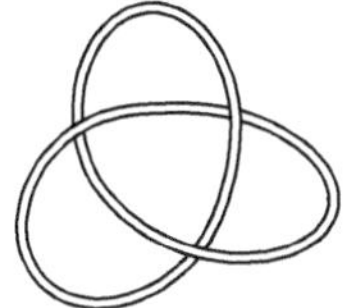  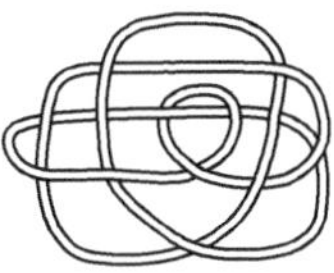

Abb. 11.5 Vier ‚Knoten'

findet. In der Knotentheorie konstruiert man Invarianten, die leicht zu berechnen sind und mit denen man zum Beispiel beweisen kann, dass die beiden mittleren Knoten in Abbildung 11.5 nicht entknotet werden können.

Bis heute ist es aber niemandem gelungen, zu beweisen, dass diese Invarianten ausreichen, für jeden beliebigen Knoten zu entscheiden, ob man ihn entknoten kann oder nicht.

Ein noch ehrgeizigeres Ziel wäre, einen **vollständigen Satz von Invarianten** zu finden, d. h. ausreichend viele Invarianten, an denen man genau ablesen könnte, ob zwei Knoten ineinander überführt werden können oder nicht.[9]

Zum Erkunden von Knoten eignet sich ein Verlängerungsstromkabel (erst verknoten, dann die Enden zusammenstecken).

Übrigens: Der Knoten rechts in Abbildung 11.5 kann vollständig entknotet werden.

❑ Prozesse und deren Langzeitverhalten sind Untersuchungsgegenstand der Theorie **dynamischer Systeme.** Ein wichtiges Hilfsmittel dieser Theorie sind die invarianten Mannigfaltigkeiten, ein anderes sind die LYAPUNOV-Funktionen, die zwar keine Invarianten sind, aber immerhin Halb-Invarianten (sie sind monoton während eines Prozessablaufs, haben also kontrolliertes Verhalten).

❑ Auch in der **Physik** ist das Invarianzprinzip fundamental, z. B. als Satz von der Energieerhaltung: Die Energie eines abgeschlossenen Systems bleibt konstant. Statt Invariante sagt man hier meist **Erhaltungsgröße.** Weitere Beispiele von Erhaltungsgrößen sind Impuls

---

[9]Das Buch (Adams, Colin C., 2004) gibt eine etwas informelle Einführung in die Knotentheorie, mit Anwendungen in Physik, Chemie und Biologie; auf `http://katlas.org/wiki/Main_Page` finden Sie viele Bilder von Knoten.

und Drehimpuls. Geschicktes Ausnutzen solcher Invarianten kann manche Berechnung in der Physik erheblich vereinfachen.[10] Indem Albert EINSTEIN konsequent nach einer Theorie suchte, in der die Naturgesetze LORENTZ-invariant beschrieben werden können und die Lichtgeschwindigkeit konstant ist, entdeckte er die spezielle Relativitätstheorie.

Bisher haben wir Invarianz als Unveränderlichkeit unter Prozessen charakterisiert. Oft wird der Begriff allgemeiner verstanden. Hier sind einige Beispiele, die Sie in den ersten Semestern eines Mathematik-Studiums kennenlernen.

☐ Invarianz unter Abbildungen: Die moderne Mathematik wird meist in der Sprache der Mengen und Abbildungen formuliert. Mengen können mit zusätzlicher Struktur versehen sein. Beispiele sind Vektorräume, Gruppen und topologische Räume. Dann sind die invertierbaren Abbildungen, die die Struktur respektieren, von besonderem Interesse, die sogenannten Isomorphismen. In den genannten Beispielen sind dies lineare Isomorphismen, Gruppen-isomorphismen und Homöomorphismen. Eine Invariante einer Struktur ist dann eine Zahl (oder eine andere Art mathematisches Objekt, z. B. eine Gruppe), die jedem Exemplar dieser Struktur zugeordnet wird und die für zwei Exemplare gleich ist, wenn es einen Isomorphismus zwischen ihnen gibt.

Zum Beispiel ist die Dimension eine Invariante von Vektorräumen, und die EULER-Charakteristik ist eine Invariante topologischer Räume.[11]

☐ Invarianz als Unabhängigkeit eines Ergebnisses von den Details seiner Herleitung. Zum Beispiel können wir die Dimension eines Vektorraums bestimmen, indem wir eine Basis angeben und ihre Elemente zählen – jede andere Basis liefert dasselbe Ergebnis. Determinante und Spur einer linearen Abbildung eines Vektorraums

---

[10]Beispiel: Ein Körper falle aus der Höhe h herunter. Welche Geschwindigkeit v hat er, wenn er unten ankommt? Die einfachste Art, dies zu berechnen, ist mittels Energieerhaltung: verlorene potentielle Energie = gewonnene kinetische Energie, also $mgh = \frac{1}{2}mv^2$, also $v = \sqrt{2gh}$, wobei g die Erdbeschleunigung ist. Diese Methode funktioniert auch, wenn der Körper (reibungsfrei) einen Abhang hinunterrutscht – egal wie steil dieser ist oder ob er sogar variables Gefälle hat, das Ergebnis ist immer dasselbe!

[11]Dies impliziert die Invarianz der EULER-Charakteristik unter Deformationen.

in sich berechnet man, indem man die Determinante bzw. Spur der Matrix bestimmt, welche die Abbildung in einer Basis beschreibt – das Ergebnis ist unabhängig von der Wahl der Basis. Die EULER-Charakteristik einer Fläche lässt sich berechnen, indem man einen Graphen auf die Fläche zeichnet und dessen Ecken, Kanten und Länder zählt (siehe Kapitel 4.5 für Details) – dies ist unabhängig von der Wahl des Graphen. In der Differentialgeometrie kann man viele Größen (z. B. die Krümmung einer Fläche) mit Hilfe lokaler Koordinaten definieren und berechnen. Damit die Größen geometrisch sinnvoll sind, muss man zeigen, dass sie unabhängig von der Wahl der lokalen Koordinaten sind. Die Liste ließe sich beliebig verlängern. Halten Sie die Augen offen!

Zusammenfassend lässt sich festhalten, dass Invarianz eines der fundamentalen Ordnungsprinzipien der Mathematik ist, neben seiner Bedeutung als Problemlösetechnik, die Sie in diesem Kapitel kennengelernt haben.

Wofür sind Unmöglichkeitsbeweise eigentlich gut?

Wenn wir beweisen, dass etwas unmöglich ist, brauchen wir keine Anstrengungen mehr zu unternehmen, es doch zu realisieren. Dieses Wissen festigt unser Verstehen von Zusammenhängen, und wir können uns auf andere Fragen konzentrieren, die Frage modifizieren, den Forschungsgegenstand aus einem anderen Blickwinkel betrachten.

Unmöglichkeitsbeweise können auch sehr praktische Konsequenzen haben. Ein Beispiel dafür liefert die Kryptographie: Viele Annehmlichkeiten unseres täglichen Lebens beruhen darauf, dass man Informationen verschlüsseln kann: Die Verwendung von ec-Karten am Automaten, Einkaufen im Internet usw. Viele dieser Verschlüsselungen beruhen auf dem sogenannten RSA-Algorithmus; er ist so lange sicher, wie Codebrecher keine schnelle Art gefunden haben, sehr große Zahlen (Größenordnung von mehreren Hundert Dezimalstellen) in ihre Primfaktoren zu zerlegen.[12]

---

[12] „Schnell" ist kein mathematischer, sondern ein praktischer Begriff. Man stelle sich darunter etwa vor: In weniger als tausend Jahren, auf Computern heutiger Leistungsfähigkeit.

Aber bisher konnte noch niemand *beweisen*, dass dies nicht geht. Ohne einen solchen Beweis müssen wir mit einer Rest-Unsicherheit leben. Ein Unmöglichkeitsbeweis wäre hier sehr willkommen (und ein großer Durchbruch in der Forschung).

11.5 Werkzeugkasten

Das Invarianzprinzip ist ein fundamentales Werkzeug, wenn Sie beweisen wollen, dass etwas **nicht möglich ist** oder **nicht existiert:** Wenn sich das Problem als Prozess formulieren lässt, sollten Sie gezielt **nach Invarianten suchen.** Eine Invariante zu finden, die einen gewünschten Nichtexistenzbeweis liefert, ist manchmal nicht einfach und erfordert **Kreativität** und mehrere Versuche. Sie haben auch die **Signatur einer Permutation** kennengelernt, die je nach Problem als Invariante oder als Halb-Invariante nützlich sein kann. Sie haben in Problem 11.4 eine weitere wichtige Strategie kennengelernt: **eine zusätzliche Struktur einführen** (z. B. ein Schachbrettmuster), also eine Struktur, die im Problem nicht gegeben war, die aber für seine Lösung nützlich ist.

Aufgaben

A 11.1 Wir zerkleinern ein Blatt Papier derart, dass wir in jedem Schritt einen Fetzen nehmen und ihn in 3 oder 5 Teile zerreißen. Können dabei genau 100 Teile herauskommen?

A 11.2 Wir hatten die Unmöglichkeit der Pflasterung eines 5×5-Feldes mit Dominosteinen mit Hilfe eines Paritätsarguments gezeigt. Lässt sich dies auch mittels der Schachbrettfärbung zeigen?

A 11.3 Wir färben die Figur in Abbildung 11.1 C wie folgt: Das untere linke 3×3-Quadrat und das obere rechte 3×3-Quadrat sind schwarz, alle anderen Felder sind weiß. Kann man diese Färbung statt der Schachbrettfärbung in dem Argument verwenden, mit dem bewiesen wurde, dass die Figur nicht mit Dominosteinen gepflastert werden kann?

A 11.4 Sei $n \in \mathbb{N}$ ungerade. Wir schreiben die Zahlen $1, 2, \ldots, n$ hin. In jedem Schritt streichen wir drei beliebige Zahlen weg und ersetzen sie durch ihre Summe. Zeigen Sie, dass irgendwann nur eine Zahl übrig bleibt, und bestimmen Sie diese Zahl.

A 11.5 Wir betrachten noch einmal das Problem 11.6 über Permutationen. Da immer nur Nachbarn vertauscht werden, würde es näher liegen, statt aller Verstellungen nur die Verstellungen benachbarter Zahlen einer Permutation zu betrachten, also Zahlenpaare $i, i+1$ mit $a_i > a_{i+1}$. Lässt sich das Argument auch mit der Parität dieser Anzahl durchführen?

A 11.6 Beweisen Sie den Satz über die Eigenschaften der Signatur (Seite 261).

A 11.7 Geben Sie eine Bijektion von der Menge der geraden Permutationen auf die Menge der ungeraden Permutationen von $1, \ldots, n$ an und bestimmen Sie damit deren Anzahl.

A 11.8 Eine Tafel Schokolade mit vier mal sechs Stücken soll in einzelne Stücke entlang der Sollbruchkanten zerbrochen werden. Wie oft muss man einzelne Schokoladenteiltafeln durchbrechen, bis dies erreicht ist? Man darf immer nur jeweils eine Teiltafel zerbrechen, Aufeinanderlegen ist nicht erlaubt.

A 11.9 Lösen Sie das Analogon von Problem 11.7 für das 4×4-Feld mit 15 Steinen, bei denen am Anfang die Steine 14 und 15 vertauscht wurden.

A 11.10 Von einem Quadrat mit zwölf mal zwölf quadratischen Feldern werden drei Ecken entfernt. Ist es möglich, das Brett mit Steinen der Form ⬚⬚⬚ auszulegen?

A 11.11 Ein Boden ist mit Fliesen der Formate 1×4 und 2×2 ausgelegt. Eine der 1×4 Fliesen geht kaputt und wird durch eine 2×2 Fliese ersetzt. Lassen sich die Fliesen so umlegen, dass der Boden wieder vollständig gefliest ist?

A 11.12 Betrachten Sie die Spielfelder in Abbildung 11.6.

a) Zeigen Sie, dass es nicht möglich ist, das rechte Spielfeld, aus dem drei Felder entfernt wurden, mit Steinen der Form ⬚⬚⬚ zu pflastern.

b) Zeigen Sie, dass es hingegen möglich ist, das vollständige Spielfeld (links) mit Steinen der Form ▢▢▢ zu pflastern.

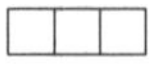

c) Ist es möglich, das vollständige Feld (links) mit Steinen der Form ▢▢▢▢ zu pflastern?

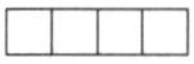

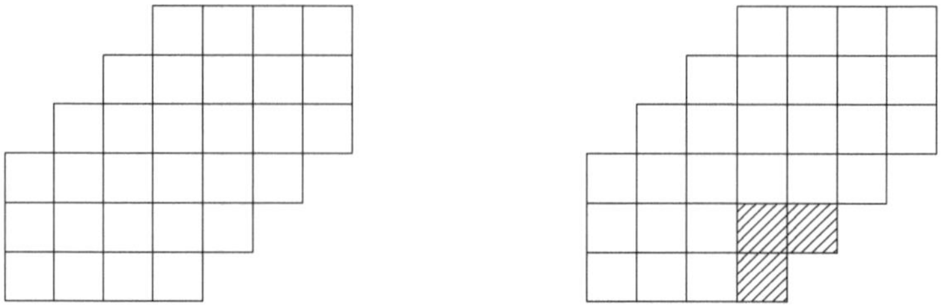

Vollständiges Spielfeld   Spielfeld, aus dem drei Quadrate (schattiert) entfernt wurden

Abb. 11.6 Spielfelder für Aufgabe A 11.12

A 11.13 Wir betrachten einen Streifen aus $2n$ nebeneinanderliegenden Einheitsquadraten. Die Quadrate seien abwechseln schwarz und weiß gefärbt. In einem Zug wähle man eine beliebige zusammenhängende Gruppe von Quadraten (z.B. nur das 3., oder das 2. bis 4.) und drehe sämtliche Farben in dieser Gruppe um (d.h. weiß wird schwarz, schwarz wird weiß). Offenbar kann man mit n Zügen alles weiß machen. Geht es auch mit weniger Zügen?

A 11.14 Ein quadratischer Sessel kann nur so verrückt werden, dass man ihn um eine der Ecken seines Grundrisses um 90 Grad dreht. Kann man ihn durch mehrfaches Verrücken so umstellen, dass er am Schluss genau neben der ursprünglichen Position steht und die Rückenlehne in dieselbe Richtung wie am Anfang zeigt?

A 11.15 Die Zahlen 1,0,1,0,0,0 seien in dieser Reihenfolge um einen Kreis angeordnet. In jedem Zug darf man zu zwei beliebigen Nachbarn je eine 1 addieren oder von ihnen eine 1 subtrahieren. Können jemals alle Zahlen Null werden? Für welche Anfangspositionen ist das möglich?

A 11.16 Drei Frösche sitzen in den Punkten der Ebene mit den Koordinaten $(0,0)$, $(0,1)$ und $(1,0)$. Nun beginnen sie zu hüpfen. Bei jedem Sprung springt ein Frosch so über einen anderen, dass der übersprungene genau in der Mitte zwischen Absprung- und Landeplatz des springenden Froschs sitzt. Kann jemals ein Frosch auf Position $(1,1)$ landen? (Dies sind Superfrösche, die auch extrem weite Sprünge machen können.)

A 11.17   Anfangend mit den Zahlen $1, 2, \ldots, 4n - 1$, ersetze in jedem Zug zwei beliebige Zahlen durch ihre Differenz. Was lässt sich über die Parität der Zahl, die am Ende übrig bleibt, sagen?

A 11.18   Sei P ein konvexes n-Eck, n gerade. Sei p ein Punkt im Innern, der auf keiner Diagonalen liegt. Wir wollen untersuchen, in wie vielen aus Ecken von P gebildeten Dreiecken p liegt. Bestimmen Sie diese Anzahl für einige Beispiele von P und p. Was beobachten Sie? Beweis?

A 11.19   Betrachten Sie Problem 11.8 mit anfangs r roten, g grünen und b blauen Kugeln, mit $r, g, b \in \mathbb{N}_0$. Finden Sie eine notwendige und hinreichende Bedingung an r, g, b dafür, dass man so spielen kann, dass am Schluss nur eine Kugel übrig bleibt.

A 11.20   Betrachten Sie ein Spiel mit folgenden Regeln. Das Spiel startet mit $g \in \mathbb{N}$ grünen und $r \in \mathbb{N}$ roten Spielsteinen in einem Gefäß. In jedem Zug werden zwei Steine herausgenommen und beiseitegelegt. Haben diese die gleiche Farbe, wird ein grüner Stein in das Gefäß gelegt. Werden zwei unterschiedlich farbige gezogen, wird ein roter Stein in das Gefäß gelegt. Die Steine, die jeweils in das Gefäß gelegt werden, kommen aus einem (unendlichen) separaten Vorrat. Es wird so lange gespielt, bis nur noch ein Stein im Gefäß verbleibt.

Spielen Sie dieses Spiel mehrere Male für die Anfangskonfiguration $g = 3, r = 4$ sowie für $g = 3, r = 3$ und beobachten Sie, welche Farbe der übrig bleibende Stein hat. Was fällt Ihnen auf? Finden Sie eine Invariante für das Spiel. Kann man anhand von g und r vorhersagen, welche Farbe der übrig bleibende Stein hat?

A 11.21   Stellen Sie sich ein Museum mit einhundert identisch großen, quadratischen Räumen vor, die wie in Abbildung 11.7 angeordnet und durch Türen verbunden sind. Der Eingang befindet sich auf der Skizze unten links, der Ausgang befindet sich oben rechts.

Ist es möglich, bei einem Durchgang jeden Raum genau einmal zu besuchen?

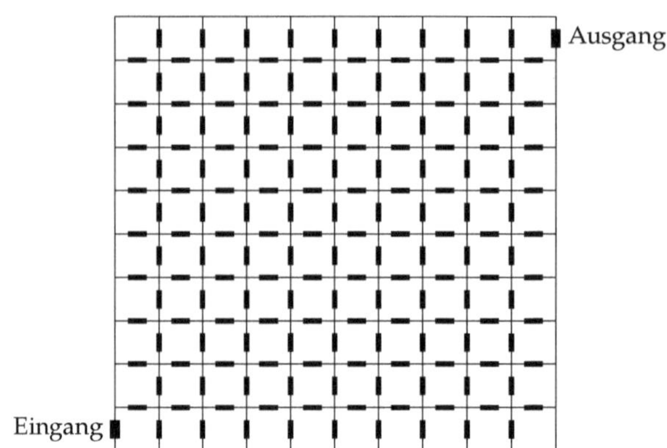

Abb. 11.7 Das Museum in Aufgabe A 11.21

3 A 11.22 Auf einer Insel lebt eine Art von Chamäleons, die nur die Farben Rot, Grün und Blau annehmen können. Immer, wenn sich zwei verschiedenfarbige Chamäleons treffen, nehmen beide die jeweils dritte Farbe an. Die Anzahlen roter, grüner und blauer Chamäleons am Anfang seien $r, g, b \in \mathbb{N}_0$. Für welche Werte von r, g, b kann es passieren, dass es nach einer Weile nur noch Chamäleons einer Farbe gibt? Für welche Werte ist diese Farbe Rot?

3-4 A 11.23 Die Ausgangsstellung des **Solitaire-Spiels** ist links in Abbildung 11.8 gezeigt (ein besetztes Feld ist durch ⦿ symbolisiert, ein freies durch ○). Ein Spielzug besteht darin, mit einem Spielstein einen horizontal oder vertikal benachbarten Spielstein zu überspringen und auf dem dahinterliegenden freien Feld zu landen. Der übersprungene Stein wird entfernt. Das Spiel endet, wenn ein solcher Zug nicht mehr möglich ist.

Ziel des Spiels ist es, am Ende nur noch einen Spielstein übrig zu haben.

a) Zeigen Sie, dass der übrig bleibende Stein eines erfolgreichen Spiels stets an einer der fünf Positionen in der mittleren Skizze steht. Analysieren Sie die Aussage „Ich habe es schon einmal geschafft, genau einen Stein übrig zu behalten. Nur leider war er nicht in der Mitte!".

b) Zeigen Sie, dass es nicht möglich ist, am Ende nur einen Spielstein

übrig zu behalten, wenn man die Position der rechten Skizze als
Ausgangsstellung nimmt.

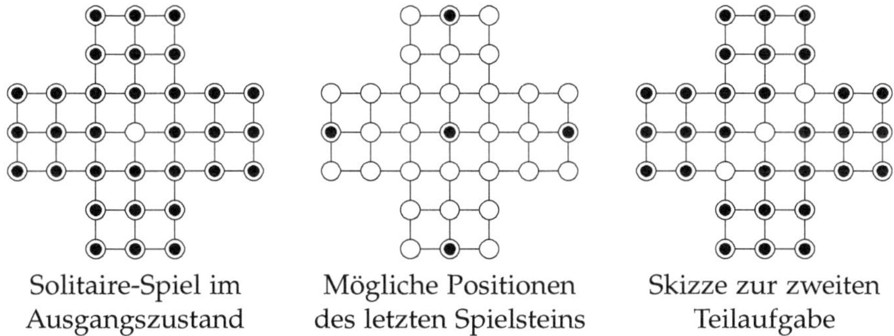

| Solitaire-Spiel im | Mögliche Positionen | Skizze zur zweiten |
| Ausgangszustand | des letzten Spielsteins | Teilaufgabe |

Abb. 11.8 Zu Aufgabe A 11.23

A 11.24 **Unendliches Solitaire** wird wie Solitaire gespielt, aber auf
einem unendlich großen Spielfeld: Die Felder sind die Gitterpunkte
(n, m), $n, m \in \mathbb{Z}$, der Ebene, und am Anfang steht an jedem Gitterpunkt der unteren Halbebene ein Spielstein, also an jedem Punkt mit
$m \leq 0$. Ziel ist es, möglichst weit in die obere Halbebene vorzudrin-
gen, also einen Spielstein auf ein Feld (n, m) mit möglichst großem
positivem m zu bringen. Was ist das maximal mögliche m?

A 11.25 Bei dieser Aufgabe wird vorausgesetzt, dass Sie den **Zauberwürfel** (Rubiks Würfel) kennen. Wenn Sie ein wenig damit spielen,
merken Sie, dass es nicht möglich ist, aus der geordneten Anfangs-
stellung in eine Stellung zu kommen, in der

a) alle bis auf zwei Steine an der richtigen Position stehen, oder

b) alle Ecken an der richtigen Position stehen und alle bis auf eine
   richtig orientiert sind, oder

c) alle Kanten an der richtigen Position stehen und alle bis auf eine
   richtig orientiert sind.

Beweisen Sie, dass dies wirklich unmöglich ist, ohne den Würfel zu
zerlegen.

A Ein Überblick über Problemlösestrategien

Hier finden Sie einen Überblick über die Problemlösestrategien, die Sie in diesem Buch kennengelernt haben.

Die Hauptschritte beim Lösen eines Problems sind:

1. **Verstehen des Problems**

2. **Untersuchung der Problems**

3. **Geordnetes Aufschreiben der Lösung**

4. **Rückschau**

Der schwierigste und zentrale Schritt ist meist die Untersuchung des Problems. Doch die anderen Schritte sind genauso wichtig: Ein genaues Verständnis des Problems sollte selbstverständlich sein und wird auch die Untersuchung erleichtern. Mit dem geordneten Aufschreiben teilen Sie Ihre Lösung anderen mit, kontrollieren aber auch, ob Ihre Lösung vollständig und richtig ist. Mit der Rückschau kontrollieren Sie sich ebenfalls und machen Ihre Erkenntnisse für zukünftige Problemlösungen für sich nutzbar.

1. Verstehen des Problems

Lesen Sie das Problem genau durch.

❑ Was ist gegeben?

❑ Was ist gesucht?

❑ Was sind die Voraussetzungen?

2. Untersuchung des Problems

Wie gehen Sie damit um, wenn Sie merken: **Ich weiß nicht weiter, stehe im Dunkeln?**

Dann holen Sie Ihre **Werkzeugkiste** hervor. Sie enthält **Allgemeine Strategien, spezielle Strategien, Techniken** und **Konzepte.**

Allgemein gilt dabei: Bleiben Sie **hartnäckig,** aber auch **flexibel:** Wenn eine Strategie nicht weiterhilft, versuchen Sie eine andere. Arbeiten Sie sich **Schritt für Schritt** voran.

Allgemeine Strategien

- Ein **Gefühl für das Problem** bekommen, sich mit dem Problem vertraut machen:
Spezialfälle und Beispiele betrachten, Skizzen oder Tabellen anfertigen

- Habe ich schon ein **ähnliches Problem** gesehen?

- Kann ich zunächst ein **einfacheres Problem** betrachten?

- Was kann ich mit den Daten/Voraussetzungen machen? –
Vorwärtsarbeiten

- Wie kann ich das Ziel erreichen? –
Rückwärtsarbeiten

- Kann ich sinnvolle **Zwischenziele** formulieren?

- **Notation** einführen

- **Vermutungen** formulieren

Weitere Fragen, die Sie sich oft stellen können, sind:

- Kann ich ein **Muster** entdecken?

- Was ist **wesentlich,** worauf kommt es an?

Spezielle Strategien

Spezielle Strategien sind jeweils für bestimmte Problemtypen nützlich.

- Rekursion, Induktion

- Abzählen durch Bijektion; doppeltes Abzählen

- Schubfachprinzip

❑ Extremalprinzip

❑ Invarianzprinzip

Wenn Sie glauben, dass eines der Prinzipien für Ihr Problem nützlich sein könnte, **planen** Sie seinen Einsatz: Was könnten Kugeln und Schubfächer sein, was eine zu maximierende/minimierende Größe, was eine geeignete Invariante?

Techniken, Konzepte

Sie haben in diesem Buch folgende Techniken und Konzepte kennengelernt und gesehen, wie sie für Problemlösungen nützlich sein können:

❑ Auflösen von Rekursionen mittels Potenzansatz

❑ Graphen: als Darstellungsmittel für komplexe Beziehungsgeflechte; gerade/ungerade-Argumente bei Graphen, EULERsche Formel

❑ Abzählprinzipien

❑ Kongruenzen

❑ Signatur einer Permutation

Darüber hinaus gibt es viele weitere, die Sie bei Ihrer Beschäftigung mit Mathematik kennenlernen werden.

Natürlich wird Ihnen bei der Untersuchung von Problemen auch **Erfahrung** helfen. Diese bekommen Sie, indem Sie immer wieder **Probleme selbst lösen** und **vorgegebene Lösungen nachvollziehen.** Damit werden Sie mit der Zeit einen **Vorrat an Problemen** anlegen, der Ihnen bei der Strategie „Ähnliche Probleme" helfen wird. Oder gehen Sie einen Mittelweg: Erst nachdenken, dann ein Stück weit lesen, dann selbst weiterdenken, dann sich wieder eine Anregung holen usw. Das kann Sie weit bringen.

Viele Problemlösungen sind in mathematische Theorien geronnen, die über die Jahrhunderte hinweg immer weiter ausgefeilt wurden. Wenn Sie eine Theorie lernen, lernen Sie weitere Techniken, Konzepte und Ideen kennen. Fragen Sie sich dabei immer wieder: Welche Probleme kann ich damit lösen? Was kann ich jetzt, das ich vorher noch nicht konnte?

Und wenn Ihnen keines der Werkzeuge weiterhilft – dann bauen Sie Ihr eigenes. Das ist die hohe Kunst des Problemlösens und des mathematischen Forschens.

3. Geordnetes Aufschreiben der Lösung

Dabei achten Sie besonders auf Folgendes:

❏ Schlüssige Argumentation, richtige Logik

❏ Sinnvolle Anordnung

❏ Verständlich schreiben (Ideen, Motivationen erwähnen)

Die mathematische Fachsprache kann dabei helfen, Dinge präzise auszudrücken. Sie sollte aber durch Erklärungen ergänzt werden: Eine reine Formelansammlung ist meist unverständlich. Worte sind wichtig!

4. Rückschau

Wenn Sie das Problem gelöst haben, können Sie sich weitere Fragen stellen, zum Beispiel:

❏ Was haben wir gelernt?

❏ Ist die Lösung sinnvoll?

❏ Geht es auch anders, besser?

❏ Wurden alle Voraussetzungen verwendet, wofür waren sie wichtig?

❏ Ergeben sich interessante Probleme, wenn man die Aufgabenstellung verändert?

HEUREKA!

B Grundbegriffe zu Mengen und Abbildungen

Die Sprache der Mengen und Abbildungen hat sich als Basissprache in der modernen Mathematik durchgesetzt. Da sie sehr praktisch ist, wird sie auch in diesem Buch an vielen Stellen verwendet. Daher werden hier die wichtigsten Begriffe zusammengetragen.

Mengen und Elemente

Eine **Menge** ist eine Ansammlung von Objekten, ihrer **Elemente,** wobei nur zählt, ob ein Element zur Menge gehört oder nicht. Das heißt, dasselbe Element kann nicht mehrfach zu einer Menge gehören, und auf die Reihenfolge kommt es nicht an. Die Elemente werden zwischen den Klammern $\{$ und $\}$ aufgelistet.

Zum Beispiel sind $\{1,2\}$ und $\{5,8,9\}$ Mengen. Es ist $\{1,2\} = \{2,1\}$ und $\{1,1,2\} = \{1,2\}$. (Vertauschung und Mehrfachnennung sind erlaubt, ändern aber nichts.)

Liegt ein Element in einer Menge, schreiben wir $\in$, sonst $\notin$. Z. B. ist $1 \in \{1,2\}$, aber $3 \notin \{1,2\}$. (Sprich: 1 ist Element von $\{1,2\}$, 3 ist nicht Element von $\{1,2\}$.)

Eine **Teilmenge** einer Menge A ist eine Menge B, deren sämtliche Elemente auch in A liegen. Man schreibt dann $B \subset A$. Z. B. ist $\{1,2\} \subset \{1,2,5\}$.

Man kann aus einer Menge eine Teilmenge mit besonderen Eigenschaften **auswählen.** Dies schreibt man mit einem Doppelpunkt (manchmal auch mit einem Strich $|$).

Beispiel: Für $A = \{1,2,3,4,5,6\}$ ist $\{n \in A : n \text{ ist gerade}\} = \{2,4,6\}$. (Sprich: Die Menge aller Elemente n von A, für die gilt: n ist gerade)

Zahlbereiche sind Mengen. Die wichtigsten sind:

$\mathbb{N} = \{1,2,3,\dots\}$	Die Menge der **natürlichen Zahlen**
$\mathbb{Z} = \{\dots,-2,-1,0,1,2,\dots\}$	Die Menge der **ganzen Zahlen**
$\mathbb{Q} = \{\frac{p}{q} : p \in \mathbb{Z},\ q \in \mathbb{N}\}$	Die Menge der **rationalen Zahlen**
$\mathbb{R}$	Die Menge der **reellen Zahlen**

In diesem Buch benötigen wir nicht die genaue Definition von $\mathbb{R}$. Zusätzlich schreiben wir $\mathbb{N}_0 = \{0,1,2,\dots\}$.

Es ist nützlich, auch ein Symbol für eine Menge zu haben, die keine Elemente enthält. Sie heißt **leere Menge** und wird mit $\emptyset$ bezeichnet. Für jede Menge A gilt $\emptyset \subset A$.

Die Elemente einer Menge können beliebige Objekte sein, zum Beispiel Zahlen oder Graphen. Da Mengen ebenfalls Objekte sind, können auch sie als Elemente auftreten. Z. B. hat die Menge $\{\{1,2\}, \{1,3,6\}\}$ die beiden Elemente $\{1,2\}$ und $\{1,3,6\}$ und die Menge $\{\emptyset\}$ hat das Element $\emptyset$. Ist A eine Menge, so kann man sämtliche Teilmengen von A als Elemente einer neuen Menge auffassen, diese nennt man die **Potenzmenge** von A und bezeichnet sie mit $\mathcal{P}(A)$. Z. B. ist

$$\mathcal{P}(\{1,2\}) = \{\emptyset, \{1\}, \{2\}, \{1,2\}\}.$$

Beachten Sie, dass z. B. $\{1\}$ ein Element von $\mathcal{P}(\{1,2\})$ ist. Dagegen ist 1 kein Element von $\mathcal{P}(\{1,2\})$, wohl aber von $\{1\}$. Das mag kleinlich erscheinen, ist aber konsequent, und diese Konsequenz ist auf Dauer sehr praktisch! Die Potenzmenge $\mathcal{P}(\{1,2\})$ hat damit vier Elemente: $\emptyset, \{1\}, \{2\}$ und $\{1,2\}$.

Ist A eine Menge, so bezeichnen wir mit $|A|$ die Anzahl der Elemente von A. Diese kann auch unendlich sein. Zum Beispiel ist $|\{3,5\}| = 2$, $|\emptyset| = 0$, $|\mathbb{N}| = \infty$ und $|\mathcal{P}(\{1,2\})| = 4$.

Mengenoperationen

Aus zwei Mengen kann man mit verschiedenen Operationen neue Mengen machen: Sind A, B Mengen, so definieren wir:

Name	Symbol	Definition
Vereinigung von A, B	$A \cup B$	$\{x : x \in A \text{ oder } x \in B\}$
Durchschnitt von A, B	$A \cap B$	$\{x : x \in A \text{ und } x \in B\}$
Differenzmenge von A, B	$A \setminus B$	$\{x : x \in A, \text{ aber } x \notin B\}$
Produktmenge von A, B	$A \times B$	$\{(x,y) : x \in A \text{ und } y \in B\}$

(Sprich: A vereinigt mit B, A geschnitten mit B, A ohne B, A mal B.) Zum Beispiel ist $\{1,2\} \cup \{2,4,6\} = \{1,2,4,6\}$, $\{1,2\} \cap \{2,4,6\} = \{2\}$ und $\{1,2\} \setminus \{2,4,6\} = \{1\}$.
Die Produktmenge wird im nächsten Abschnitt genauer besprochen.

Zwei Mengen heißen **disjunkt,** wenn sie keine gemeinsamen Elemente haben, d. h. wenn $A \cap B = \emptyset$. Sind A, B disjunkt, so nennt man $A \cup B$ manchmal ihre **disjunkte Vereinigung.**

Hat man mehrere Mengen $A_1, A_2, \ldots, A_n$, so nennt man diese disjunkt, falls $A_1 \cap A_2 \cap \cdots \cap A_n = \emptyset$, und **paarweise disjunkt,** wenn je zwei von ihnen disjunkt sind: $A_i \cap A_j = \emptyset$ für alle $i \neq j$. Zum Beispiel sind $A_1 = \{1,2\}$, $A_2 = \{2,3\}$, $A_3 = \{1,3\}$ disjunkt (es gibt kein Element, das in allen drei Mengen liegt), aber nicht paarweise disjunkt.

Tupel

Neben Mengen sind Tupel eine andere Art, mehrere Objekte (Zahlen, Mengen etc.) zu Gruppen zusammenzufassen.

Aus zwei Objekten a, b kann man ein **Paar** (a, b) bilden. Hierbei kommt es auf die Reihenfolge an, d. h. (a, b) und (b, a) sind verschieden, falls $a \neq b$ ist. Die beiden Objekte dürfen auch gleich sein, das zählt aber immer noch als Paar: (a, a). Sind A, B Mengen, so bezeichnet man mit $A \times B$ die Menge aller Paare (a, b) mit $a \in A$ und $b \in B$. Für $A = B$ schreibt man statt $A \times A$ auch A^2.

Z. B. ist $\{1,2\} \times \{1,2,3\} = \{(1,1), (1,2), (1,3), (2,1), (2,2), (2,3)\}$; man kann die Elemente von $A \times B$ in einem Rechteckschema anordnen:

	1	2	3
1	(1,1)	(1,2)	(1,3)
2	(2,1)	(2,2)	(2,3)

Die Zeilen entsprechen den Elementen von A, die Spalten den Elementen von B. (Es ginge auch andersherum, aber dies ist die für das Produkt $A \times B$ übliche Art der Darstellung, z. B. im Zusammenhang mit Matrizen.)

Aus drei Objekten a, b, c kann man **Tripel** (a, b, c) bilden. Auch hier kommt es auf die Reihenfolge an, und die Einträge müssen nicht verschieden sein. Z. B. ist (a, a, b) ein Tripel, das nicht mit dem Paar (a, b) zu verwechseln ist. Sind A, B, C Mengen, so bezeichnet man mit $A \times B \times C$ die Menge aller Tripel (a, b, c) mit $a \in A$, $b \in B$, $c \in C$. Diese könnte man in einem quaderförmigen Schema anordnen. Für $A = B = C$ schreibt man statt $A \times B \times C$ auch A^3.

Bei vier Objekten spricht man von **Quadrupeln,** bei fünf von **Quintupeln,** allgemein bei k Objekten von **k-Tupeln,** für $k \in \mathbb{N}$. Schreibweise: $(a_1, \ldots, a_k)$. Ein 2-Tupel ist also dasselbe wie ein Paar etc. Die Objekte $a_1, \ldots, a_k$ heißen die **Komponenten** des Tupels.

Der Begriff der Tupel erlaubt eine schmerzlose Beschreibung höherer Dimensionen: Reelle Zahlen $\mathbb{R}$ kann man sich als Punkte auf der Zahlengeraden vorstellen. Paare reeller Zahlen entsprechen Punkten in der Ebene (das Zahlenpaar gibt die Koordinaten des Punktes bzgl. eines fest gewählten Koordinatensystems an) und Tripel reeller Zahlen entsprechen Punkten im Raum. In Analogie dazu definiert man für beliebiges $n \in \mathbb{N}$ den **n-dimensionalen Raum** als die Menge der n-Tupel reeller Zahlen. Dieser wird in diesem Buch nicht benötigt.

Abbildungen

Eine **Abbildung** ist eine Vorschrift, die jedem Element einer Menge A ein Element einer Menge B zuordnet. Man schreibt dann $f : A \to B$, und $f(a)$ für das Element von B, das dem Element $a \in A$ zugeordnet ist. Dabei ist f ein Name für die Abbildung.

Z. B. definiert die Vorschrift $f(n) = 2n$ eine Abbildung $f : \mathbb{N} \to \mathbb{N}$. Jeder Zahl wird ihr Doppeltes zugeordnet.

Statt $f : \mathbb{N} \to \mathbb{N}$, $f(n) = 2n$ schreibt man auch $f : \mathbb{N} \to \mathbb{N}$, $n \mapsto 2n$ (beachten Sie die unterschiedlichen Pfeiltypen). Den Variablennamen n darf man ändern: Dieselbe Abbildung hätte man z. B. auch als $f : \mathbb{N} \to \mathbb{N}$, $m \mapsto 2m$ oder als $f : \mathbb{N} \to \mathbb{N}$, $\gamma \mapsto 2\gamma$ schreiben können.[1] Wenn man den Namen f nicht benötigt, kann man die Abbildung auch einfach als $\mathbb{N} \to \mathbb{N}$, $n \mapsto 2n$ schreiben.

Als weiteres Beispiel betrachte $f : \mathbb{R}^2 \to \mathbb{R}^2$, $(x, y) \mapsto (x, -y)$. Die Abbildung f beschreibt eine Spiegelung an der x-Achse, d.h. $f(x, y)$ ist der Punkt, den man erhält, wenn man den Punkt (x, y) an der x-Achse spiegelt.

Eine Abbildung, deren Werte Zahlen sind, nennt man auch **Funktion.** Eine Abbildung $f : A \to B$ heißt

injektiv, falls es zu jedem $b \in B$ *höchstens* ein $a \in A$ gibt mit $f(a) = b$
surjektiv, falls es zu jedem $b \in B$ *mindestens* ein $a \in A$ gibt mit $f(a) = b$
bijektiv, falls es zu jedem $b \in B$ *genau* ein $a \in A$ gibt mit $f(a) = b$

---

[1] Es gibt aber nützliche *Konventionen*: Zum Beispiel bezeichnet man natürliche Zahlen meist mit n, m, k, l und reelle Zahlen mit x, y, z.

Mit anderen Worten: f ist injektiv, falls es verschiedene Elemente von A immer auf verschiedene Elemente von B abbildet; f ist surjektiv, falls jedes Element von B als Wert $f(a)$ auftritt; und f ist bijektiv, falls es sowohl injektiv als auch surjektiv ist.

Zum Beispiel ist die Abbildung $f : \mathbb{N} \to \mathbb{N}$, $f(n) = 2n$ injektiv, aber nicht surjektiv, da es zu jeder Zahl $b \in \mathbb{N}$ zwar höchstens ein n gibt mit $2n = b$, aber zu ungeradem b überhaupt kein solches n existiert.

Bezeichnet G die Menge der geraden natürlichen Zahlen, so ist die Abbildung $f : \mathbb{N} \to G$, $f(n) = 2n$ bijektiv. Denn zu jeder geraden natürlichen Zahl $b \in G$ gibt es genau ein $n \in \mathbb{N}$ mit $2n = b$.

Eine bijektive Abbildung heißt auch **Bijektion.** Sie setzt die Elemente von A und B in eineindeutige Beziehung zueinander, d. h. jedem Element von A entspricht genau ein Element von B und jedem Element von B entspricht genau ein Element von A.

Eine Abbildung $g : B \to A$ heißt **Umkehrabbildung** der Abbildung $f : A \to B$, wenn „sich die Vorschriften von f und g gegeneinander aufheben", d. h. genauer: Für alle $a \in A$ gilt $g(f(a)) = a$ (wendet man erst f auf a an und dann g auf das Resultat, dann erhält man a zurück) und für alle $b \in B$ gilt $f(g(b)) = b$.

Da bijektive Abbildungen in diesem Buch eine wichtige Rolle spielen, notieren wir Folgendes:

> Sei $f : A \to B$ eine Abbildung. Dann sind äquivalent (das heißt, aus jeder dieser Bedingungen folgt jede andere):
>
> a) f ist bijektiv.
>
> b) f ist surjektiv und injektiv.
>
> c) Es gibt eine Umkehrabbildung zu f.

Beweis.
Die Äquivalenz von a) und b) folgt direkt aus der Definition.
Angenommen, es gilt c), d. h. f hat eine Umkehrabbildung $g : B \to A$.
Dann ist f surjektiv, denn zu gegebenem $b \in B$ kann man $a = g(b)$ setzen, dies erfüllt dann die Gleichung $f(a) = b$, weil $f(g(b)) = b$ ist.

f ist auch injektiv, denn wenn $f(a) = b$ gilt, so folgt durch Anwenden von g auf beide Seiten, dass $g(f(a)) = g(b)$ ist. Nach Voraussetzung ist $g(f(a)) = a$, also folgt $a = g(b)$. Damit haben wir gezeigt, dass es nur *ein* $a \in A$ geben kann mit $f(a) = b$.

Damit haben wir gezeigt, dass aus c) die Aussage b) und damit auch a) folgt.

Es bleibt zu zeigen, dass aus a) die Aussage c) folgt. Sei dazu f bijektiv. Dann können wir die Umkehrabbildung $g : B \to A$ direkt angeben: Sei $b \in B$. Da f bijektiv ist, gibt es genau ein $a \in A$ mit $f(a) = b$. Wir setzen dann $g(b) = a$. Dann ist g offenbar eine Umkehrabbildung zu f.
q. e. d.

Beispiele

Sei G die Menge der geraden natürlichen Zahlen. Die Umkehrabbildung zu $f : \mathbb{N} \to G, n \mapsto 2n$ ist $g : G \to \mathbb{N}, m \mapsto \frac{m}{2}$.[2]

Sei $f : \mathbb{R} \to \mathbb{R}, x \mapsto x^3$. Diese Abbildung ist bijektiv mit Umkehrabbildung $g : y \mapsto \sqrt[3]{y}$.

Sei $f : \mathbb{R} \to \mathbb{R}, x \mapsto x^5 + x$. Ist diese Abbildung bijektiv? Dies würde bedeuten, dass es für jedes $y \in \mathbb{R}$ genau ein $x \in \mathbb{R}$ gibt mit $x^5 + x = y$. Das heißt, es geht hier um das Lösen einer Gleichung. Mit Mitteln der Analysis kann man zeigen, dass es für jedes y genau eine Lösung x gibt (vgl. die Diskussion auf S. 164).[3] Damit ist f bijektiv. Die Umkehrabbildung ist $g : \mathbb{R} \to \mathbb{R}, g(y) =$ die eindeutige Lösung x der Gleichung $x^5 + x = y$. Die Abbildung g ist ein Beispiel einer Abbildung, deren Vorschrift man nicht einfach als Formel hinschreiben kann.

Die Abbildung $f : \{1,2,3\} \to \{1,2,3\}, 1 \mapsto 2, 2 \mapsto 3, 3 \mapsto 1$ ist bijektiv mit Umkehrabbildung $g : \{1,2,3\} \to \{1,2,3\}, 2 \mapsto 1, 3 \mapsto 2, 1 \mapsto 3$.

---

[2]Es ist nützlich und hilft, Verwirrung und Fehler zu vermeiden, wenn man bei der Umkehrabbildung einen anderen Variablennamen verwendet, also z. B. m statt n.

[3]Wenn Sie die Begriffe kennen: Dies folgt aus dem Zwischenwertsatz und folgenden Eigenschaften von f: f ist stetig und streng monoton wachsend und $f(x) \to \infty$ für $x \to \infty$, $f(x) \to -\infty$ für $x \to -\infty$.

Die Beispiele zeigen Ihnen die wichtigsten Arten, wie man eine Abbildung $f : A \to B$ angeben kann: Durch eine Formel oder durch eine Vorschrift (g im dritten Beispiel) oder durch Aufzählung (falls A eine endliche Menge ist, letztes Beispiel). Sie zeigen auch, dass das Bestimmen einer Umkehrabbildung oft das Auflösen einer Gleichung bedeutet: Um die Umkehrabbildung zu $f : \mathbb{R} \to \mathbb{R}$, $x \mapsto x^3$ zu bestimmen, löse ich die Gleichung $y = x^3$ nach x auf. Durch Ziehen der dritten Wurzel erhalte ich $x = \sqrt[3]{y}$, also ist $g : y \mapsto \sqrt[3]{y}$ die Umkehrabbildung.

Symbolverzeichnis

Glossar

Abbildung

Eine Vorschrift, die jedem Element einer Menge A ein Element einer Menge B zuordnet. Man schreibt $f : A \to B$, wobei f ein Name für die Abbildung ist.   286

Allgemeine binomische Formel

Die Formel $(a + b)^n = a^n + \binom{n}{1}a^{n-1}b + \binom{n}{2}a^{n-2}b^2 + \cdots + \binom{n}{n-1}ab^{n-1} + b^n$ für reelle Zahlen a, b und $n \in \mathbb{N}_0$. Sie verallgemeinert die aus der Schule bekannte Formel $(a + b)^2 = a^2 + 2ab + b^2$.   127

(logisch) äquivalent

Zwei Aussagen A, B sind (logisch) äquivalent, in Zeichen $A \iff B$, wenn gilt: Aus A folgt B, und aus B folgt A. Zum Beispiel sind die Aussagen $n + 3 = 8$ und $n = 5$ über natürliche Zahlen n äquivalent.   157, 159

Anordnung

Eine Reihenfolge, in der man Objekte, z. B. die Zahlen $1, \ldots, n$, aufschreiben kann.   105, 259

Aussage

Ein Ausdruck, der wahr oder falsch sein kann.   151

Aussageform

Ein Ausdruck, der Variablen enthält und bei Einsetzen von Werten für die Variablen zu einer Aussage wird.   152

Axiom

Eine in einem gegebenen Kontext als wahr postulierte Aussage.   163

Beweis ohne Worte

Skizze, die einen Beweis für eine arithmetische oder geometrische Aussage nahelegt.   119

Beweis, direkter

Um $A \Rightarrow B$ zu zeigen, beweist man eine Folge von Implikationen $A \Rightarrow A_1 \Rightarrow A_2 \Rightarrow \cdots \Rightarrow B$.   161

Beweis, indirekter

Um $A \Rightarrow B$ zu zeigen, zeigt man $\neg B \Rightarrow \neg A$.   157, 162

Beweis durch vollständige Induktion

Eine Beweisform, die häufig beim Beweis von Aussagen über alle natürlichen Zahlen nützlich ist.   61, 164

Widerspruchsbeweis

Um $A \Rightarrow B$ zu zeigen, zeigt man, dass aus „A und $\neg B$" eine falsche Aussage (ein Widerspruch) folgt.   157, 162

Bijektion, bijektive Abbildung

Eine Abbildung $f : A \to B$ ist eine Bijektion, wenn zu jedem $b \in B$ genau ein $a \in A$ existiert mit $f(a) = b$.   107, 286

Binomialkoeffizient

Der Binomialkoeffizient $\binom{n}{k} = \dfrac{n(n-1)\dots(n-k+1)}{k!}$ gibt die Anzahl der k-elementigen Teilmengen einer n-elementigen Menge an.   106

Catalan-Zahlen

Zahlenfolge, die u. a. bei der Anzahl der Triangulierungen auftritt.   55

dicht

Sind $A \subset B \subset \mathbb{R}$, so heißt A dicht in B, wenn es zu zwei beliebigen Zahlen $x, y \in B$ mit $x < y$ ein Element $r \in A$ gibt mit $x \le r \le y$.   206, 244

disjunkt

Zwei Mengen heißen disjunkt, wenn sie keine gemeinsamen Elemente haben; mehrere Mengen heißen paarweise disjunkt, wenn je zwei von ihnen disjunkt sind.   285

Division mit Rest

Für $a \in \mathbb{Z}$, $n \in \mathbb{N}$ die Darstellung von a als $a = qn + r$ mit $q, r \in \mathbb{Z}$ und $0 \le r < n$. Der Rest ist r.   178

Dominoeffekt

Veranschaulichung der vollständigen Induktion.   61

doppeltes Abzählen

Verfahren, um Formeln herzuleiten, indem man eine Menge auf zwei Arten abzählt.   114, 164

Dreiecksungleichung

In jedem Dreieck ist jede Seite kürzer als die Summe der beiden anderen Seitenlängen.   217

EULERsche Formel

Die Formel $e - k + f = 2$ für ebene Graphen und für Polyeder, wobei e die Anzahl der Ecken, k die Anzahl der Kanten und f die Anzahl der Länder ist.   74, 90

Existenzbeweis

Ein Beweis, der die Existenz eines Objektes mit bestimmten Eigenschaften zeigt.   164, 253

Extremalprinzip

Wichtige Beweisidee für Existenzbeweise. Grundprinzip der Wissenschaft, dass extreme Konfigurationen besondere Bedeutung haben.   168, 213

Färbungsprobleme

Eine interessante Klasse von Problemen über Graphen.   93

Fakultät

n Fakultät $= n! =$ das Produkt der Zahlen $1, 2, \ldots, n$, z. B. $4! = 1 \cdot 2 \cdot 3 \cdot 4 = 24$.
13, 105

Fermat-Zahlen

Die Zahlen $F_n = 2^{(2^n)} + 1$ mit $n \in \mathbb{N}_0$.
161, 162, 168

Fibonacci-Zahlen

Die Zahlenfolge $1, 1, 2, 3, 5, 8, \ldots$ definiert durch $a_0 = a_1 = 1$ und $a_n = a_{n-1} + a_{n-2}$ für $n \geq 2$.
42

Gauss-Trick

Methode zum Berechnen von $1 + \cdots + n$.
21, 115

Gitterpunkt

Ein Punkt der Ebene mit ganzzahligen Koordinaten.
210

Grad einer Ecke

In einem Graphen ist der Grad der Ecke E die Anzahl der Kanten, die E enthalten (dabei werden Schlingen doppelt gezählt). Bezeichung: d_E. 84, 192

Graph

Eine endliche Struktur, die durch eine Menge von Objekten, genannt Ecken, und eine Menge von Kanten, die jeweils zwei Objekte verbinden, gegeben ist.
83

Graph, ebener

Ein Graph, der so in die Ebene gezeichnet ist, dass die Ecken durch Punkte dargestellt sind und die Kanten als Verbindungen zwischen den Ecken, die sich nicht überschneiden.
73

Halb-Invariante

Etwas, das sich in einem Prozess in kontrollierter Weise ändert.
260

hinreichend

Die Aussage A ist hinreichend für die Aussage B, wenn B aus A folgt. 157

Implikation

Aussage der Form „Aus A folgt B" ($A \Rightarrow B$).
156

in allgemeiner Lage

Mehrere Geraden sind in allgemeiner Lage, wenn keine drei durch einen Punkt gehen und keine zwei parallel sind.
16

injektiv

Eine Abbildung $f : A \to B$ ist injektiv, wenn zu jedem $b \in B$ höchstens ein $a \in A$ existiert mit $f(a) = b$.
286

Invariante

Etwas, das sich in einem Prozess nicht ändert.
252

Invarianzprinzip

Wichtige Beweisidee für Nichtexistenzbeweise. Grundprinzip der Wissenschaft, dass in komplexen Abläufen die gleich bleibenden Größen besondere Bedeutung haben.
171, 247

irrationale Zahl

Eine Zahl, die sich nicht als Quotient zweier ganzer Zahlen darstellen lässt
.   170, 197

Kanten-Ecken-Formel

Die Formel $2k = \sum\limits_{E \text{ Ecke von } G} d_E$ für Graphen, wobei k die Anzahl der Kanten
des Graphen und d_E der Grad der Ecke E ist.   83

Kanten-Länder-Formel

Die Formel $2k = \sum\limits_{L \text{ Land von } G} g_L$ für ebene Graphen, wobei k die Anzahl der
Kanten des Graphen und g_L die Anzahl der Grenzen des Landes L ist.   82

Kardinalität

Die Kardinalität einer endlichen Menge X ist die Anzahl der Elemente von X.
Bezeichnung: $|X|$. Zwei (möglicherweise unendliche) Mengen haben dieselbe
Kardinalität, falls es eine Bijektion zwischen ihnen gibt.   97, 108, 124

kongruent

Für ganze Zahlen: Ist $n \in \mathbb{N}$ und $a, b \in \mathbb{Z}$, so heißen a, b kongruent modulo
n, wenn a und b bei Teilen durch n denselben Rest lassen; äquivalent: wenn
$b - a$ durch n teilbar ist. In der Geometrie: Zwei Figuren (d.h. Teilmengen der
Ebene oder des Raumes) heißen kongruent, wenn die eine durch eine starre
Bewegung (d.h. eine Verschiebung, Drehung oder Spiegelung) in die andere
überführt werden kann.   182

Konklusion

Die Aussage B in einer Implikation $A \Rightarrow B$.   156

Land in einem ebenen Graphen

Eines der zusammenhängenden Teilgebiete, in die ein ebener Graph die Ebene
zerlegt.   74

Lemma

Eine Hilfsaussage, die im Beweis eines Satzes verwendet wird.   176

Mittel: harmonisches, geometrisches, arithmetisches und quadratisches

Für $a, b > 0$ heißt $\frac{2}{\frac{1}{a} + \frac{1}{b}}$ das harmonische, $\sqrt{ab}$ das geometrische, $\frac{a+b}{2}$ das
arithmetische und $\sqrt{\frac{a^2+b^2}{2}}$ das quadratische Mittel.   216, 230, 243

modulo, mod

Der Rest von a modulo n ist der Rest beim Teilen von a durch n.   178

Nichtexistenzbeweis

Ein Beweis, der zeigt, dass ein Objekt mit bestimmten Eigenschaften nicht
existieren kann.   169, 253

notwendig

Die Aussage A ist notwendig für die Aussage B, wenn A aus B folgt.   157

Parität

Eigenschaft einer ganzen Zahl, gerade oder ungerade zu sein.   143, 250

PASCALsches Dreieck
Anordnung der Binomialkoeffizienten in einem Dreiecksschema. 70, 111, 118

Permutation
Anderes Wort für Anordnung der Elemente einer Menge M, z. B. $M = \{1,\dots,n\}$; auch als Bijektion $M \to M$ interpretierbar. 105, 259

pflastern
Vollständig, lückenlos und überschneidungsfrei bedecken. 38, 249

Polygon
Eine ebene Figur, die durch endlich viele geradlinige Strecken begrenzt ist, z. B. Dreieck, Viereck etc. Ein Polygon heißt **konvex**, wenn die Verbindung zweier beliebiger Ecken im Polygon verläuft. 49

Potenzmenge $\mathcal{P}(A)$
Menge der Teilmengen der Menge A. 32, 108, 284

Prämisse
Die Aussage A in einer Implikation $A \Rightarrow B$. 156

Primfaktorzerlegung
Die Darstellung einer natürlichen Zahl $n > 1$ als Produkt von Primzahlen. 177

Primzahl
Eine natürliche Zahl, die genau zwei Teiler hat. 176

Prinzip des Mehrfachzählens
Eine nützliche Idee beim Abzählen. 100

Produktregel
Grundregel des Abzählens. 98

rationale Zahl
Eine Zahl, die sich als Quotient zweier ganzer Zahlen schreiben lässt
. 195, 283

Rekursion
Eine Technik für Abzählprobleme. 29, 134

Rest
Die Zahl r bei der Division mit Rest, d. h. bei der Darstellung $a = qn + r$ einer Zahl $a \in \mathbb{Z}$ mittels $n \in \mathbb{N}$ mit $q, r \in \mathbb{Z}$ und $0 \leq r < n$. 178, 193

Schlinge in einem Graphen
Eine Kante in einem Graphen, deren beide Endpunkte dieselbe Ecke sind. 84

Schubfachprinzip
Beweisidee für Existenzbeweise: Werden $n + 1$ Kugeln auf n Schubfächer verteilt, enthält mindestens ein Schubfach mehr als eine Kugel. 168, 189

Signatur einer Permutation
Die Parität der Anzahl der Verstellungen einer Permutation. 259

Summenregel
Grundregel des Abzählens. 97

Superpositionsprinzip

Prinzip, nach dem bei linearen Problemen (Gleichungen) aus Lösungen durch Addieren und durch Multiplikation mit Konstanten neue Lösungen konstruiert werden können. 45

surjektiv

Eine Abbildung $f : A \to B$ ist surjektiv, wenn zu jedem $b \in B$ mindestens ein $a \in A$ existiert mit $f(a) = b$. 286

Teiler

Sind $a, n \in \mathbb{Z}$, so heißt n ein Teiler von a, wenn a durch n teilbar ist, d. h. wenn ein $q \in \mathbb{Z}$ existiert mit $a = qn$. 175

Topologie

Teilgebiet der Mathematik, das sich mit den Eigenschaften mathematischer Strukturen befasst, die unter stetigen Veränderungen unverändert bleiben. 91

Torus

Eine Fläche von der Form eines Fahrradschlauchs (ohne Ventil). 91

Trapezzahl

Natürliche Zahl, die sich als Summe mehrerer aufeinanderfolgender natürlicher Zahlen darstellen lässt. 138

Triangulierung

Zerlegung eines Polygons in Dreiecke mittels sich nicht schneidender Diagonalen. 49

Umkehrabbildung

$g : B \to A$ heißt Umkehrabbildung von $f : A \to B$, wenn $g(f(a)) = a$ und $f(g(b)) = b$ für alle $a \in A$ bzw. $b \in B$ gilt. Eine Abbildung f hat genau dann eine Umkehrabbildung, wenn sie bijektiv ist. 287

unendlicher Abstieg

Methode, mit der sich manchmal beweisen lässt, dass eine Gleichung keine Lösung in den natürlichen Zahlen hat: Es wird gezeigt, dass zu jeder solchen Lösung eine weitere, kleinere existieren müsste. 232

Unmöglichkeitsbeweis

Schlüssiger Beweis einer Unmöglichkeit. 89, 169, 248, 251, 269

Verschiebung um eins

Ein typisches Phänomen bei Abzählaufgaben, häufige Fehlerquelle, z. B. hat ein Zug mit 10 Waggons nur 9 Kupplungen, oder von 10 bis 100 gibt es 91 (nicht 100-10=90) Zahlen, da erste und letzte mitgezählt werden. 12, 99, 142

Vielfaches

Sind $a, n \in \mathbb{Z}$, so heißt a ein Vielfaches von n, wenn a durch n teilbar ist, d. h. wenn ein $q \in \mathbb{Z}$ existiert mit $a = qn$. 175

Wahrheitswert

Wahr (**w**) oder falsch (**f**). 152

Weg in einem Graphen

Eine Folge von Kanten in einem Graphen, wobei jede an die vorangehende anschließt, so dass man sie nacheinander durchlaufen kann. Der Weg heißt geschlossen, wenn Anfangs- und Endecke gleich sind..   74

zusammenhängend

Eine Menge heißt zusammenhängend, wenn man von jedem Punkt (d. h. Element der Menge) zu jedem anderen Punkt entlang einem Weg gelangen kann, der innerhalb der Menge verläuft. Der Begriff wird zum Beispiel bei Graphen (zusammenhängender Graph) oder bei Teilmengen der Ebene oder des Raums angewendet.   74

Listen der Probleme, Sätze und Verfahren

Liste der Probleme

Liste der Sätze und Verfahren

Hinweise zu ausgewählten Aufgaben

Aufgaben in Kapitel 1

A 1.5 Betrachten Sie zunächst die Zweierpotenzen 4,8,16 etc.; die
Zahlen dazwischen lassen sich ähnlich wie die nächsthöhere Zweierpotenz behandeln. Für die Begründung, dass die Antwort bestmöglich
ist, überlegen Sie, wie stark die Anzahl der Teile mit jedem Schnitt
anwachsen kann. Die kleinste Anzahl Schnitte ist $\lceil \log_2 n \rceil$, wobei $\log_2$
der Logarithmus zur Basis 2 und $\lceil x \rceil$ die ‚Aufrundung' der Zahl x
zur nächstgrößeren ganzen Zahl ist.

A 1.6 Nützlich ist hierbei die GAUSSklammer, das Symbol für das
Abrunden: Per Definition ist $\lfloor x \rfloor$ = die größte ganze Zahl, die $\leq x$
ist. Z. B. ist $\lfloor \frac{7}{2} \rfloor = 3$, die Anzahl der geraden Zahlen kleiner oder
gleich 7.

A 1.7 Es ist nützlich, die Werte von $n!$ für $n = 1,\ldots,5$ auswendig
zu kennen, um die Muster zu erkennen. Zum Beweis der daraus
vermuteten Formel ist der **Teleskoptrick** nützlich. Z.B. für a): Schreibe
$1 \cdot 1! = (2-1)1! = 2! - 1!$, $2 \cdot 2! = (3-1)2! = 3! - 2!$, allgemein
$n \cdot n! = \cdots = (n+1)! - n!$. Dann

$$1 \cdot 1! + 2 \cdot 2! + \cdots + n \cdot n! = (2! - 1!) + (3! - 2!) + \cdots + ((n+1)! - n!)$$
$$= (n+1)! - 1! = (n+1)! - 1,$$

da sich 2! gegen $-2!$ weghebt, analog 3! gegen $-3!$ (im nächsten
Term), bis zu $n!$ gegen $-n!$.

Der Teleskoptrick hilft auch bei b) und c).

Die Summe bei c) ist $n + 1 - \frac{1}{n+1}$.

A 1.8 a) $a_n = n + 2$ b) $a_n = \frac{3}{2} \cdot (n+1)!$ c) $(-1)^{n-1}$
d) $a_n = a_{n-1} + a_{n-2} + a_{n-3}$ mit $a_1 = a_2 = a_3 = 1$
e) $a_n = n2^n$

A 1.9 Sie könnten z. B. versuchen, die Rekursion $s_n = 2s_{n-1}$ zu
beweisen.

A 1.10 Betrachten Sie $n = 1, 2, \ldots$, aber auch $n = 40$.

A 1.11 Betrachten Sie die Anzahlen der Geraden in jeder Parallelen-schar. Sind also z. B. die Geraden g_1, g_2 parallel zueinander und die Geraden g_3, g_4, g_5 parallel zueinander, aber nicht zu g_1, g_2, so wären diese Anzahlen 2 und 3. Sind keine zwei Geraden parallel, so sind diese Anzahlen alle 1.

Aufgaben in Kapitel 2

A 2.1 Verwenden Sie $|\gamma| < 1$.

A 2.4 Für $a_n = 2a_{n-1} - a_{n-2}$ ist $a_n = n$ eine weitere Lösung. Allgemein: $n\alpha^n$.

A 2.10 Unterscheiden Sie die Teilmengen danach, ob sie n enthalten oder nicht.

A 2.12 Beim Suchen nach einer Rekursion stößt man auf Probleme: Reduktion auf dasselbe Problem kleinerer Größe scheint nicht möglich. Daher führe ein zweites Problem ein, z. B.: b_n = Anzahl Pflasterungen eines $3 \times n$-Rechtecks, aus dem die Felder $(n,2)$ und $(n,3)$ entfernt wurden. Leite Rekursionen her, die a_n (die gesuchte Anzahl) und b_n mittels $a_{n-1}, b_{n-1}, a_{n-2}, b_{n-2}$ ausdrücken. Eliminiere b_n.

A 2.13 Siehe Hinweis zu Problem A 2.12.

A 2.14 Prüfen Sie zunächst für $n = 1,2,3,4,5$, ob der erste Spieler sicher gewinnen kann. Wie kann man die Antwort für n auf die Antwort für kleinere n reduzieren?

A 2.15 Die Tabelle legt die Fibonacci-Rekursion $u_n = u_{n-1} + u_{n-2}$ nahe. Aus der Aufgabenstellung lässt sich direkt die Rekursion $u_n = u_{n-1} + u_{n-3} + u_{n-5} + \ldots$ herleiten (wobei $u_i := 0$ für $i \leq 0$ gesetzt sei). Wie? Wie lässt sich daraus die Fibonacci-Rekursion gewinnen?

Aufgaben in Kapitel 3

A 3.1 Zeigen Sie mit Induktion, dass für jedes n gilt: Es passen n Stecknadeln hinein :-)

A 3.4 Wie könnte der Induktionsschritt aussehen? Versuchen Sie, zunächst den Schritt von $n = 2$ auf $n = 3$ zu verstehen.

A 3.7 Vergleiche Aufgabe A 2.10.

A 3.9 Die Hauptarbeit steckt darin zu zeigen, dass diese Vorschrift sinnvoll ist, d. h., dass die so für B bestimmte Farbe unabhängig von der Wahl des Weges ist. Wenn Sie zwei Wege von A nach B haben, können Sie den einen in den anderen deformieren, indem Sie ihn ‚hinüberziehen'. Was passiert, wenn man dabei eine Ecke überstreicht?

Aufgaben in Kapitel 4

A 4.6 Was lässt sich über die Zahlen g_L in einer hypothetischen kreuzungsfreien Anordnung sagen?

A 4.7 Verwenden Sie die Graphenformeln.

A 4.8 Schneiden Sie den Torus auf, so dass man ihn in die Ebene legen kann.

A 4.9 Man könnte z.B. so argumentieren: Die Punkte D, E müssen beide im inneren oder beide im äußeren Teil liegen. Nehmen wir an, sie liegen im inneren Teil, der andere Fall geht analog. Betrachte nun die Verbindungen von D zu A, B, C und überlege, wo E liegen kann.

A 4.10 Haben Sie ein ähnliches Problem schon einmal gesehen?

A 4.11 Verwenden Sie die Graphenformeln.

A 4.12 Versuchen Sie Induktion über f. Sei L ein Land mit höchstens 5 Grenzen. Wie kann man dieses Land so entfernen, dass man aus einer 6-Färbung des neuen Graphen eine 6-Färbung des alten Graphen machen kann?

A 4.13 Verwenden Sie die Darstellung des Torus als Quadrat, bei dem gegenüberliegende Seiten verklebt sind, siehe Abbildung 4.12.

A 4.14 Gehen Sie ähnlich vor wie bei der Lösung von Aufgabe A 4.12.

A 4.15 Erkennen Sie eine Regelmäßigkeit bzgl. der Eckengrade? Warum kann man nicht in der Dachspitze des Hauses vom Nikolaus beginnen?

A 4.16 Verwenden Sie die Graphenformeln, um die möglichen Anzahlen für die Ecken pro Seitenfläche und die Kanten pro Ecke einzugrenzen.

A 4.17 Wählen Sie im Innern jedes kleinen Dreiecks einen Punkt und betrachten Sie folgenden Graphen: Die Ecken sind diese Punkte. Zwei Ecken sind durch eine Kante verbunden, wenn die zugehörigen Dreiecke eine gemeinsame Kante haben, deren Endpunkte verschiedene Markierungen tragen.

Aufgaben in Kapitel 5

A 5.4 Anzahl der Hände: $\binom{52}{4}$.
Ein Paar: Wähle den Wert des Paars, dann die beiden Farben des Paars, dann die Werte der drei anderen Karten, dann deren Farben, also $13 \cdot \binom{4}{2} \cdot \binom{12}{3} \cdot 4^3$ Hände. Beachtlich: Gut 42% der Hände enthalten ein Paar. D.h., die Wahrscheinlichkeit für ein Paar ist gut 0,42.

A 5.6 Bestimmen Sie einerseits die Anzahl der gesuchten Quadrupel für jedes feste d und andererseits die Anzahl der Quadrupel in jedem der folgenden Fälle: a, b, c sind paarweise verschieden; zwei der drei Zahlen a, b, c sind gleich; es gilt $a = b = c$.

A 5.11 Ähnlich zu Aufgabe A 5.10.

A 5.13 Für n ungerade ist $g_n = u_n$, für n gerade ist $g_n = u_n + 1$. Bijektionsidee z.B. für n ungerade: falls $a < n$, so bilde (a, b) auf $(a + 1, b)$ ab, sonst auf $(0, b)$.

Eine mögliche Verallgemeinerung: Sei $k \in \mathbb{N}$ und seien $n_1, \ldots, n_k \in \mathbb{N}_0$. Betrachte k-Tupel $(a_1, \ldots, a_k)$ mit $a_i \in \{0, 1, \ldots, n_i\}$ für jedes i. Sei g die Anzahl solcher k-Tupel mit $a_1 + \cdots + a_k$ gerade und u die Anzahl mit $a_1 + \cdots + a_k$ ungerade. Dann gilt $g = u + 1$, falls alle n_i gerade sind; sonst gilt $g = u$.

A 5.14 Unterscheiden Sie danach, ob das Element $n + 1$ in der Teilmenge enthalten ist oder nicht.

A 5.15 Wenn Sie $(a + b)^n = (a + b)(a + b) \cdots (a + b)$ ausmultiplizieren, auf welche Weisen kann dann der Term $a^{n-k}b^k$ entstehen?

A 5.16 b) $\binom{n+1}{1} + 5\binom{n+1}{3} + 5^2\binom{n+1}{5} + \ldots$ ist durch 2^n teilbar. Frage zur weiteren Untersuchung: Können Sie einen direkten Beweis der Formel $2^n a_n = \binom{n+1}{1} + 5\binom{n+1}{3} + 5^2\binom{n+1}{5} + \ldots$ finden? Etwa indem Sie eine geeignete Menge doppelt abzählen?[1]

A 5.17 Addieren Sie $(1 - \sqrt{2})^n$ zu a^n. Verwenden Sie die Idee von Aufgabe A 5.16 a). Wie groß ungefähr ist $1 - \sqrt{2}$?

A 5.18 Z. B. mittels der Identität in Aufgabe A 5.14.

A 5.19 Stellen Sie sich n Kugeln vor, die nebeneinander liegen. Eine Zerlegung von n entspricht dann einer Aufteilung in zusammenhängende Gruppen. Auf welche andere Art können Sie eine solche Aufteilung festlegen?

A 5.20 Finden Sie eine Bijektion von der Menge $\{(a, b, c) \in \mathbb{N}^3 : a + b + c = n\}$ auf die Menge $\{(x, y) \in \mathbb{N}^2 : x < y < n\}$.

A 5.23 Die Formel lautet $\binom{n}{3} = \binom{n-1}{2} + \binom{n-2}{2} + \cdots + \binom{2}{2}$ für $n \geq 3$.

A 5.24 Für $n = 2,3,4,5$ sind die Anzahlen $2,4,8,16$, was die Formel 2^{n-1} nahelegt. Für $n = 6$ erhält man aber nur 31 Teile. Zum Finden einer Formel könnte Aufgabe A 5.7 hilfreich sein.

Aufgaben in Kapitel 6

A 6.3 Problem und Lösungsformel sind symmetrisch, der Lösungsweg nicht, wie man deutlich am Lösungsschema Abbildung 6.9 sieht. Statt mit der Bodendiagonale (a, b-Rechteck) hätte man auch mit jeder der Wanddiagonalen (a, c-Rechteck oder b, c-Rechteck) argumentieren können.

A 6.4 Eine Idee: In $14 = (-1) + 0 + 1 + 2 + 3 + 4 + 5$ kann man etwas wegstreichen...

Eine andere Idee: Z. B. für $n = 14 = 2 \cdot 7$ könnte man mit Hilfe von $7 = 3 + 4$ auf $14 = (3 + 4) + (3 + 4)$ kommen und dann die eine drei verringern, dafür die eine vier vergrößern, und auf $14 = 2 + 3 + 4 + 5$ kommen.

---

[1]Bitte schreiben Sie mir, wenn Sie einen solchen Beweis finden.

A 6.5 Bauen Sie auf der Lösung von Problem 6.3 auf. Nützlich ist hier die Darstellung von n als Produkt von Potenzen verschiedener Primzahlen, die in Kapitel 8 diskutiert wird.

A 6.6 Verwenden Sie die dritte binomische Formel.

A 6.7 Rückwärtsarbeiten. Schreiben Sie 11111 als Produkt von Primzahlen.

A 6.8 Rückwärtsarbeiten. Das Ziel kann als $a, a_1 \ldots a_n < \sqrt{N} < a, a_1 \ldots a_n + 10^{-n}$ mit $a \in \mathbb{N}$ geschrieben werden.

A 6.9 Vorwärtsarbeiten: Was kann ich mit den Daten machen? Z. B. B, C verbinden. Es gibt zwei Lösungen!

A 6.10 Wie könnte diese Konfiguration erreicht werden?

A 6.11 Was bedeutet es für die Zahl n, dass die Karte an Position n am Schluss verdeckt ist?

A 6.12 Entweder durch scharfes Hinsehen oder systematisch: Nummerieren wir die Kunden von hinten mit $1, \ldots, n$ (also ist 1 der letzte Kunde) und nennen wir die Anzahl der Äpfel, die nach Kunde i übrig bleiben, x_{i-1}, so gilt $x_0 = 1$ und $x_i = 2x_{i-1} + 2$ für $i = 1, \ldots, n$. Eine geschickte Art, diese Rekursion aufzulösen, ist, auf beiden Seiten 2 zu addieren und auszuklammern: $x_i + 2 = 2(x_{i-1} + 2)$.

A 6.13 Rückwärtsarbeiten: Schreiben Sie die Gleichung $x \overset{?}{>} 0$ hin. Versuchen Sie, die Wurzeln zu eliminieren ($\sqrt{2}$ addieren, quadrieren etc.). Beachten Sie die Vorzeichen.

Aufgaben in Kapitel 7

A 7.3 b), d), e) und f), die anderen nicht.

A 7.4 Alle Aussagen implizieren b). Andere Implikationen gibt es nicht. Um das zu zeigen, geben Sie für jede andere Implikation ein Gegenbeispiel an.

A 7.6 b) sagt, dass S_1 eine unendliche Menge ist.

A 7.7 Wenn eine Zahl n nicht prim ist, so hat sie bereits einen Teiler, der größer als eins und höchstens $\sqrt{n}$ ist. Das ist wahr (und nützlich, wenn man im Kopf nachprüfen möchte, ob z. B. 113 eine Primzahl ist). Negation (dies ist falsch!):

$$\exists n \in \mathbb{N} : (\exists m \in \mathbb{N} : 1 < m < n \text{ und } m|n) \text{ und}$$
$$\left(\forall m \in \mathbb{N} : m = 1 \text{ oder } m^2 > n \text{ oder } \neg(m|n)\right)$$

A 7.8 Zum Beispiel so: Für jeden Menschen gibt es etwas, das dieser Mensch kennt und für das es keinen anderen Menschen gibt, der es kennt.

A 7.14 Stellen Sie zunächst eine notwendige Bedingung auf und prüfen Sie dann, ob diese auch hinreichend ist.

A 7.15 Was lässt sich über die Nenner der Zahl $(\sqrt{2} - 1)^n$ sagen unter der Annahme, $\sqrt{2}$ wäre rational? Ausmultiplizieren und zusammenfassen! Was passiert für große n?

Aufgaben in Kapitel 8

A 8.3 Verwenden Sie $4 \equiv -3 \mod 7$.

A 8.4 Es ist zu zeigen, dass keine natürlichen Zahlen p, q existieren mit $2^q = 10^p$.

A 8.6 Wenn n im Dezimalsystem die Zifferndarstellung $a_m \dots a_1 a_0$ hat, so ist $n = 10^m a_m + \cdots + 10 a_1 + a_0$. Um eine Idee zu bekommen, betrachten Sie zunächst nur zweistellige Zahlen, also $m = 1$.

A 8.7 Verwenden Sie $10a \equiv -a \mod 11$.

A 8.8 Versuchen Sie ein ähnliches Muster wie für die 7 in Aufgabe A 8.6.

A 8.10 e) Untersuchen Sie dies modulo 4.

A 8.11 Verwenden Sie die Eindeutigkeit der Primfaktorzerlegung.

A 8.12 Zu b): Zum Beispiel im Fall $p = 3$: Wäre $3|2b$, so würde wegen $3|3b$ sofort $3|(3b - 2b)$, also $3|b$ folgen. Versuchen Sie, dies zu verallgemeinern. Z. B. für $p = 5$: Wie kann man aus $p|2b$ mit Hilfe von $p|5b$ auf $p|b$ schließen? Wie kann man dann für $p|3b$ argumentieren? Wenn Sie dies verstanden haben, kann für den allgemeinen Fall eine Induktion über a hilfreich sein.

Zu c): Teilen Sie a durch p mit Rest, um auf b) zu reduzieren.

Bemerkung zu den Aufgabe A 8.12: In den meisten Zahlentheorie-Büchern werden diese Aussagen aus dem EUKLIDischen Algorithmus abgeleitet. Der hier vorgeschlagene Weg wird GAUSS zugeschrieben.

A 8.13 Die Negation der Behauptung ist falsch formuliert. Statt „Wenn $6^k \not\equiv 6 \pmod{10}$ für jedes $k \in \mathbb{N}$ gilt " müsste stehen „Wenn es ein $k \in \mathbb{N}$ gibt mit $6^k \not\equiv 6 \pmod{10}$ ".

Ein Induktionsbeweis führt zum Ziel.

A 8.15 Finden Sie eine geeignete Bijektion der Menge der Teiler in sich.

A 8.16 Schreiben Sie $\lceil k\frac{m}{n} \rceil$ mittels dem Rest r_k von km modulo n. Was können Sie über $r_1, \ldots, r_{n-1}$ aussagen?

Ergebnis: $\frac{(n+1)(m+1)}{2} - 1$.

Aufgaben in Kapitel 9

A 9.4 Natürlich kann man direkt geometrisch argumentieren (einmal rein, einmal raus). Es geht aber auch mit dem Schubfachprinzip: Nehmen Sie die Ecken als Kugeln.

A 9.5 Betrachten Sie die Ecken des Dreiecks.

A 9.8 Betrachten Sie $b_k := a_1 + \cdots + a_k$ für $k \in \{1, \ldots, n\}$.

A 9.10 Lösen Sie zuerst Aufgabe A 9.9 und verwenden Sie das Resultat.

A 9.11 Verwenden Sie das Ergebnis von Problem 9.4.

A 9.12 Seien (a,b) und (c,d) Gitterpunkte. Was bedeutet es für a,b,c,d, dass der Mittelpunkt der Strecke von (a,b) nach (c,d) ein Gitterpunkt ist?

A 9.13 Betrachten Sie die Reste von $a, 2a, \ldots, (b-1)a$ modulo b und verwenden Sie die Aussage von Aufgabe A 8.11.

A 9.14 Betrachten Sie die Paare (Rest von f_n modulo 1000, Rest von f_{n-1} modulo 1000).

A 9.15 Überlegen Sie, dass dies bedeutet, dass es m, k gibt mit $999999 \cdot 10^{k-6} \leq 2^m < 10^k$. Nehmen Sie hiervon den dekadischen Logarithmus und finden Sie eine Verbindung zum Problem mit dem Männchen, das ins Loch fällt, siehe Seite 205.

A 9.16 Hier ist der Primfaktor 2 wichtig.

A 9.17 Untersuchen Sie zunächst das analoge Problem mit 11 ersetzt durch 2 oder 3. Wie viele Zahlen sind nötig, damit die Aussage stimmt? Erkennen Sie eine Gesetzmäßigkeit?

A 9.18 Entweder imitieren Sie den Lösungsweg von Problem 9.4 (eine gute Übung!), oder Sie führen dies auf die Aussage zurück, dass die Antwort auf Problem 9.4 $\delta = \frac{1}{N+1}$ ist.

Aufgaben in Kapitel 10

A 10.2 Gibt es überhaupt einen größten Wert für die Summe?

A 10.5 Das ist möglich, aber etwas komplizierter.

A 10.7 Betrachten Sie Vielfache von $\frac{1}{n}$ für genügend großes n.

A 10.9 Durch welche extremale Eigenschaft zeichnet sich ein Randdreieck aus? Die Ecken liegen „nächstmöglich beieinander". Quantifizieren Sie dies.

A 10.13 Finden Sie zunächst notwendige Bedingungen modulo 2 und modulo 3 an eine minimale Lösung und versuchen Sie dann, eine Lösung zu finden.

A 10.14 Die Zahlen müssen alle gleich sein. Für a) und b) kann dies mit dem Extremalprinzip bewiesen werden, bei c) brauchen Sie aber ein anderes Argument, da eine Menge positiver reeller Zahlen nicht unbedingt ein kleinstes Element haben muss. (Natürlich folgt a) aus c).)

Anmerkung: Dieselbe Folgerung gilt, wenn man an jeden Gitterpunkt der Ebene eine positive reelle Zahl schreibt. Das ist aber schwieriger zu zeigen. Versuchen Sie es!

A 10.15 Betrachten Sie für jede Färbung die Anzahl der Kanten mit verschiedenfarbigen Endpunkten.

A 10.16 Betrachten Sie für jede Aufteilung der Gruppe in zwei Gruppen G_1, G_2 die Summe der Anzahl der Bekanntschaften in G_1 und der Anzahl der Bekanntschaften in G_2.

A 10.18 Stellen Sie sich zunächst vor, Sie hätten anfangs ausreichend Benzin im Tank, um die Strecke einmal zu umrunden. Fahren Sie irgendwo los, leeren Sie alle Fässer beim Vorbeikommen und notieren Sie zu jedem Zeitpunkt den Pegel in Ihrem Tank. Betrachten Sie das Minimum.

A 10.19 Zeigen Sie zunächst Folgendes: Sitzt Person a links neben einer Person b, die a nicht kennt, so gibt es Personen c und d, so dass c links neben d sitzt und so dass sich a und c sowie b und d kennen.

Betrachten Sie dann die Sitzordnung mit den wenigsten „Fehlern".

A 10.20 Ein möglicher Zugang: 1. Beweisen Sie dies für $n = 4$, indem Sie $b_1 = \frac{a_1+a_2}{2}$, $b_2 = \frac{a_3+a_4}{2}$ setzen und dann mehrfach Satz 10.2 anwenden. 2. Beweisen Sie die Ungleichungen für $n = 3$, indem Sie zu gegebenen a_1, a_2, a_3 die Zahl $a_4 = \frac{a_1+a_2+a_3}{3}$ hinzunehmen und den Fall $n = 4$ anwenden. 3. Zeigen Sie allgemein, dass die Gültigkeit der Aussage für einen Wert n die Gültigkeit für $2n$ und für $n - 1$ impliziert, und folgern Sie die Gültigkeit für alle n mit Induktion.

A 10.22 Setzen Sie $a_i = x_i - x_{i-1}$ und verwenden Sie die Ungleichung aus Aufgabe A 10.20.

A 10.23 Rechnerischer Zugang: Mit der Ungleichung vom geometrischen und arithmetischen Mittel und der HERON-Formel Fläche =

$\sqrt{s(s-a)(s-b)(s-c)}$, wobei $s = \frac{a+b+c}{2}$ und a, b, c die Seitenlängen des Dreiecks sind.

Geometrischer Zugang: Zeigen Sie die äquivalente Aussage, dass unter allen Dreiecken gegebener Fläche das gleichseitige den kleinsten Umfang hat, mit Hilfe der Lösung von Problem 10.3.

A 10.24 Sei S die Menge der gegebenen Punkte. Betrachten Sie alle Paare (g, P), wobei g eine Gerade durch mindestens zwei Punkte aus S und P ein Punkt aus S ist, der nicht auf der Geraden g liegt. Zeigen Sie, dass es mindestens ein solches Paar gibt. Betrachten Sie für jedes solche Paar den Abstand von P zu g.

A 10.25 Wählen Sie die n Punkte so, dass das von ihnen gebildete n-Eck maximalen Umfang hat.

Aufgaben in Kapitel 11

A 11.1 Nein. Warum nicht?

A 11.2 Ja, das ist aber unnötig kompliziert.

A 11.3 Nein. Denn die Anzahl der von einem Dominostein bedeckten weißen und schwarzen Felder hängt von der Lage des Dominosteins ab. Bei der Schachbrettfärbung ist das nicht so, und das ist für das Argument wesentlich.

A 11.5 Nein, z. B. ändert sich diese Zahl beim Zug $1324 \rightarrow 1342$ nicht.

A 11.6 Verwenden Sie das Lemma auf Seite 259.

A 11.9 Lesen Sie die Zahlen in einer anderen Reihenfolge ab, z. B. in Schlangenlinien.

A 11.10 Betrachten Sie eine geeignete Färbung mit 3 Farben.

A 11.11 Verwenden Sie eine geeignete Färbung mit den ‚Farben' 1,2,3,4.

A 11.13 Überlegen Sie sich, auf welche Arten man den Unterschied zwischen der Anfangs- und der Endstellung quantifizieren kann.

A 11.14 Die Position des Sessels ist durch seinen Ort und seine Orientierung (Verdrehung gegenüber Anfangsposition) festgelegt. Wie spielen diese zusammen?

A 11.15 Die Züge erinnern ein wenig an das Addieren und Subtrahieren von 11. Daher könnte die Teilbarkeitsregel für 11 eine Idee liefern, vgl. Aufgabe A 8.7.

A 11.16 Betrachten Sie die Parität von x- und y-Koordinate.

A 11.18 Die Anzahl ist immer gerade. Was passiert, wenn man P über genau eine Diagonale schiebt?

A 11.19 Die Bemerkungen nach Problem 11.8 zeigen, wann es Probleme geben kann. Weitere gibt es nicht. Formulieren Sie dies als Bedingung an r, g, b und zeigen Sie, dass sie hinreichend ist, indem Sie angeben, wie man aus einer Position, die diese Bedingung erfüllt und aus mehr als zwei Kugeln besteht, in eine andere Position gelangt, die diese Bedingung erfüllt. Warum reicht das zum Beweis aus?

A 11.20 Ausgehend von den Anzahlen (r, g), welche Anzahlen sind nach einem Zug möglich? Was bleibt bei jedem Zug gleich?

A 11.22 Sehen Sie sich einige Beispiele an. Ausgehend von den Zahlen (r, g, b), welche Anzahlen sind nach einem Zug möglich? Was bleibt bei jedem Zug gleich?

A 11.23 Verwenden Sie eine geeignete Färbung des Spielfelds mit drei Farben und das Ergebnis von Problem 11.8.[2]

A 11.24 Man kommt maximal bis zur 4. Reihe, also ist $m = 4$ größtmöglich. Dass dies geht, sieht man durch Probieren. Hier eine Idee, um zu zeigen, dass $m = 5$ nicht geht: Angenommen, man könnte einen Stein auf Position $(0,5)$ bringen. Platzieren Sie nun an jedem Gitterpunkt der Ebene eine Zahl derart, dass bei jedem jemals möglichen Zug die Summe der Zahlen an besetzten Stellen nicht

---

[2]Die Aussage a) wird in (A. Bialostocki, An Application of Elementary Group Theory to Central Solitaire, The College Mathematics Journal, v 29, n 3, Mai 1998, 208-212) mit Hilfe der Gruppentheorie bewiesen. Der hier vorgeschlagene Beweis ist einfacher.

größer wird. Wenn Sie die Zahlen geschickt wählen, ist die Gesamt-anfangssumme der in der hypothetischen Lösung involvierten Steine kleiner als die Zahl, die bei $(0,5)$ steht.

Beim Wählen der Zahlen spielt die Gleichung $x^2 + x = 1$ eine Rolle. Weiterhin ist die geometrische Reihe von Nutzen: Für $|x| < 1$ gilt $1 + x + x^2 + \cdots = \frac{1}{1-x}$.

A 11.25 Finden Sie Größen, die bei Drehung einer beliebigen Seite um 90 Grad gleich bleiben. Zum Beispiel bei a) betrachten Sie die Permutationen der Steine und zeigen Sie, dass deren Parität gleich bleibt.

Literaturverzeichnis

Allgemeine Literatur

Engel, A. (1998). *Problem-solving strategies.* Problem Books in Mathematics. Springer, New York, NY.
Sehr umfangreiche Sammlung von Problemen aller Schwierigkeitsstufen, mit knappen, prägnanten Einführungen in Lösungsstrategien, mit Lösungen, vom langjährigen Trainer der deutschen Mannschaft der Internationalen Mathematik-Olympiade.

Zeitz, P. (1999). *The art and craft of problem solving.* Wiley, New York, NY.
Sehr gut organisiertes Lehrbuch zum Problemlösen.

Tao, T. C. S. (2006). *Solving mathematical problems. A personal perspective.* Oxford University Press.
Praktischer Ratgeber zum Problemlösen, mit vielen, teils schwierigen Problemen, von einem der erfolgreichsten Mathematiker der Gegenwart (die erste Ausgabe dieses Büchleins hat Tao geschrieben, als er 15 Jahre alt war).

Grinberg, N. (2008). *Lösungsstrategien. Mathematik für Nachdenker.* Harri Deutsch, Frankfurt am Main.
Sammlung mathematischer Probleme von leicht bis mittelschwer, mit Lösungen.

Mason, J., Burton, L. und Stacey, K. (2012). *Mathematisch denken: Mathematik ist keine Hexerei.* Oldenbourg Wissenschaftsverlag, 6. Auflage.
Praktische Anleitung zum Problemlösen, sehr detailliert, mit leichten bis mittelschweren Problemen (früherer Titel: Das Hexen-1×1).

Pólya, G. (2010). *Schule des Denkens: Vom Lösen mathematischer Probleme.* Narr Francke Attempo Verlag, Tübingen, Sonderausgabe der 4. Auflage.
DER Klassiker zum Thema Problemlösen, enthält auch theoretische Betrachtungen über das Problemlösen. Zuerst veröffentlicht 1945. Lesenswert!

Pólya, G. (1979). *Vom Lösen mathematischer Aufgaben. Einsicht und Entdeckung, Lernen und Lehren*, Band I. Birkhäuser Verlag, Basel - Boston - Stuttgart, 2. Auflage.
Ähnlich zu (Pólya, 2010). Einige Beispiele sind sehr ausführlich ausgeführt, mit Irrwegen, Ideen usw.

Schwarz, W. (2006). *Heuristische Strategien des Problemlösens. Eine fachmethodische Systematik für die Mathematik.* Münster: WTM-Verlag.
Versuch einer systematischen Untersuchung von Problemlösestrategien.

Bruder, Regina und Collet, C. (2011). *Problemlösen lernen im Mathematikunterricht.* Cornelsen Verlag Scriptor.
Problemlösen aus didaktischer Perspektive, enthält auch Unterrichtsvorlagen für die Schule.

Grieser, D. (2015). *Mathematisches Problemlösen und Beweisen: Entdeckendes Lernen in der Studieneingangsphase.* In: Übergänge konstruktiv gestalten: Ansätze für eine zielgruppenspezifische Hochschuldidaktik, Konzepte und Studien zur Hochschuldidaktik und Lehrerbildung Mathematik (J. Roth, T. Bauer, H. Koch, and S. Prediger, Hrsg.), S. 87-101. Springer-Verlag.
Darstellung von Zielen, Konzeption und Durchführung der Vorlesung, aus der dieses Buch entstanden ist.

Grieser, D. (2016). *Mathematisches Problemlösen und Beweisen: Ein neues Konzept in der Studieneingangsphase.* In: Lehren und Lernen von Mathematik in der Studieneingangsphase. Herausforderungen und Lösungsansätze (Hoppenbrock, A. und Biehle, R. und Hochmuth, R. und Rück, H.-G., Hrsg.), S. 661-676. Springer-Verlag.
Ähnlich zu (Grieser, 2015), aber stärker didaktisch orientiert.

Beutelspacher, A. (2009). *"Das ist o.B.d.A. trivial!". Eine Gebrauchsanleitung zur Formulierung mathematischer Gedanken mit vielen praktischen Tips für Studierende der Mathematik und Informatik.* Vieweg Mathematik für Studienanfänger. Vieweg+Teubner Verlag, Wiesbaden, 9., aktualisierte Auflage.
Kompendium zu Grundfragen mathematischer Ausdrucksweise, unterhaltsam dargeboten.

Aigner, M. (2006). *Diskrete Mathematik: Mit 600 Übungsaufgaben.* Vieweg Studium: Aufbaukurs Mathematik. Vieweg, Wiesbaden, 6., korrigierte Auflage.
Ein umfassendes einführendes Lehrbuch zur Diskreten Mathematik, behandelt z. B. Abzählprobleme, Graphen u. v. m.

Aigner, M. und Ziegler, G. M. (2014). *Das BUCH der Beweise.* Springer Spektrum, 4. Auflage.
Eine Sammlung schöner mathematischer Beweise.

Berlekamp, E.R., Conway, J.H. und Guy, R.K. (2001-2004). *Winning Ways for your Mathematical Plays, Band 1-4.* A K Peters, 2. Auflage.
Umfangreiche Sammlung mathematischer Untersuchungen von Spielen, u.A. Nim, Solitaire, Zauberwürfel und viel, viel mehr.

Zu Kapitel 4

Aigner, M. (2015). *Graphentheorie. Eine Entwicklung aus dem 4-Farben Problem.* Springer Spektrum.
Eine allgemeine Einführung in die Graphentheorie aus dem Blickwinkel von Färbungsproblemen, mit vielen historischen Anmerkungen.

Lakatos, I. (1979). *Beweise und Widerlegungen. Die Logik mathematischer Entdeckungen. Hrsg. von John Worrall und Elie Zahar.* Wissenschaftstheorie, Wissenschaft und Philosophie, 14. Braunschweig/Wiesbaden: Friedr. Vieweg & Sohn.
Sokratische Dialoge zum Thema des Titels, diskutiert anhand der Euler-Charakteristik.

Müller, Kurt Peter und Wölpert, Heinrich (1976). *Anschauliche Topologie. Eine Einführung in die elementare Topologie und Graphentheorie.* Mathematik für die Lehrerausbildung. Stuttgart: B. G. Teubner.
Gibt einen anschaulichen Eindruck einiger Grundthemen der Topologie. Sehr elementar und klar geschrieben.

Laures, G. und Szymik, M. (2015). *Grundkurs Topologie.* Springer Spektrum, 2. Auflage.
Modernes einführendes Lehrbuch der Topologie, gut lesbar für Mathematik-Studenten ab dem 3. Semester, viele Abbildungen und Übungen.

Conway, J.H., Burgiel, H. und Goodman-Strauss, H. (2008). *The Symmetries of Things.* Taylor & Francis.
Viele wunderschöne Bilder und gute Erklärungen zum Thema Symmetrie. Enthält auch ein Kapitel zur Euler-Charakteristik.

Zu Kapitel 5

Grieser, D. (2015). *Analysis I. Eine Einführung in die Mathematik des Kontinuums.* Springer Spektrum.
Einführendes Analysis-Lehrbuch.

Grieser, D. (2011). Skript zur Vorlesung Analysis III.
`http://www.staff.uni-oldenburg.de/daniel.grieser/`
`wwwlehre/Eigene_Skripten/grieser-analysis3`

Königsberger, K. (2004). *Analysis 2.* Springer, 5. Auflage.
Fortgeschrittenes Analysis-Lehrbuch.

Zu Kapitel 8

Aigner, M. (2012). *Zahlentheorie. Eine Einführung mit Übungen, Hinweisen und Lösungen.* Bachelorkurs Mathematik. Vieweg+Teubner Verlag, Wiesbaden, 1. Auflage.
Modernes einführendes Lehrbuch zur Zahlentheorie. Enthält alle hier behandelten Themen und noch viel mehr.

Zu Kapitel 10

Nahin, P. J. (2004). *When least is best. How mathematicians discovered many clever ways to make things as small (or as large) as possible.* Princeton University Press, Princeton, NJ.
Eine vielfältige Sammlung zum Thema Extremalprinzip; historisch aufgebaut.

Hildebrandt, S. und Tromba, A. T. (1996). *Kugel, Kreis und Seifenblasen. Optimale Formen in Geometrie und Natur.* Basel: Birkhäuser.
Eine vielfältige, hübsch illustrierte Sammlung geometrischer Extremalprobleme, mit Geschichte und Anwendungen.

Haas, N. (2000). *Das Extremalprinzip als Element mathematischer Denk- und Problemlöseprozesse: Untersuchungen zur deskriptiven, konstruktiven und systematischen Heuristik.* Franzbecker.
Eine Dissertation, die das Extremalprinzip unter verschiedenen, auch didaktischen Gesichtspunkten analysiert.

Zu Kapitel 11

Adams, Colin C. (2004). *The knot book. An elementary introduction to the mathematical theory of knots. Überarbeiteter Nachdruck des Originals von 1994.* Providence, RI: American Mathematical Society.
Informelle, gut zugängliche Einführung in die Knotentheorie, mit Anwendungen in Physik, Chemie und Biologie.